面向新工科的电工电子信息基础课程系列教材

教育部高等学校电工电子基础课程教学指导分委员会推荐教材

电子电路基础

樊 华 **主 编**

陈伟建 **副主编**

清华大学出版社

北 京

内 容 简 介

为了实现课程知识体系内在的贯通和平滑过渡,电子科技大学将电子信息类专业的主干课"模拟电路基础"和"电路分析"整合成"电子电路基础"课程,本书是该课程的配套教材。第一部分主要讲述电路的模型以及基本的电路定律,"电路分析"实际上是对电路的模型进行分析,学习基尔霍夫等基本的电路定律才能对电路模型进行正确的数学求解。叠加定理是线性电路的一个重要定理,叠加定理也是后续基本放大电路交直流分析的重要理论依据,同时配合戴维南定理和诺顿定理将会大大简化电路分析的难度。第二部分讲述模拟电路,基本放大电路的时域分析和频域分析是"模拟电路基础"的核心所在,也是后续研究生课程"模拟集成电路分析与设计"的重要铺垫,对有志于从事集成电路芯片设计的学生而言,基本放大电路的知识是重中之重,同时需要配合仿真工具加强理解。第三部分主要讲述应用集成运算放大器的范例,通过集成运放和反馈实现对数、指数运算电路和乘法、除法运算电路,低通、高通、带通和带阻滤波电路,学生可以自行选择商用集成运放芯片搭建运算或者滤波电路,以加强实践能力。

本书可作为电子信息类、自动化类、电气类等相关专业的教材,也可提供相关领域的工程技术人员参考。

图书在版编目(CIP)数据

电子电路基础/樊华主编. —北京:清华大学出版社,2023.8
面向新工科的电工电子信息基础课程系列教材
ISBN 978-7-302-63926-8

Ⅰ. ①电…　Ⅱ. ①樊…　Ⅲ. ①电子电路-高等学校-教材　Ⅳ. ①TN710

中国国家版本馆 CIP 数据核字(2023)第 115960 号

责任编辑:文　怡
封面设计:王昭红
责任校对:李建庄
责任印制:宋　林

出版发行:清华大学出版社
　　　　网　　　址:http://www.tup.com.cn,http://www.wqbook.com
　　　　地　　　址:北京清华大学学研大厦 A 座　　　邮　　编:100084
　　　　社 总 机:010-83470000　　　　　　　　　邮　　购:010-62786544
　　　　投稿与读者服务:010-62776969,c-service@tup.tsinghua.edu.cn
　　　　质量反馈:010-62772015,zhiliang@tup.tsinghua.edu.cn
　　　　课件下载:http://www.tup.com.cn,010-83470236
印 装 者:三河市铭诚印务有限公司
经　　销:全国新华书店
开　　本:185mm×260mm　　　印　张:19.75　　　　字　　数:458 千字
版　　次:2023 年 9 月第 1 版　　　　　　　　　　印　　次:2023 年 9 月第 1 次印刷
印　　数:1~1500
定　　价:69.00 元

产品编号:101724-01

传统教学中"电路分析"和"模拟电路基础"为两门独立的课程,"电路分析"课程为 64 学时,在大学一年级的第二学期开设,"模拟电路基础"课程为 64 学时,在大学二年级的第一学期开设,即"电路分析"为"模拟电路基础"的先修课程。两门课程分属于不同的学期开设,使得教学过程中衔接紧密的理论分析+仿真设计+实验验证的电子电路分析与设计方法无法连贯,理论与实际常常脱节。比如传统"电路分析"课程,理论教学只从电路模型(图形化的数学模型)入手进行讲授,基本不考虑实际问题(如电阻的种类、功率和容差等),一旦实验中出现与理论分析不完全吻合的情况,学生很难理解,两门课程独立讲授不利于对原本一脉相承的知识体系进行融会贯通。为了深化高校工程教育改革,电子科技大学启动了重点教改专项——电子电路课程的贯通教学,将"模拟电路基础"和"电路分析"整合成一门课程——"电子电路基础"(80 学时,5 学分),在大学一年级的第二学期开设,将"电路分析"的关键知识点合理穿插到"模拟电路基础"中,改革后的"电子电路基础"课程从元器件的抽象,到电路模型的分析,再到电子电路的分析与设计,有机融合教学内容,包括从无源器件到有源器件、从线性到非线性、从实际电路到电路模型、从单元电路到功能电路、从电路分析到电路设计,节节深入、步步提高,消除了电路分析与模拟电路相关知识的隔膜,有利于知识的融会贯通,2021 年,整合后的课程入选四川省一流本科课程。

"电路分析"和"模拟电路基础"两门课程合并之后,"电路分析"的内容删减约一半,这是因为随着电子电路技术日新月异的发展,电路的计算机辅助分析已经成为普遍采用的科学研究方法。电子设计自动化以及各种电路仿真软件的飞速发展大大简化了过去繁杂的电路分析和计算,因此,应该强化"电路计算机辅助分析",使学生初步掌握大规模电路计算机辅助分析的方法和过程,建立"科学计算"概念,不宜过细地分析模块的内部原理以及进行繁杂的电路计算;但经典的电路分析理论知识以及向"模拟电路基础"过渡的必备知识必须精讲,及时准确地进行归纳总结。

"电路分析"课程应该定位在为"模拟电路基础"作铺垫,"电路与电路模型"以及"电路分析方法"两章的学习使得学生能掌握电子线路的基础知识,对电路的复杂工程问题进行抽象和表达,并对所建立的模型完成准确的推导、计算。学习了"电路分析"中的"电路模型"和"电路分析方法"两章后就可以开始学习"模拟电路基础"中的"半导体器件"和"单管放大电路"两章,因为学生一旦建立起电路模型的基本概念并掌握了叠加定理、戴维南定理以及诺顿定理,就可以运用这些定理灵活分析三极管和场效应管双口网络交流小信号等效放大电路。例如,单独对放大器进行交流分析时,可以将放大器视为无源双

前言

口网络,而考虑信号源之后,放大器作为信号源的负载,应该将放大器和负载合并视为无源单口网络,无源单口网络等效为电阻 R_i,即放大器的输入电阻 R_i 是信号源的负载电阻,而从负载端分析,信号源与放大电路等效为含源单口网络,对于含源单口电路的分析采用戴维南定理或者诺顿定理画出等效电路,将其等效为开路电压源 U_{oc} 与输出电阻 R_o 的串联或者短路电流源 I_{sc} 与输出电阻 R_o 的并联。

在"模拟电路基础"中讲到场效应管的分析时要用到叠加定理,需要特意强调,只有把晶体管用交流小信号模型做线性化的处理之后才能用叠加定理;否则,对非线性的电路不能用叠加定理进行求解。含有受控电源的戴维南定理、诺顿定理的计算,学生不知道如何将电路划分成单口网络,讲述例题时应该有多种思路和划分方法,让学生灵活掌握单口的概念,无论对电路怎么划分都能得出正确答案,使学生掌握不同方法的优点和局限性,有效解决电子系统实现过程中的复杂工程问题。另外,对于含有受控电源的节点分析法,让学生尽量抓住控制量和受控量,主要看受控电源关联几个节点,对于关联一个节点和关联两个节点的方法,上课时都给出实例,并增加课堂练习。

"正弦稳态电路"的学习将为"放大电路的频率特性"作铺垫,这是由于分析放大电路的频率特性(也称频率响应)时,通常对放大电路输入正弦量,研究放大电路的幅频特性和相频特性,而正弦信号是时变信号,其幅度和相位随着时间的改变而改变。对于时变信号的研究,通常采用相量法,相量是电子工程学中用以表示正弦量大小和相位的矢量,当频率一定时,相量唯一地表征了正弦量。放大电路频率特性本质是正弦稳态电路的相量分析,因此,在学习"放大电路的频率特性"之前,需要先讲述正弦稳态电路,使得学生能灵活运用相量法分析放大电路的频率特性,深刻理解放大倍数是信号频率的函数,随着输入信号频率低到或高到一定程度,放大倍数都会下降,并产生相移。

总之,此教学改革立足于打破原有的分段式教学模式,实现课程知识体系内在的贯通和平滑过渡,推进课程内容有机融合,培养学生的创新思维与工程实践能力、解决复杂问题的决策力以及自主学习和终身学习的能力。

感谢清华大学出版社的编校人员,没有他们的辛勤工作,教材的出版工作难以顺利完成。

由于编者水平有限,书中难免存在不足之处,恳请广大读者批评指正。

编　者

2023 年 6 月

目录

目录

目录

目录

目录

第
1
章

绪
论

1.1 历史回顾

现在是包括计算机在内的电子学繁荣昌盛的时代,其背景与电子电路元器件从电子管到晶体管再到集成电路的不断发展有着密切的关系。

1. 电子管时代(20世纪初到40年代)

1903年,爱迪生发现从电灯泡的热丝上飞溅出来的电子把灯泡的一部分熏黑,这种现象称为"爱迪生效应";1904年,英国人弗莱明受到"爱迪生效应"的启发,发明了二极管;1907年,美国的福雷斯特发明了三极管,当时的真空技术尚不成熟导致三极管的制造水平有限,但是三极管具有放大作用的发现拉开了电子学的帷幕;1915年,英国的朗德发明了四极管;1927年,德国的约布斯特发明了五极管;此外,1934年,美国的汤绿森通过对电子管进行小型化改进,发明了适用于超短波的橡实管。

2. 晶体管时代(20世纪中期)

第二次世界大战之后,由于半导体技术的进步,电子学得到了令人瞩目的发展。

1948年,美国贝尔实验室的肖克利、巴丁、布拉顿(图1.1.1)发明了晶体管(图1.1.2);1949年,他们又开发出了结型晶体管,在实用化方面迈进了一大步。

图 1.1.1　巴丁、肖克利和布拉顿(从左到右)

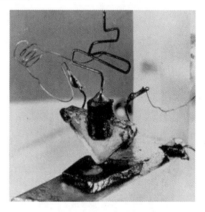

图 1.1.2　点接触型晶体管

3. 集成电路时代(20世纪60年代)

有了上述半导体技术的发展,随之诞生了集成电路。

1956年左右,英国的达马从晶体管原理预想到了集成电路的出现;1958年,德州仪器公司的基尔比制作了第一个锗片上的集成电路,如图1.1.3所示,其中的晶体管和被动元件是用金丝连接起来的。在接下来的十年,晶体管进展更加迅猛,例如:1959年,贝尔实验室的卡恩和艾塔拉发明了金属氧化物半导体场效应晶体管(MOSFET);1967年,卡恩和施敏制作了浮栅型MOSFET,为半导体存储技术的提出奠定了基础。1965年,仙童公司的摩尔提出了著名的摩尔定律:集成电路上可容纳的元器件的数目,每隔18~24个月便会增加1倍,性能也将提升1倍。

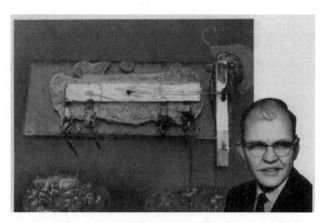

图 1.1.3　基尔比和他的第一片集成电路

1.2　概述

本课程是微电子、通信工程专业的一门学科基础课程,讲授电子电路的分析与设计方法,主要内容包括电路模型、电路分析方法、基本放大电路、多级放大电路与集成运算放大器、负反馈放大电路、信号运算与处理电路、信号发生与变换电路、AC/DC 电源等。通过本课程的学习,使学生能够具备模拟电子电路的基本理论知识与初步分析与设计能力,养成一定的工程与系统分析素质。本课程同时注重培养学生对数学与自然科学知识的运用能力,学生能够将数学与自然科学的基本概念运用到工程问题的适当表述之中,能够针对一个系统或者过程选择一种数学模型,并达到适当的精度要求。本课程(本书)内容安排如下:

1. 绪论

回顾模拟电路历史;对本课程进行概述;对常用仿真工具进行介绍。

2. 电路模型

理解集总电路;掌握基尔霍夫定律;了解电阻器、电源、电容器、电感器等电子元件;理解电阻、独立电源、电容、电感等基本电路模型;掌握电阻器、电源、电容器、电感器等的电路模型;了解二极管、稳压管、场效应管、晶体管等半导体器件;理解受控电源等基本电路模型;掌握二极管、稳压管、场效应管、晶体管等的电路模型。

3. 电路分析方法

理解两类约束与电路方程(电阻电路与一阶电路);掌握叠加定理及其应用;理解电阻单口网络与网络等效;掌握戴维南/诺顿定理及其应用;理解正弦稳态电路及其相量模型;掌握正弦稳态电路的相量分析;掌握正弦稳态电路的频率特性分析。

4. 基本放大电路

理解放大电路的性能指标;掌握场效应管共源放大电路、共漏放大电路的基本性能分析与设计;理解场效应管的高频电路模型;掌握场效应管共源放大电路、共漏放大电路的频率特性分析与设计;理解晶体管共射放大电路、共集放大电路;了解晶体管共基放大电路。

5. 多级放大电路与集成运算放大器

掌握多级放大电路的基本性能分析与设计；理解多级放大电路的频率特性；理解模拟集成电路的特点；了解电流源电路、有源负载差分放大电路、有源负载共源放大电路、互补输出电路；了解集成运算放大器(简称集成运放)的片内电路；理解集成运算放大器的性能；掌握集成运算放大器的交流小信号电路模型。

6. 运算放大器

掌握集成运放的传输特性和电路组成；掌握电流镜的工作原理以及电路组成；理解集成运放和电流镜的小信号分析。

7. 负反馈放大电路

理解反馈放大电路的组成；理解反馈方程；掌握反馈极性、反馈类型的判断；掌握深度负反馈放大电路的放大倍数分析与设计；理解负反馈对放大电路其他性能的影响；了解负反馈放大电路的稳定性。

8. 运算电路与滤波电路

掌握加减、积分、微分电路的分析与设计；了解对数、指数电路，了解模拟乘法器，掌握乘除电路的分析与设计；掌握低通滤波电路的分析与设计；理解高通、带通、带阻滤波电路。

9. 信号发生与变换电路

掌握正弦波振荡电路的分析与设计；理解电压比较电路；掌握矩形波发生电路、矩形波—三角波发生与变换电路的分析与设计；了解函数发生器；理解信号转换电路。

10. AC/DC 电源

理解 AC/DC 电源的电路组成；理解 AC/DC 电源的性能指标；理解整流电路、滤波电路；掌握稳压管稳压电路的分析与设计；理解串联型稳压电路；了解集成稳压器；掌握集成稳压器稳压电路的分析与设计。

1.3 仿真工具

1. Multisim

Multisim 是美国国家仪器(NI)公司推出的以 Windows 为基础的仿真工具，适用于板级的模拟/数字电路板的设计工作。它包含了电路原理图的图形输入、电路硬件描述语言输入方式，具有丰富的仿真分析能力。Multisim 可以结合 SPICE、VHDL、Verilog共同仿真，拥有完整的零件库和 3D 面包板，印制电路板(PCB)文件转换功能等。NIMultisim 软件是一个专门用于电子电路仿真与设计的电子设计自动化(EDA)工具软件。作为在 Windows 系统中运行的个人桌面电子设计工具，NI Multisim 是一个完整的集成化设计环境。NI Multisim 计算机仿真与虚拟仪器技术可以很好地解决理论教学与实际动手实验相脱节的这一问题。

　　本书将选用 Multisim 作为基本工具,在每章的末节讲述应用实例,帮助学生从中学习并使用 Multisim,学习电子电路的仿真测试方法。

　　2. PSPICE

　　PSPICE 是由以集成电路为重点的模拟程序(Simulation Program with Integrated Circuit Emphasis,SPICE)发展而来的,于 1972 年由美国加州大学伯克利分校的计算机辅助设计小组利用 FORTRAN 语言开发而成,主要用于大规模集成电路的计算机辅助设计。PSPICE 软件具有强大的电路图绘制功能、电路模拟仿真功能、图形后处理功能和元器件符号制作功能,以图形方式输入,自动进行电路检查,生成图表,模拟和计算电路。它的用途非常广泛,不仅可以用于电路分析和优化设计,还可用于电子线路、电路和信号与系统等课程的计算机辅助教学,与 PCB 设计软件配合使用,还可实现电子设计自动化。

　　PSPICE 由电路原理图编辑程序(Schematics)、激励源编辑程序(Stimulus Editor)、电路仿真程序(PSPICE A/D)、输出结果绘图程序(Probe)、模型参数提取程序(Model Editor)、元件模型参数库(LIB)六部分组成。

　　PSPICE 程序的主要功能有非线性直流分析、非线性暂态分析、线性小信号交流分析、灵敏度分析和统计分析等。

第 2 章

电路模型

集总电路是由电源、电阻、电容、电感等集总元件组成的电路。在理想化的电路模型分析中,各点之间的信号是瞬间传递的,电路元件的所有电流过程都集中在元件内部空间的各个点上,这是集总电路的特性。每个集总元件的基本现象都可用数学方式表示,并建立多种实际元件的理想模型。而电阻、电容、电感、电压源和电流源都只是储存或消耗电能磁场的元件,因此都视为集总元件,而且因为只有两个端口,所以也称为二端元件(或者单口元件)。此外,集总电路还包括理想变压器、耦合电感、受控源等四端元件(双口元件)。

2.1 集总电路

电子电路中的信号,例如正弦电压信号:

$$u(t) = U_m \cos(\omega t + \varphi) = U_m \cos(2\pi f t + \varphi) = U_m \cos\left(\frac{2\pi ct}{\lambda} + \varphi\right) \quad (2.1.1)$$

若电子电路的几何尺寸 d 远小于工作频率对应的波长 λ,则波现象对电路没有大的影响,在理想化的电路模型分析中,各点之间的信号是瞬时传递的,这时电路可以抽象为集总电路模型。特点是电路中任意两端间电压和流入任意一端的电流是完全确定的,与器件的几何尺寸和空间位置无关。与集总电路相对应的是分布电路,其特点是电路中电压和电流不仅是时间的函数,而且与器件的几何尺寸和空间位置有关。

例 2.1 某音频电路工作频率 25kHz,是否是集总电路?

解:

$$\lambda = \frac{3 \times 10^8}{25 \times 10^3} = 12 \times 10^3 \, \text{m} = 12 \text{km}$$

$$d \ll \lambda = 12 \text{km}$$

所以该音频电路是集总电路。

思考:某微波电路工作频率 2.5GHz,是否是集总电路?

现实生活中实际电路工作的频率、对应的波长以及主要用途如表 2.1.1 所示。

表 2.1.1 实际电路工作的频率、对应的波长以及主要用途

频　段	频　率	波　长	主要用途
ELF(极低频)	3～3000Hz	10000～1000km	工频、低频遥测
VF(音频)	30～3000Hz	1000～100km	语音
VLF(甚低频)	3～30kHz	100～10km	音乐、声呐、潜艇通信
LF(低频)	30～300kHz	10～1km	船舶与航空导航
MF(中频)	300～3000kHz	1～0.1km	AM 广播
HF(高频)	3～30MHz	100～10m	短波广播、短波通信、业余无线电
VHF(甚高频)	30～300MHz	10～1m	FM 广播(800～108MHz)、电视(1～13 频道)、移动通信、船舶与航空通信
UHF(特高频)	300～3000MHz	1～0.1m	电视(14～83 频道)、移动通信、雷达、导航、微波与航空通信
SHF(超高频)	3～30GHz	10～1cm	微波及卫星通信
EHF(极高频)毫米波	30～300GHz	1～0.1cm	视距通信
亚毫米波	300～3000GHz	1～0.1mm	大容量通信、雷达

2.2 电阻器及其电路模型

2.2.1 电阻器

用电阻材料制成的电子元件称为电阻器。电阻器在生活中比较常见,如图 2.2.1 所示。电阻器是一个限流元件,一般有两个引脚,将电阻器接在电路中后,电阻器的阻值是固定的,可限制通过它所连的支路的电流大小。

(a) 色环电阻　　　　　　　　　　　　　(b) 贴片热敏电阻

图 2.2.1　常见的电阻器

电阻器的图形符号如图 2.2.2 所示。

图 2.2.2　电阻器的图形符号

通过如图 2.2.3 所示测试电路,测试出电阻器关联参考方向下的电压-电流关系(VCR)曲线如图 2.2.4 所示。电阻器的特点就是电压和电流存在一种确定的代数约束关系,已知电阻器的电压(或电流),可以在 VCR 曲线找到一个确定的电流(或电压)。

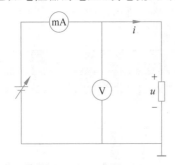
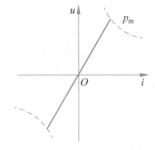

图 2.2.3　测试电路　　　　　　　　　图 2.2.4　电阻器的 VCR 曲线

电阻器通电后自加热会带来的阻值改变,这是在大部分电路中不希望的,因此制造商提供了电阻器的额定功率 p_m,用来表示不引起明显阻值改变或电阻损坏的最大功率消耗。p_m 如图 2.2.4 中虚线所示。

2.2.2 电阻器的电路模型

通过电阻器的 VCR 曲线可抽象出电阻器的电路模型。在关联参考方向下,把任一

时刻特性曲线由 u-i 平面一条过原点的斜率不变的直线(图 2.2.5)表示的理想二端元件定义为电阻。电阻的元件参数用字母 R 表示。

根据特性曲线得到电阻的 VCR 方程:

$$u = Ri \tag{2.2.1}$$

也就是欧姆定律:

$$R = \frac{\mathrm{d}u}{\mathrm{d}i} \tag{2.2.2}$$

式中:电流 i 的单位为安培(A);电压 u 的单位为伏特(V);电阻 R 的单位为欧姆(Ω)。

电阻的图形符号如图 2.2.6 所示。

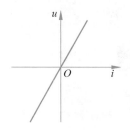

图 2.2.5　电阻的特性曲线　　　　　图 2.2.6　电阻的图形符号

电阻 VCR 方程说明了电阻电压与电流间的线性约束关系与元件性质有关,与连接方式无关。同时证明电阻的耗能性,因为 $p = ui = i^2 R > 0$,所以消耗功率。若 $p < p_\mathrm{m}$,电阻器的 VCR 曲线与电阻的 VCR 曲线基本吻合,则功率允许条件下将电阻器抽象为电阻,即电阻器的电路模型是电阻。

根据电阻的 VCR 方程,给出电导的 VCR 方程和特性曲线(图 2.2.7)。电导的元件参数用字母 G 表示。

电导的 VCR 方程:

$$i = Gu \tag{2.2.3}$$

$$G = \frac{\mathrm{d}i}{\mathrm{d}u} \tag{2.2.4}$$

式中:电流 i 的单位为安(A);电压 u 的单位为伏(V);电导 G 的单位为西(S)。

电导的图形符号如图 2.2.8 所示。

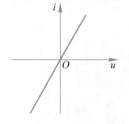

图 2.2.7　电导的特性曲线　　　　　图 2.2.8　电导的图形符号

电导 G 和电阻 R 的本质是相同的,因为有 $G = \dfrac{1}{R}$。

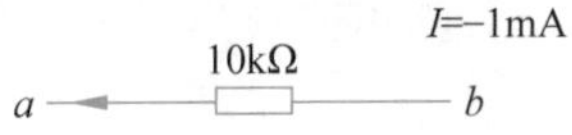

$I=-1\text{mA}$

$a \xleftarrow{\quad 10\text{k}\Omega \quad} b$

图 2.2.9 例 2.2 电阻

例 2.2 求图 2.2.9 所示电阻的电压。

解: $U_{ba} = RI = 10 \times 10^3 \times (-1) \times 10^{-3} = -10(\text{V})$

$U_{ab} = -RI = -10 \times 10^3 \times (-1) \times 10^{-3} = 10(\text{V})$

2.2.3 电位器以及电路模型

电位器是具有三个引出端、阻值可按某种变化规律调节的电阻元件。电位器通常由电阻体和可移动的电刷组成。当电刷沿电阻体移动时,在输出端即获得与位移量成一定关系的电阻值或电压。常见的电位器如图 2.2.10 所示。

图 2.2.10 常见的电位器

电位器的图形符号如图 2.2.11 所示。

根据 2.2.2 节得到电位器的电路模型——两个电阻的组合。电位器的图形符号如图 2.2.12 所示。

图 2.2.11 电位器的图形符号   图 2.2.12 电位器的图形符号($0 \leqslant \alpha \leqslant 1$)

2.2.4 开关及其电路模型

开关也是实际电子电路中常见的电子元件,实际生活中的常见开关如图 2.2.13 所示。

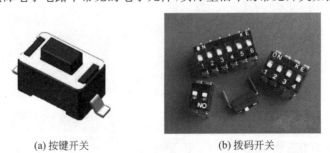

(a) 按键开关   (b) 拨码开关

图 2.2.13 实际生活中的常见开关

开关的图形符号如图 2.2.14 所示。

根据开关的实际效果,可以得到开关的电路模型。

开关断开时,电路开路,等价于理想断开。开关闭合时,电路短路,等价于理想导线。开关模型的图形符号如图 2.2.15 所示。

图 2.2.14　开关的图形符号　　　　　图 2.2.15　开关模型的图形符号

开关模型也可以等效成可变电阻模型:开关断开时,电路开路,可以等效成 $R=\infty$ 的电阻(或者 $G=0$ 的电导);开关闭合时,电路短路,可以等效成 $R=0$ 的电阻(或者 $G=\infty$ 的电导)。

2.2.5　电阻定义的推广

在关联参考方向下把任意时刻特性曲线由 u-i 平面一条过原点的曲线(图 2.2.16)表示的理想二端元件定义为电阻。它表明了电阻电压和电流之间的约束关系。

推广后的电阻的 VCR 方程可以表示成

$$f(u,i,t)=0 \qquad (2.2.5)$$

根据电阻是否随着时间 t 而改变阻值以及 u-i 特性曲线是否是直线,将电阻分为非线性时变电阻、非线性时不变电阻、线性时变电阻、线性时不变电阻四种。其特性曲线为经过原点的直线的电阻,则为线性电阻,否则为非线性电阻;其特性曲线不随时间变化的电阻,为时不变电阻(或定常电阻),否则为时变电阻。一般而言,线性时不变电阻是使用最多的电路元件,为了叙述方便,一般简称为电阻,并且其阻值为正。

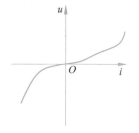

图 2.2.16　理想二端元件的特性曲线

实际上,电阻和电阻器两者是有区别的。理想化电路元件的线性电阻,其工作电压、电流和功率是没有任何限制的。而与之不同的电阻器则需要在一定的电压、电流和功率范围下才可以正常工作。

2.3　电源及其电路模型

2.3.1　电源

电子电路中将其他形式能量或信号转换为电能量或信号的元件或装置称为电源。图 2.3.1 是常见的电源。常见的直流电源有直流稳压电源、直流稳流电源和干电池等。常见的交流电源有交流稳压电源和正弦交流电源等。

电源的图形符号如图 2.3.2 所示。

通过图 2.3.3 中电路图测试直流发电机在关联参考方向下的 VCR 曲线,如图 2.3.4 所示。

通过图 2.3.3 中电路图测试光电池在关联参考方向下的 VCR 曲线,如图 2.3.5 所示。

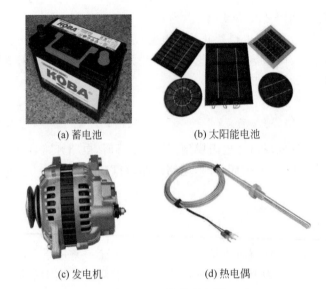

(a) 蓄电池　　　　　　　　　(b) 太阳能电池

(c) 发电机　　　　　　　　　(d) 热电偶

图 2.3.1　常见的电源

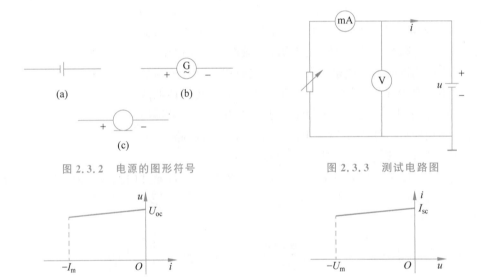

图 2.3.2　电源的图形符号　　　　　　图 2.3.3　测试电路图

图 2.3.4　测试得到的直流发电机 VCR 曲线　　　图 2.3.5　测试得到的光电池 VCR 曲线

2.3.2　电源的电路模型

关联参考方向下,把任意时刻特性曲线由 $u\text{-}i$ 平面一条平行于 i 轴的直线(图 2.3.6)表示的理想二端元件定义为独立电压源。独立电压源的元件参数用 u_S 表示,指代独立电压源。

独立电压源的 VCR 方程:$u=u_S$。

根据 u_S 是否随着时间 t 的改变而改变,独立电压源分为时变电压源和时不变电压源两种。其中时不变电压源也就是直流电压源,其电压值为常量。电压随着时间周期性变化且平均值为零的时变电压源就是交流电压源。独立电压源的图形符号如图 2.3.7 所示。

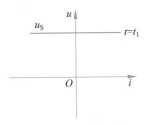

图 2.3.6 独立电压源的 VCR 曲线

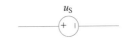

图 2.3.7 独立电压源的图形符号

独立电压源两端的电压总能保持定值 u_S 或一定的时间函数,与流过它的电流无关,满足 $u=u_S$ 和 $-\infty<i<\infty$。u_S 的大小与元件性质有关,与连接方式无关。在关联参考方向下,电压源的吸收功率 $p=ui$,当 $p>0$ 时,电压源实际吸收功率,当 $p<0$ 时,电压源实际发出功率。故随着独立电压源的工作状态的不同,它既可以发出功率也可以吸收功率,不能误以为独立电压源总是发出功率。

例 2.3 求图 2.3.8(a)、(b)所示电路中的 I 和 U。

解:由图 2.3.8(a)所示电路可得

$$U=10\text{V}, \quad I=\frac{10\text{V}}{5\text{k}\Omega}=2\text{mA}$$

由图 2.3.8(b)所示电路

$$U=10\text{V}, \quad I=0$$

在关联参考方向下,把任意时刻特性曲线由 u-i 平面一条平行于 u 轴的直线(图 2.3.9)表示的理想二端元件称为独立电流源。通常用 i_S 表示独立电流源。

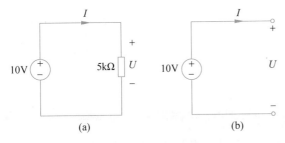

(a)   (b)

图 2.3.8 例 2.3 电路

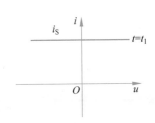

图 2.3.9 独立电流源的 VCR 曲线

独立电流源的 VCR 方程:$i=i_S$。

根据 i_S 是否随着时间 t 改变,独立电流源分为时变电流源和时不变电流源两种。其中时不变电流源也就是直流电流源,其电流值为常量。电流随时间周期变化且平均值为零的时变电流源就是交流电流源。独立电流源的图形符号如图 2.3.10 所示。

独立电流源电流总是保持一定的时间函数 i_S,与它两端的电压无关,满足 $i=i_S$ 和 $-\infty<u<+\infty$。i_S 的大小与元件性质有关,与连接方式无关。在关联参考方向下,电流

源的吸收功率 $p=ui$，当 $p>0$ 时，电流源实际吸收功率，当 $p<0$ 时，电流源实际发出功率。故根据独立电流源工作状态的不同，它既可以发出功率也可以吸收功率，不能误以为独立电流源总是发出功率。

将电压源与电阻串联，如图 2.3.11 所示。

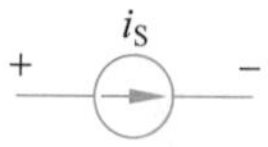

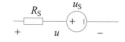

图 2.3.10 独立电流源的图形符号

图 2.3.11 电压源与电阻串联

电压源电阻串联的 VCR 方程为

$$u=u_S+R_S i \tag{2.3.1}$$

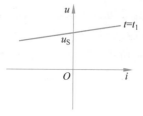

图 2.3.12 电压源电阻串联的
$u\text{-}i$ 平面特性曲线

在相应关联参考方向下，电压源与电阻串联的 $u\text{-}i$ 平面特性曲线如图 2.3.12 所示。

如果 $-I_m \leqslant i \leqslant 0$，直流发电机、电池、温度传感器、声音传感器等的 VCR 曲线与电压源电阻串联的 VCR 曲线基本吻合。在给定电流范围内，可以将一类电源抽象为电压源电阻串联。其中，u_S 等于电压源开路电压 u_{OC}，r_S 是电压源内阻，一般为小电阻。

将电流源与电阻并联，如图 2.3.13 所示。

电流源电阻并联的 VCR 方程为

$$i=i_S+G_S u \tag{2.3.2}$$

在相应关联参考方向下，电流源与电阻并联的 $u\text{-}i$ 平面特性曲线如图 2.3.14 所示。

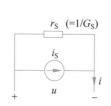

图 2.3.13 电流源与电阻并联

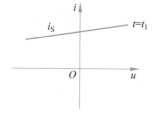

图 2.3.14 电流源与电阻并联的 $u\text{-}i$ 平面特性曲线

如果 $-U_m \leqslant u \leqslant 0$，光电池、光传感器等的 VCR 曲线与电流源电阻并联的 VCR 曲线基本吻合。在给定电压范围内将另一类电源电路抽象为电流源与电阻并联。其中，i_S 等于电流源短路电流 i_{sc}，r_S 等于电流源内阻，一般是大电阻。

例 2.4 求图 2.3.15(a)、(b)所示电路中的 I 和 U。

解：由图 2.3.15(a)所示电路可得

$$I=\frac{10V}{(5+0.1)k\Omega}=1.96mA, \quad U=5k\Omega \times 1.96mA=9.8V$$

由图 2.3.15(b)所示电路可得

$$I=0, \quad U=10V$$

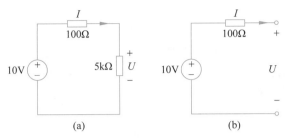

图 2.3.15　例 2.4 电路

2.4 电感器及其电路模型

2.4.1 电感器

电感器是能够把电能转化为磁能而存储起来的元件。电感器的结构类似于变压器,但只有一个绕组。电感器具有一定的电感,它只阻碍电流的变化。生活中常见的电感器如图 2.4.1 所示。

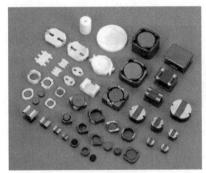

(a) 贴片电感

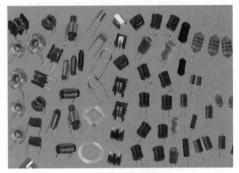

(b) 绕线电感等

图 2.4.1　常见的电感器

电感器的图形符号如图 2.4.2 所示。

分析电感器在关联方向下的 i-Φ 的关系如下:

$$\Phi = \frac{\mu N^2 A}{l} i = Li \tag{2.4.1}$$

其中: Φ 为磁通量(Wb); N 为绕制匝数; A 为芯体横截面积; l 为芯体长度; μ 为磁导率; i 为电流(A); L 为电感(H)。

相应关联参考方向下,理想 i-Φ 平面的特性曲线如图 2.4.3 所示。

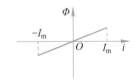

图 2.4.2　电感器的图形符号　　　　图 2.4.3　理想 i-Φ 平面的特性曲线

2.4.2 电感器的电路模型

在关联参考方向下,把任意时刻特性曲线由 i-Φ 平面一条过原点的斜率不变的直线(图 2.4.4)表示的理想二端元件定义为电感。用 L 表示电感的元件参数,用以指代电感。

电感的 i-Φ 关系方程:

$$\Phi = Li \qquad (2.4.2)$$

$$L = \frac{\mathrm{d}\Phi}{\mathrm{d}i} \qquad (2.4.3)$$

电感的图形符号如图 2.4.5 所示。

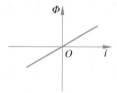

图 2.4.4　理想 i-Φ 平面的特性曲线　　　　图 2.4.5　电感的图形符号

电感的 VCR 方程:

$$u = \frac{\mathrm{d}\Phi}{\mathrm{d}t} = L\,\frac{\mathrm{d}i}{\mathrm{d}t} \qquad (2.4.4)$$

或者

$$i(t) = \frac{1}{L}\int_{-\infty}^{t} u(\tau)\mathrm{d}\tau = \frac{1}{L}\int_{-\infty}^{0} u(\tau)\mathrm{d}\tau + \frac{1}{L}\int_{0}^{t} u(\tau)\mathrm{d}\tau = i(0) + \frac{1}{L}\int_{0}^{t} u(\tau)\mathrm{d}\tau$$
$$(2.4.5)$$

式中: $i(t) = \dfrac{1}{L}\displaystyle\int_{-\infty}^{0} u(\tau)\mathrm{d}\tau$ 表示电感在零时刻的初始电流。

式(2.4.4)表明,电感中的电压与其电流对时间的变化率成正比;但电感与电阻不同,电感的电压和对应的电流不存在确定的约束关系。从物理层面来讲,电感线圈中的感应电压是磁场随时间变化而产生的,磁场随时间变化得越快,对应的感应电压就越大。磁场不随时间变化,则相应的感应电压为零。因此,在直流激励下的电路中,电感相当于短路($u=0$)。

引入微分算子:

$$p = \frac{\mathrm{d}}{\mathrm{d}t} \qquad (2.4.6)$$

积分算子:

$$\frac{1}{p} = \int_{-\infty}^{t}\mathrm{d}\tau \qquad (2.4.7)$$

代入微分算子和积分算子,整理得电感的 VCR 方程:

$$u = Lpi \qquad (2.4.8)$$

$$i = \frac{1}{Lp}u \qquad (2.4.9)$$

可见形式上与欧姆定律相同。

电感电压与电流间的线性约束关系与元件性质有关,与连接方式无关。由式(2.4.4)可知电感具有动态性,电压与电流的变化率相关,如果电流为恒定值(直流),电压恒为 0,电感相当于短路。由式(2.4.5)可知,电感有记忆电流的作用,t 时刻的电流与 t 时刻之前的电压全过程有关。

电感的储能性不失一般性,设 $i(0)=0$,电感在 $0\sim t$ 时刻吸收的能量:

$$w(t)=\int_0^t p(\tau)\mathrm{d}\tau=\int_0^t u(\tau)i(\tau)\mathrm{d}\tau=\int_0^t Li(\tau)\frac{\mathrm{d}i(\tau)}{\mathrm{d}\tau}\mathrm{d}\tau=L\int_{i(0)}^{i(t)} i(\tau)\mathrm{d}i(\tau)$$

$$=\frac{1}{2}Li^2(t)-\frac{1}{2}Li^2(0)=\frac{1}{2}Li^2(t)\geqslant 0 \tag{2.4.10}$$

由式(2.4.10)可见:$p>0$,电感吸收功率,w 增加;$p<0$,电感发出功率,w 减少(电感发出的只是以前吸收的储能)。$p>0$ 或 $p<0$ 不代表电感消耗功率或产生功率。

如果 $-I_m\leqslant i\leqslant I_m$,电感器的 $i\text{-}\Phi$ 曲线与电感的 $i\text{-}\Phi$ 曲线基本吻合,在电流给定范围内将电感器抽象为电感。电感器的电路模型是电感。电流给定范围内,也可以将电感器抽象为电感与电阻(小电阻)串联,更复杂的电感器电路模型一般采用电感电阻串联模型。

例 2.5 已知流过图 2.4.6 所示电感的电流 $i=\cos 2t\,\text{mA}$,求电感两端的电压 u。

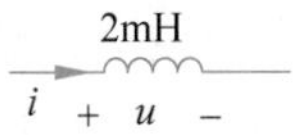

解: $u=L\dfrac{\mathrm{d}i}{\mathrm{d}t}=2\times 10^{-3}\times\dfrac{\mathrm{d}}{\mathrm{d}t}(\cos 2t\times 10^{-3})$

$\qquad=-4\times 10^{-6}\times\sin 2t$

$\qquad=4\times 10^{-6}\times\cos(2t+90°)\text{V}=4\cos(2t+90°)\,\mu\text{V}$

图 2.4.6 例 2.5 电感

例 2.6 已知图 2.4.7(a)所示电感的初始电流 $i(0)=2\text{mA}$,电压 $u(t)$ 的波形如图 2.4.7(b)所示,求 $t\geqslant 0$ 时的电流 $i(t)$ 并画出波形。

解: $i(t)=i(0)+\dfrac{1}{2\times 10^{-3}}\displaystyle\int_0^t 10^{-6}\mathrm{d}\tau=2\times 10^{-3}+\dfrac{t}{2}\times 10^{-3}\text{A}$

$\qquad=2+\dfrac{t}{2}\,\text{mA},\quad 0\leqslant t\leqslant 2\text{s}$

$\qquad i(2)=i(t)\Big|_{t=2}=2\times 10^{-3}+\dfrac{2}{2}\times 10^{-3}=3\times 10^{-3}\text{A}=3\text{mA}$

$\qquad i(t)=i(2)\Big|\dfrac{1}{2\times 10^{-3}}\displaystyle\int_2^t 0\mathrm{d}\tau=3\times 10^{-3}\text{A}=3\text{mA},\quad t\geqslant 2\text{s}$

题解如图 2.4.8 所示。

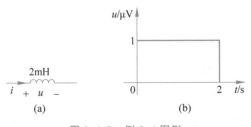

图 2.4.7 例 2.6 图形

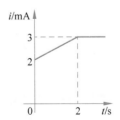

图 2.4.8 例 2.6 题解

2.4.3 电感定义的推广

在关联参考方向下,把任意时刻特性曲线由 i-Φ 平面一条过原点的曲线(图 2.4.9)表示的理想二端元件定义为电感。

电感的 VCR 方程可以用方程 $f(\Phi,i,t)=0$ 表示。根据电感值是否随时间变化以及 i-Φ 图像是否是直线,分为非线性时变电感、非线性时不变电感、线性时变电感、线性时不变电感四种。特性曲线为一条通过坐标原点的直线的电感元件称为线性电感元件,否则称为非线性电感元件。特征曲线不随时间变化的电感元件称为时不变电感元件,否则称为时变电感元件。

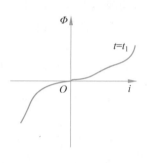

图 2.4.9 i-Φ 平面特性曲线

2.5 电容器及其电路模型

2.5.1 电容器

电容器由两块金属电极之间夹一层绝缘电介质构成。当在两金属电极间加上电压时,电极上就会存储电荷,所以电容器是储能元件。任何两个彼此绝缘又相距很近的导体可组成一个电容器。平行板电容器由电容器的极板和电介质组成。常见的电容器如图 2.5.1 所示。

(a) 电解电容等   (b) 贴片电容

图 2.5.1 常见的电容器

电容器的图形符号如图 2.5.2 所示。

分析电容器在关联参考方向下的 u-q 关系:

$$E = \frac{q}{\varepsilon A} \tag{2.5.1}$$

$$u = lE = \frac{lq}{\varepsilon A} \tag{2.5.2}$$

$$q = \frac{\varepsilon A}{l}u = Cu \tag{2.5.3}$$

式中:E 为电场强度;A 为极板面积;l 为极板间距;ε 为介电常数;q 为电荷(C);u 为电压(V);C 为电容(F)。

在相应关联参考方向下，$u\text{-}q$ 平面的特性曲线如图 2.5.3 所示。

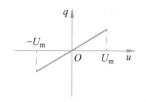

图 2.5.2 电容器的图形符号　　　　图 2.5.3 理想 $u\text{-}q$ 平面的特性曲线

2.5.2 电容器的电路模型

在关联参考方向下，把任意时刻特性曲线由 $u\text{-}q$ 平面一条过原点的斜率不变的直线（图 2.5.4）表示的理想二端元件定义为电容。

由电容的 $u\text{-}q$ 关系方程：$q=Cu$，可得

$$C=\frac{\mathrm{d}q}{\mathrm{d}u} \tag{2.5.4}$$

式中：q 为电荷（C）；u 为电压（V）；C 为电容（F）。

电容的图形符号如图 2.5.5 所示。

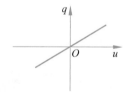

图 2.5.4 理想 $u\text{-}q$ 平面的特性曲线　　　图 2.5.5 电容的图形符号

C 为电容元件参数，指代电容。

电容的 VCR 方程：

$$i=\frac{\mathrm{d}q}{\mathrm{d}t}=C\frac{\mathrm{d}u}{\mathrm{d}t} \tag{2.5.5}$$

或者

$$u(t)=\frac{1}{C}\int_{-\infty}^{t}i(\tau)\mathrm{d}\tau=\frac{1}{C}\int_{-\infty}^{0}i(\tau)\mathrm{d}\tau+\frac{1}{C}\int_{0}^{t}i(\tau)\mathrm{d}\tau$$
$$=u(0)+\frac{1}{C}\int_{0}^{t}i(\tau)\mathrm{d}\tau \tag{2.5.6}$$

式中：$u(0)=\frac{1}{C}\int_{-\infty}^{0}i(\tau)\mathrm{d}\tau$ 表示电容在零时刻的初始电压。

引入微分算子以及积分算子后整理电容的 VCR 方程，得到

$$i=Cpu \tag{2.5.7}$$

移项后，可得

$$u=\frac{1}{Cp}i$$

可见形式上与欧姆定律相同。

电容电压与电流间的线性约束关系与元件性质有关,与连接方式无关。由式(2.5.5)可知电容具有动态性,电流与电压的变化率相关,如果电压为恒定值(直流),电流恒为0,电容相当于开路。由式(2.5.6)可知,电容有记忆电压的作用,t 时刻的电压与 t 时刻之前的电流全过程有关。

设 $u(0)=0$,电容在 $0\sim t$ 时刻吸收的能量:

$$w(t)=\int_0^t p(\tau)\mathrm{d}\tau=\int_0^t u(\tau)i(\tau)\mathrm{d}\tau=\int_0^t Cu(\tau)\frac{\mathrm{d}u(\tau)}{\mathrm{d}\tau}\mathrm{d}\tau=C\int_{u(0)}^{u(t)}u(\tau)\mathrm{d}u(\tau)$$

$$=\frac{1}{2}Cu^2(t)-\frac{1}{2}Cu^2(0)=\frac{1}{2}Cu^2(t)\geqslant 0 \qquad (2.5.8)$$

由式(2.5.8)可见:$p>0$,电容吸收功率,w 增加;$p<0$,电容发出功率,w 减少(电容发出的只是以前吸收的储能)。$p>0$ 或 $p<0$ 不代表电容消耗功率或产生功率。

如果 $-U_\mathrm{m}\leqslant u\leqslant U_\mathrm{m}$,电容器的 u-q 曲线与电容的 u-q 曲线基本吻合,在电压给定范围内将电容器抽象为电容,所以电容器的电路模型是电容。在给定电压范围内,也可以将电容器抽象为电容与电阻(大电阻)并联,在更复杂的电容器电路中,一般采用电容电阻并联模型。

2.5.3 电容定义的推广

在关联参考方向下,把任意时刻特性曲线由 u-q 平面一条过原点的曲线(图2.5.6)表示的理想二端元件定义为电容。

电容的 VCR 方程可以用方程 $f(q,u,t)=0$ 表示。根据电容值是否随时间变化以及 q-u 图像是否是直线,分为非线性时变电容、非线性时不变电容、线性时变电容、线性时不变电容四种。

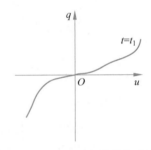

图 2.5.6 u-q 平面的特性曲线

2.6 二极管及其电路模型

2.6.1 二极管

晶体二极管简称二极管(另外,还有早期的真空电子二极管),它是一种能够单向传导电流的电子器件。在半导体二极管内部有一个 PN 结和两个引线端子,这种电子器件按照外加电压的方向具备单向电流的传导性。常见的二极管如图2.6.1所示。

二极管的图形符号如图2.6.2所示。

二极管的基本结构如图2.6.3所示。

通过图2.6.4所示的电路,实验测试出二极管在关联参考方向下的VCR曲线如图2.6.5所示。

正向电流 i_D 达到 mA 数量级所对应的电压定义为导通电压 U_on,一般来说,硅二极管 $U_\mathrm{on}=0.6\sim0.8\mathrm{V}$,锗二极管 $U_\mathrm{on}=0.1\sim0.3\mathrm{V}$。

(a) 贴片二极管

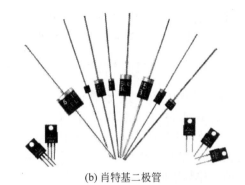

(b) 肖特基二极管

图 2.6.1　常见的二极管

图 2.6.2　二极管的图形符号

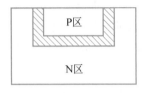

图 2.6.3　二极管的基本结构

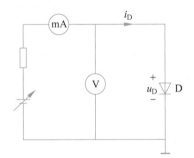

图 2.6.4　二极管 VCR 曲线测试电路图

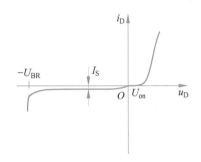

图 2.6.5　二极管的 VCR 曲线

当 $u_D \gg -U_{BR}$，二极管(整流二极管)的 VCR 方程可以表示为

$$i_D = I_S(\mathrm{e}^{\frac{qu_D}{kT}} - 1) = I_S(\mathrm{e}^{\frac{u_D}{U_T}} - 1) \tag{2.6.1}$$

式中：I_S 为二极管的反向饱和电流。当二极管两端施加反向电压时，反向电压在某一个范围内变化，反向电流(此时通过二极管的电流)基本不变，这个电流就称为反向饱和电流。硅二极管的反向饱和电流为 nA 数量级，锗二极管的反向饱和电流为 μA 数量级。U_T 为热电压，常温下 $U_T = 26\mathrm{mV}$。

2.6.2　二极管的主要参数

二极管的主要参数如下：

(1) 最大整流(正向平均)电流 I_F：二极管长期运行允许通过的最大平均电流。最大整流电流就是二极管的额定工作电流，该电流由 PN 结的结面积和散热条件决定。点接触型二极管的最大整流电流在几十毫安。面接触型二极管的最大整流电流较大。当电流超过允许值时，将由于 PN 结过热而使管子损坏。

（2）最高反向工作电压 U_R：二极管工作时允许加的最大反向电压。超过此值时，反向电流 I_R 剧增，二极管的单向导电性被破坏，管子可能因为反向击穿而损坏。通常 $U_R = \frac{1}{2}U_{BR}$，U_{BR} 为反向击穿电压，注意它是一个瞬时值。

（3）反向电流 I_R：二极管在最高反向工作电压下允许流过的反向电流，此参数反映了二极管单向导电性能的好坏，故 I_R 值越小，二极管质量越好。

（4）最高工作频率 f_M：二极管的上限截止频率，即二极管能正常工作的最高频率。超过此值时，二极管将因为结电容的作用而不能体现单向导电性。选用二极管时，必须使它的工作频率低于最高工作频率。

（5）二极管的温度特性：温度升高时，硅二极管的正向压降减小，每增加 1℃，硅二极管正向压降减小 2mV，即具有负温度特性。

硅二极管的反向饱和电流 I_S 受温度影响，工程上一般用式（2.6.2）近似估计，式（2.6.2）表示温度每升高 10℃，I_S 增大一倍。

$$\frac{I_S(T)}{I_S(T_0)} = 2^{\frac{T-T_0}{10}} \tag{2.6.2}$$

式中，T_0 为参考温度。

2.6.3 二极管的电路模型

如果 $p < p_m$，$u_D \gg -U_{BR}$，电压源电阻串联-开路的 VCR 曲线与二极管的 VCR 曲线在一定允许误差条件下基本吻合，如图 2.6.6 所示。

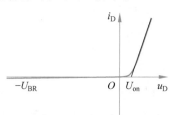

图 2.6.6 电压源电阻串联-开路的 VCR 曲线与二极管的 VCR 曲线

功率允许及电压给定范围内将二极管抽象如下：

（1）当 $u_D > U_{on}$ 时，二极管抽象为电压源电阻串联，如图 2.6.7 所示，有 $u_D = U_{on} + r_d i_D$。

（2）当 $u_D < U_{on}$ 时，二极管抽象为开路，如图 2.6.8 所示，有 $i_D = 0$。

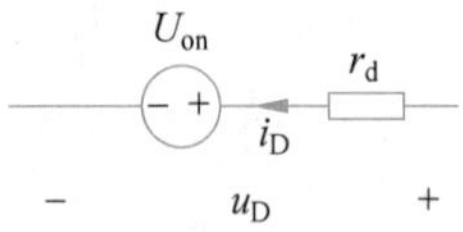

图 2.6.7 二极管抽象为电压源电阻串联 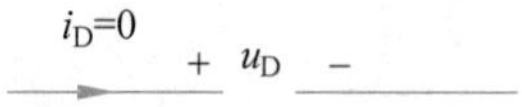　　　　图 2.6.8 二极管抽象为开路

二极管的动态电阻（与二极管的工作点 Q 有关）为

$$r_d = \frac{1}{\left.\dfrac{\mathrm{d}i_D}{\mathrm{d}u_D}\right|_Q} = \frac{1}{\dfrac{1}{U_T}\left(I_s \mathrm{e}^{\frac{u_{DQ}}{U_T}}\right)} \approx \frac{U_T}{I_{DQ}} \tag{2.6.3}$$

二极管正向偏置时,电路模型可以是电压源与电阻串联;反向偏置时相当于开路。

例 2.7 已知图 2.6.9 所示电路中电池的内阻为零,二极管的 $U_{on}=0.7\text{V}$,求二极管的电流 I_D 和电压 U_D。

电源 $U=2\text{V}$,假设 $U_D \geqslant U_{on}=0.7\text{V}$,二极管工作于导通状态,二极管抽象为电压源和电阻串联,如图 2.6.10 所示。

$$I_D = \frac{2-0.7}{1+r_d} = \frac{1.3}{1+\dfrac{0.026}{I_D}}$$

$$I_D = 1.3 - 0.026 = 1.274(\text{mA})$$

$$U_D = 0.7 + r_d I_D = 0.7 + 0.026 = 0.726(\text{V})$$

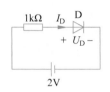

图 2.6.9 例 2.7

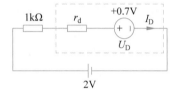

图 2.6.10 例 2.7 的电路

2.6.4 稳压管

稳压管(稳压二极管),又称为齐纳二极管,是利用 PN 结处于反向击穿状态时,其电流可在很大范围内变化而电压基本不变的现象制成的起稳压作用的二极管。此二极管是一种直到临界反向击穿电压前都具有很高电阻的半导体器件,在这临界击穿点上,反向电阻降低到一个很小的数值,在这个低阻区电流增加而电压则保持恒定,稳压二极管是根据击穿电压来分档的,因为这种特性,稳压管主要作为稳压器或电压基准元件使用。稳压管的图形符号如图 2.6.11 所示。

实验测出稳压管在关联参考方向下的 VCR 曲线如图 2.6.12 所示。

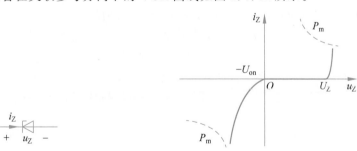

图 2.6.11 稳压管的图形符号   图 2.6.12 稳压管的 VCR 曲线

当 $u_Z \geqslant U_Z$ 且 $i_Z \geqslant I_{Zmin}$ 时,稳压管的 VCR 方程可以表示为

$$u_Z = U_Z + r_Z i_Z \tag{2.6.4}$$

式中:U_Z 为稳压管的稳定电压(击穿电压);I_{Zmin} 为最小稳定电流;r_Z 为动态电阻(与稳压管的工作点基本无关)。

稳压管的主要参数:

（1）稳定电压 U_Z：在规定电流下稳压管的反向击穿电压。这个数值随着工作电流和温度的不同略有改变，即使是同一型号的稳压管，其稳定电压值也有分散性，例如，2CW14 硅稳压二极管的稳定电压值为 6～7.5V。

（2）最小稳定电流 I_{Zmin}：稳压管在稳压状态下的参考电流。稳压二极管工作于稳定电压时所需的最小反向电流值，低于该值时稳压效果会变差。

（3）最大耗散功率 P_{Zm}：该参数是为了确保管子安全工作而规定的。P_{Zm} 等于稳压管的稳定电压 U_Z 和最大电流 I_{Zmax} 的乘积，即 $P_{Zm}=U_Z I_{Zmax}$。如果稳压管的功耗超过该值，将会使管子的实际功耗超过最大允许耗散功率，管子则会因为结温过高而烧坏。

（4）动态电阻 r_Z：工作在稳压状态下，稳压管两端电压变化量与其电流变化量之比。稳压管的反向特性曲线越陡，r_Z 越小，稳压管的性能越好。r_Z 值在几欧至几十欧之间。

（5）温度系数 α：温度每变化 1℃，稳压管稳压值的变化量。一般而言，稳压值低于 6V 的稳压管具有负的温度系数，高于 6V 的稳压管具有正的温度系数。稳压值为 6V 左右的管子，其稳压值基本上不受温度的影响，因此选用 6V 左右的管子可以得到较好的温度稳定性。

2.6.5 稳压管的电路模型

如果 $p<P_m,u_Z \gg -U_{on}$，电压源电阻串联-开路的 VCR 曲线与稳压管的 VCR 曲线在一定允许误差条件下基本吻合，如图 2.6.13 所示。

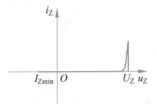

图 2.6.13 电压源电阻串联-开路的 VCR 曲线与稳压管的 VCR 曲线

在功率允许及电压、电流给定范围内将稳压管抽象如下：

（1）在 $u_Z \geqslant U_Z,i_Z \geqslant I_{Zmin}$ 时，稳压管抽象为电压源电阻串联，如图 2.6.14 所示，有 $u_Z=U_Z+r_Z i_Z$。

（2）在 $u_Z<U_Z$ 时，稳压管抽象为开路，如图 2.6.15 所示，有 $i_Z=0$。

图 2.6.14 稳压管抽象为电压源电阻串联   图 2.6.15 稳压管抽象为开路

2.7 场效应管及其电路模型

2.7.1 场效应管

场效应晶体管（FET）简称场效应管，主要有结型场效应晶体管（Junction FET，

JFET)和金属-氧化物半导体场效应管(Metal-Oxide Semiconductor FET,MOSFET)两种类型。场效应晶体管由多数载流子参与导电,也称为单极型晶体管。它属于电压控制型半导体器件,具有输入电阻高($10^7 \sim 10^{15}\,\Omega$)、噪声小、功耗低、动态范围大、易于集成、没有二次击穿现象、安全工作区域宽等优点,现已成为双极型晶体管和功率晶体管的强大竞争者。常见的场效应管如图 2.7.1 所示。

结型场效应管又分为 N 沟道结型场效应管和 P 沟道结型场效应管,如图 2.7.2 所示。MOS 场效应管分为 N 沟道增强型、P 沟道增强型、N 沟道耗尽型、P 沟道耗尽型 MOS 场效应管,如图 2.7.3 所示。

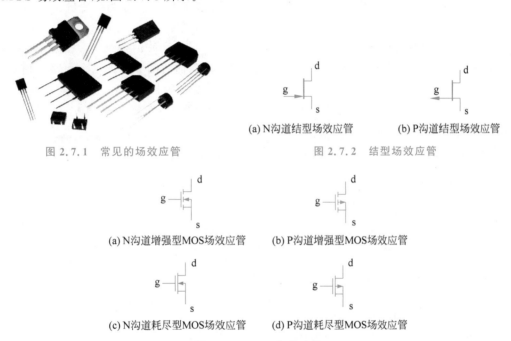

图 2.7.1　常见的场效应管

(a) N沟道结型场效应管　　(b) P沟道结型场效应管

图 2.7.2　结型场效应管

(a) N沟道增强型MOS场效应管　　(b) P沟道增强型MOS场效应管

(c) N沟道耗尽型MOS场效应管　　(d) P沟道耗尽型MOS场效应管

图 2.7.3　MOS 场效应管

N 沟道增强型 MOS 场效应管的基本结构如图 2.7.4 所示。

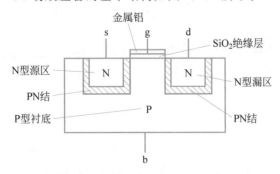

图 2.7.4　N 沟道增强型 MOS 场效应管的基本结构

通过图 2.7.5 所示的测试电路得到场效应管关联参考方向下的共源 VCR 曲线。

实验得出 MOS 场效应管的输入特性曲线如图 2.7.6 所示(u_{GS} 为自变量、i_G 为因变量)。

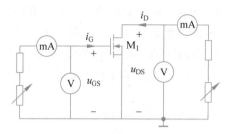
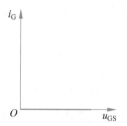

图 2.7.5　测试实验电路　　　图 2.7.6　MOS 场效应管的输入特性曲线

实验得出 MOS 场效应管的输出特性曲线如图 2.7.7 所示（u_{DS} 为自变量、i_D 为因变量、u_{GS} 为参变量的 VCR 曲线族）。

场效应管工作在恒流区（放大区）时，有 $u_{GS} \geq U_{TN}$ 且 $u_{DS} \geq u_{GS} - U_{TN}$。$u_{DS}\text{-}i_D$ 曲线族间隔依次增大，i_D 与 u_{GS} 表现出二次曲线关系；每条曲线随 u_{DS} 的增大而略有抬升，相同 u_{GS} 条件下 i_D 略有增大。场效应管工作在可变电阻区，有 $u_{GS} \geq U_{TN}$ 且 $u_{DS} < u_{GS} - U_{TN}$，i_G 与 u_{GS} 不再满足二次曲线关系。场效应管工作在截止区，有 $u_{GS} < U_{TN}$，i_D 和 i_S 均为零。

场效应管的转移特性曲线如图 2.7.8 所示。

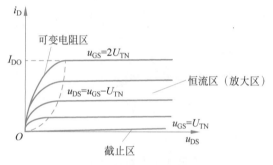
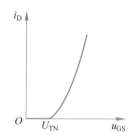

图 2.7.7　MOS 场效应管的输出特性曲线　　　图 2.7.8　场效应管的转移特性曲线

得到恒流区转移特性的 VCR 方程：

$$i_D = I_{DO}\left(\frac{u_{GS}}{U_{TN}} - 1\right)^2 \tag{2.7.1}$$

式中：I_{DO} 为 $u_{GS} = 2U_{TN}$ 时的漏极电流。

场效应管放大区厄利特性：$u_{DS}\text{-}i_D$ 曲线族斜率的延长线均交于横轴上一点 U_A，U_A 称为厄利电压。

2.7.2　增强型 MOS 场效应管的主要参数

（1）开启电压 U_{TN}：U_{TN} 是在 U_{DS} 为常量时，使 i_D 大于零所需要的最小 $|U_{GS}|$ 值；当栅源电压 $|U_{GS}|$ 小于开启电压的绝对值时，场效应管不能导通。

（2）倍压漏极电流 I_{DO}：I_{DO} 是 $u_{GS} = 2U_{TN}$ 时的 i_D。

（3）厄利电压 U_A：$u_{DS}\text{-}i_D$ 曲线族斜率的延长线均交于横轴上一点 U_A，U_A 称为厄利电压。

（4）直流输入电阻 R_{GS}：栅源极所加直流电压与栅极电流之比，直流输入电阻非常大，$R_{GS} \geq 10^9 \, \Omega$。

（5）栅源电容 C_{gs}、栅漏电容 C_{gd} 和漏源电容 C_{ds}：极间电容的值越小，表示管子性能更优。通常 C_{gs} 和 C_{gd} 为 $1 \sim 3 \mathrm{pF}$，而 C_{ds} 为 $0.1 \sim 1 \mathrm{pF}$。

（6）极间反向击穿电压 U_{BR}：管子进入恒流区后，使 i_D 突然增大的 u_{DS} 称为漏-源击穿电压 $U_{BR(DS)}$，u_{DS} 超过此值会使得管子损坏；对于结型场效应管，使栅极和沟道间 PN 结反向击穿的 u_{GS} 为栅源击穿电压 $U_{BR(GS)}$；对于绝缘栅型场效应管，使绝缘层击穿的 u_{GS} 为栅源击穿电压 $U_{BR(GS)}$。

（7）最大漏极电流 I_{DM}：管子正常工作时漏极电流的上限值。

（8）最大漏极耗散功率 P_{DM}：场效应管性能不变坏时所允许的最大漏源耗散功率。在使用时，场效应管实际功耗应小于 P_{DM} 并留有一定余地。P_{DM} 取决于管子允许的温升。P_{DM} 确定后，可以在管子的输出特性曲线上画出临界最大功耗线，再根据 I_{DM} 和 U_{BR} 就能得到管子的安全工作区。

结型和耗尽型 MOS 场效应管的主要参数：

（1）夹断电压 $U_{GS(off)}$：当 u_{DS} 为常量时，使 i_D 等于规定的微小电流时的 u_{GS}。

（2）饱和漏极电流 I_{DSS}：在 $u_{GS} = 0 \mathrm{V}$ 情况下产生预夹断时产生的漏极电流。

恒流区转移特性的 VCR 方程：

$$i_D = I_{DSS} \left(1 - \frac{u_{GS}}{U_{GS(off)}}\right)^2 \qquad (2.7.2)$$

跨导定义为在管子工作在恒流区且 u_{DS} 为常量的条件下，i_D 的变化量 Δi_D 与对应的 u_{GS} 的变化量 Δu_{GS} 的比值，即

$$g_m = \frac{\Delta i_D}{\Delta u_{GS}}\bigg|_{U_{DS}=常数} \qquad (2.7.3)$$

g_m 的单位为西（S）。g_m 的大小表示 u_{GS} 对 i_D 控制作用的强弱。结合式(2.7.1)和式(2.7.3)，由式(2.7.1)的 i_D 对 u_{GS} 求偏导可得

$$g_m = \frac{2I_{DO}}{U_{TN}}\left(\frac{u_{GS}}{U_{TN}} - 1\right) \qquad (2.7.4)$$

式(2.7.1)两边除以 g_m，可得

$$\frac{i_D}{g_m} = \frac{I_{DO}(u_{GS}-1)2}{\frac{2I_{DO}}{U_{TN}}\left(\frac{u_{GS}}{U_{TN}}-1\right)} = \frac{U_{TN}}{2}\left(\frac{u_{GS}}{U_{TN}}-1\right) \qquad (2.7.5)$$

引入参数 $u_{G'S}$：

$$u_{G'S} = \frac{u_{GS} + U_{TN}}{2} \qquad (2.7.6)$$

整理式(2.7.5)和式(2.7.6)，可得

$$i_D = g_m(u_{GS} - u_{G'S}) \qquad (2.7.7)$$

场效应管和晶体管的比较：场效应管由栅源电压 u_{GS} 控制漏极电流 i_D，晶体管由基

极电流 i_B 控制集电极电流 i_C；场效应管温度稳定性优于晶体管；场效应管输入电阻高于晶体管；场效应管源极与漏极可以互换，晶体管发射极与集电极不能互换。

2.7.3 场效应管的电路模型

开路的 VCR 曲线与场效应管的输入特性曲线吻合，如图 2.7.9 所示。

将场效应管输入端抽象为开路（$i_G=0$），场效应管输入端的电路模型-开路。

如果 $p_D < P_m$，$u_{GS}-U_{TN} \leqslant u_{DS} \ll U_{BR}$，非线性电压控制电流源（VCCS）电阻并联-开路的 VCR 曲线与场效应管的输出特性曲线在一定允许误差条件下基本吻合（图 2.7.10）。

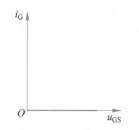

图 2.7.9 开路的 VCR 曲线

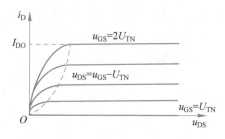

图 2.7.10 场效应管的输出特性曲线

在功率允许及电压给定范围内将场效应管输出端抽象为 $u_{GS} \geqslant U_{TN}$，$u_{DS} \geqslant u_{GS}-U_{TN}$ 时，场效应管抽象为非线性 VCCS 电阻并联（图 2.7.11），且有

$$i_D = g_m(u_{GS}-u_{G'S})$$

当 $u_{GS} < U_{TN}$ 时，场效应管抽象为开路，有 $i_D=0$，如图 2.7.12 所示。

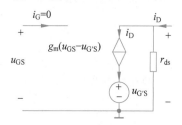

图 2.7.11 场效应管模型（1）

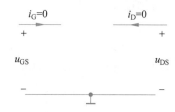

图 2.7.12 场效应管模型（2）

场效应管输出端的动态电阻（与场效应管的工作点 Q 有关）为

$$r_{ds} = \frac{U_A + U_{DSQ}}{I_{DQ}} \approx \frac{U_A}{I_{DQ}} \tag{2.7.8}$$

式中：U_A 为厄利电压。

因此，场效应管输出端的电路模型（不含可变电阻区）抽象为非线性 VCCS 电阻并联-开路。

例 2.8 已知图 2.7.13 所示电路中两个电池的内阻均为零，场效应管的 $U_{TN}=2V$，$I_{DO}=4mA$，$U_A \to \infty$，求输出电压 U_O。

解：$U_G=3V$，$U_{GS} \geqslant U_{TN}=2V$，假设 $U_{DS} \geqslant U_{GS}-U_{TN}$，场效应管工作于放大状态，场效应管抽象为非线性 VCCS 电阻并联（图 2.7.14）。$U_A \to \infty$，则 $r_{ds}=0$。

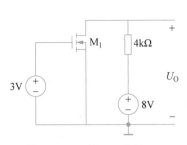

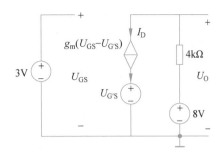

图 2.7.13 例 2.8 电路（1）　　　　　　　　图 2.7.14 例 2.8 电路（2）

$$U_{G'S} = \frac{U_{GS} + U_{TN}}{2} = \frac{3+2}{2} = 2.5(V)$$

$$g_m = \frac{2I_{DO}}{U_{TN}}\left(\frac{U_{GS}}{U_{TN}} - 1\right) = \frac{2 \times 4}{2}\left(\frac{3}{2} - 1\right) = 2(mS)$$

$$I_D = g_m(U_{GS} - U_{G'S}) = 2(3 - 2.5) = 1(mA)$$

$$U_O = 8 - 4 \times 1 = 4(V)$$

这里 $U_{DS} = U_O = 4V > U_{GS} - U_{TN} = 1V$，所以假设成立。

2.8 晶体管及其电路模型

2.8.1 晶体管

双极型晶体管（BJT）也称为三极管，是一种电流控制电流的半导体器件，其作用是把微弱信号放大成幅度值较大的电信号，也用作无触点开关。晶体管是半导体基本元器件之一，具有电流放大作用，是电子电路的核心元件。晶体管是在一块半导体基片上制作两个相距很近的 PN 结，两个 PN 结把整块半导体分成三部分，中间部分是基区，两侧部分是发射区和集电区，排列方式有 PNP 和 NPN 两种。常见的晶体管如图 2.8.1 所示。

(a) 插件晶体管　　　　　　　　　(b) 贴片晶体管

图 2.8.1 常见的晶体管

晶体管分为 NPN 型与 PNP 型，图形符号如图 2.8.2 所示。

晶体管的具体结构如图 2.8.3 所示。

晶体管结构特点：晶体管是非对称结构，发射区杂质浓度远大于基区杂质浓度；基区极薄，一般为 μm 数量级；集电区面积大，杂质浓度小于发射区杂质浓度。要做到电流电压放大,晶体管这种结构特点是必要的。

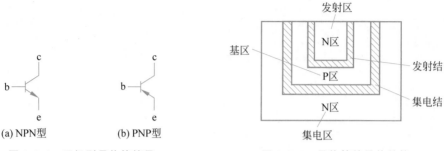

图 2.8.2 双极型晶体管符号   图 2.8.3 晶体管的具体结构

通过实验测试晶体管关联参考方向下的共射 VCR 曲线,实验测试电路如图 2.8.4 所示。

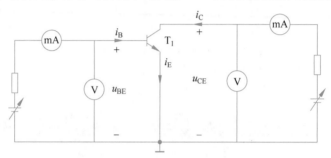

图 2.8.4 实验测试电路

晶体管的输入特性曲线如图 2.8.5 所示(u_{BE} 为自变量、i_B 为因变量、u_{CE} 为参变量的 VCR 曲线族)。

u_{BE}-i_B 曲线类似于二极管的 VCR 曲线,u_{CE} 增大时,输入特性略为右移;相同 u_{BE} 条件下 i_B 减小;一旦 $u_{CE} \geqslant U_{on}$,u_{CE} 的影响较小,曲线族非常密集,近似为一条曲线。这是因为 u_{CE} 由零逐渐增大,即集电结反向电压增大,集电结空间电荷区向两侧扩展,则基区宽度相应缩小,使得存储在基区的注入载流子的数量减小,复合减小,因而 i_B 减小。如果要保持 i_B 为定值,则必须增大 u_{BE},因此曲线右移。当 u_{CE} 所加反向电压足以把注入基区的非平衡载流子绝大部分拉到集电极去时,导致 u_{CE} 再增加,i_B 减小也不再明显,这样就造成曲线族非常密集,近似为一条直线,如图 2.8.6 所示。

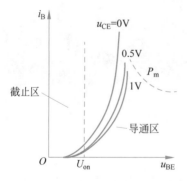

图 2.8.5 输入特性曲线

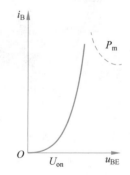

图 2.8.6 输入特性曲线

晶体管的输入特性曲线的 VCR 方程：

$$i_B = I_S \left(e^{\frac{u_{BE}}{U_T}} - 1 \right) \tag{2.8.1}$$

晶体管的输出特性曲线如图 2.8.7 所示（u_{CE} 为自变量、i_C 为因变量、i_B 为参变量的 VCR 曲线族）。

在晶体管放大区，发射结正向偏置，集电结反向偏置。在共射电路中，$u_{BE} \geqslant U_{on}$，$u_{CE} \geqslant U_{BE}$，u_{CE}-i_C 曲线族基本上等间隔，i_C 与 i_B 表现出比例关系，i_C 几乎与 u_{CE} 无关；每条曲线随 u_{CE} 的增大而略有抬升，在相同 i_B 条件下 i_C 略有增大。

在晶体管饱和区，发射结和集电结均处于正向偏置。在共射电路中，$u_{BE} \geqslant U_{on}$，$u_{CE} < U_{BE}$，i_C 与 i_B 不再满足比例关系；u_{CE} 在电流变化时变化不大，$u_{CES} = 0 \sim U_{on}$。

在晶体管截止区，发射结电压小于开启电压，$u_{BE} < U_{on}$，集电结反向偏置。i_B、i_C 和 i_E 均为 0。

晶体管工作在放大区时的转移特性如图 2.8.8 所示（i_B 为自变量、i_C 为因变量的曲线，参变量 u_{CE} 的影响较小）。

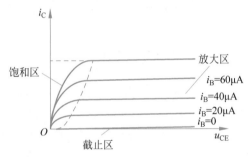

图 2.8.7 输出特性曲线

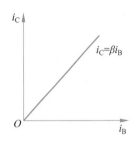

图 2.8.8 转移特性曲线

由转移特性曲线得到晶体管工作在放大区的转移特性的 VCR 方程：

$$i_C = \beta i_B \tag{2.8.2}$$

晶体管工作在放大区的厄利特性（图 2.8.9）：u_{CE}-i_C 曲线族斜率的延长线均交于横轴上一点 $-U_A$（U_A 称为厄利电压，如图 2.8.9 标注所示）。

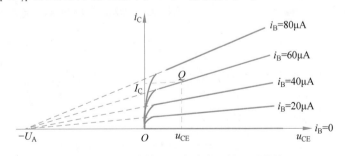

图 2.8.9 晶体管工作在放大区的厄利特性

2.8.2　晶体管的主要参数

（1）电流放大系数 β：$\beta = \dfrac{\Delta i_C}{\Delta i_B}\bigg|_{U_{CE}=常量}$　用来描述晶体管对于动态信号的放大能力。管子的 β 值太小时，放大作用差；管子的 β 值太大时，工作性能不稳定。

（2）厄利电压 U_A：在实测的晶体管输出特性曲线中，i_C 在放大区随着 u_{CE} 的增加而略有增加，这是基区宽度调制效应造成的，又称为厄利效应。

（3）基区体电阻 $r_{bb'}$：把基区体电流 i_B 从基极引线流经非工作基区到达工作基区所产生的电压降，当作由一个电阻引起的，称为基极电阻，用 $r_{bb'}$ 表示。

（4）反向饱和电流 I_{CBO} 和穿透电流 I_{CEO}：反向饱和电流是发射极开路时集电结的反向饱和电流。在一定温度下，I_{CBO} 是一个常量，随着温度的升高，I_{CBO} 将会增大。它是晶体管工作不稳定的主要因素。在相同环境下，硅管的 I_{CBO} 比锗管的 I_{CBO} 小得多。穿透电流是基极开路时集电极在电源 U_{CC} 作用下集电极和发射极之间的电流。该电流是指基极开路时，在集电极与发射极之间加上规定的反向电压时，集电极的漏电流。其中 $I_{CEO}=(1+\beta)I_{CBO}$。I_{CBO} 和 I_{CEO} 都是衡量晶体管热稳定性的重要参数。

（5）截止频率 f_β 和特征频率 f_T：晶体管的 β 值是频率的函数，中频段的 $\beta=\beta_0$ 几乎与频率无关，但随着频率的升高，β 值下降，当 β 值下降到 $0.707\beta_0$ 时所对应的频率为截止频率 f_β。当晶体管的 β 值下降到 $\beta=1$ 时所对应的频率称为特征频率 f_T。当工作频率 $f>f_T$ 时，晶体管就失去了放大能力。

（6）极间反向击穿电压 U_{BR}：晶体管的某一电极开路时，另外两个电极间所允许加的最高反向电压。超过此值时，管子就会发生击穿现象。

（7）最大集电极电流 I_{CM}：晶体管集电极所允许的最大电流。当晶体管的集电极电流超过 I_{CM} 时，晶体管的 β 等参数将发生明显变化，影响其正常工作，甚至还会损坏晶体管。

（8）最大集电极耗散功率 P_{CM}：晶体管集电结受热而引起晶体管参数变化不超过所规定的允许值时，集电极耗散的最大功率。P_{CM} 决定管子的温升。当实际功耗 P_C 大于 P_{CM} 时，不仅使管子的参数发生变化，甚至还会烧坏管子。

（9）晶体管的温度特性：温度每升高 $10℃$，反向饱和电流 I_{CBO} 约增大 1 倍，可表示为

$$\frac{I_{CBO}(T)}{I_{CBO}(T_0)}=2^{\frac{T-T_0}{10}} \tag{2.8.3}$$

温度每升高 $1℃$，电流放大系数 β 增大 $0.5\%\sim1\%$，可表示为

$$\frac{\dfrac{d\beta}{\beta}}{dT}=(0.5\%\sim1\%)/℃ \tag{2.8.4}$$

2.8.3　晶体管的电路模型

两个理想二端元件组成的理想双口元件定义为受控电源。受控电源的第一条支路

是控制支路,呈开路或短路状态;第二条支路是受控元件,它是特别的电压源或电流源,其电压或电流受控制元件的电压或电流控制。受控电源分为以下四种:

(1) 电压控制电压源(VCVS):关联参考方向下,任意时刻控制元件开路,$i_1=0$;受控元件 VCR 曲线用 u_2-i_2 平面一族平行于 i_2 轴的直线表示,该族直线受控制元件电压 u_1 控制;控制关系曲线用 u_1-u_2 平面一条过原点的斜率不变的直线表示(图 2.8.10)。

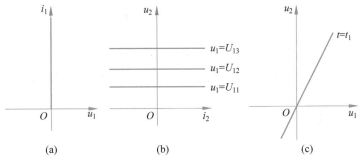

图 2.8.10 电压控制电压源

电压控制电压源的 VCR 方程:

$$i_1=0, \quad u_2=\mu u_1$$

式中:μ 为电压比。

电压控制电压源的图形符号如图 2.8.11 所示。

电压控制电压源包括控制元件与受控元件。控制元件开路,有 $i_1=0$。受控元件电压 u_2 一方面与本元件的电流 i_2 无关,另一方面与控制元件电压 u_1 构成线性约束关系,即

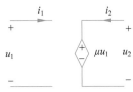

图 2.8.11 电压控制电压源的图形符号

$u_2=\mu u_1$,$-\infty<i_2<\infty$。约束关系只与元件性质有关,与连接方式无关。注意,应将控制元件与受控元件的参考方向一起标出,没有控制元件的参考方向,受控元件的参考方向没有意义。

(2) 电流控制电压源(CCVS):在关联参考方向下,任意时刻控制元件短路,$u_1=0$;受控元件 VCR 曲线用 u_2-i_2 平面一族平行于 i_2 轴的直线表示,该族直线受控制元件电压 i_1 控制;控制关系曲线用 i_1-u_2 平面一条过原点的斜率不变的直线表示(图 2.8.12)。

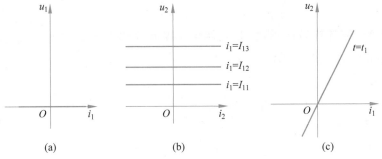

图 2.8.12 电流控制电压源

电流控制电压源的 VCR 方程:

$$u_1=0, \quad u_2=ri_1$$

式中：r 为转移电阻(Ω)。

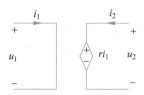

图 2.8.13　电流控制电压源
的图形符号

电流控制电压源的图形符号如图 2.8.13 所示。

电流控制电压源包括控制元件与受控元件。控制元件短路，有 $u_1=0$。受控元件电压 u_2 一方面与本元件的电流 i_2 无关，另一方面与控制元件电压 i_1 构成线性约束关系，即 $u_2=ri_1$，$-\infty<i_2<\infty$ 约束关系只与元件性质有关，与连接方式无关。同样注意，应将控制元件与受控元件的参考方向一起标出，没有控制元件的参考方向，受控元件的参考方向没有意义。

（3）电压控制电流源（VCCS）：关联参考方向下，任意时刻控制元件开路，$i_1=0$；受控元件 VCR 曲线用 u_2-i_2 平面一族平行于 u_2 轴的直线表示，该族直线受控制元件电压 u_1 控制；控制关系曲线用 u_1-i_2 平面一条过原点的斜率不变的直线表示（图 2.8.14）。

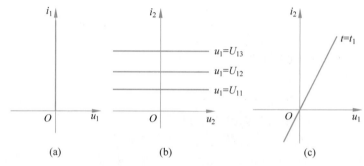

(a)　　　　　　　(b)　　　　　　　(c)

图 2.8.14　电压控制电流源

电压控制电流源的 VCR 方程：

$$i_1=0, \quad i_2=gu_1$$

式中：g 为转移电导(S)。电压控制电流源的图形符号如图 2.8.15 所示。

电压控制电流源包括控制元件与受控元件。控制元件短路，有 $i_1=0$。受控元件电压 i_2 一方面与本元件的电流 u_2 无关，另一方面与控制元件电压 u_1 构成线性约束关系，即 $i_2=gu_1$，$-\infty<u_2<\infty$ 约束关系只与元件性质有关，与连接方式无关。同样注意，应将控制元件与受控元件的参考方向一起标出，没有控制元件的参考方向，受控元件的参考方向没有意义。

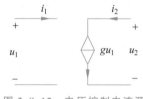

图 2.8.15　电压控制电流源
的图形符号

（4）电流控制电流源（CCCS）：关联参考方向下，任意时刻控制元件短路，$u_1=0$；受控元件 VCR 曲线用 u_2-i_2 平面一族平行于 u_2 轴的直线表示，该族直线受控制元件电流 i_1 控制；控制关系曲线用 i_1-i_2 平面一条过原点的斜率不变的直线表示（图 2.8.16）。

电流控制电流源的 VCR 方程：

$$u_1=0, \quad i_2=\beta i_1$$

式中：β 为电流比。

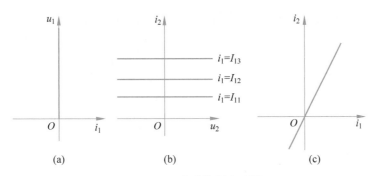

图 2.8.16 电流控制电流源

电流控制电流源的图形符号如图 2.8.17 所示。

电流控制电流源包括控制元件与受控元件。控制元件短路,有 $u_1=0$。受控元件电压 i_2 一方面与本元件的电流 u_2 无关,另一方面与控制元件电压 i_1 构成线性约束关系,即 $i_2=\beta i_1$,$-\infty < u_2 < \infty$,约束关系只与元件性质有关,与连接方式无关。同样注意,应将控制元件与受控元件的参考方向一起标出,没有控制元件的参考方向,受控元件的参考方向没有意义。

在电路图中一般将受控电源的控制元件与相邻元件合并而不单独标出。VCVS 和 VCCS 的控制元件与相邻元件并联,相邻元件电压即控制电压 u_1;CCVS 和 CCCS 的控制元件与相邻元件串联,相邻元件电流即控制电流 i_1。

如果 $p_B < P_m$ 及 $U_{BE} \gg -U_{BR}$,电压源电阻串联-开路的 VCR 曲线与晶体管的输入特性曲线在一定允许误差条件下基本吻合,如图 2.8.18 所示。

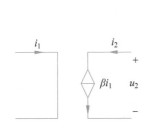

图 2.8.17 电流控制电流源的图形符号

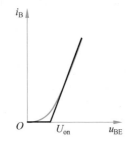

图 2.8.18 电压源电阻串联-开路的 VCR 曲线与晶体管的输入特性曲线

在功率允许及电压给定范围内将晶体管输入端抽象如下:

(1) 当 $u_{BE} \geqslant U_{on}$ 时,将晶体管输入端抽象为电压源电阻串联,有 $u_{BE}=U_{on}+r_{be}i_B$。

(2) 当 $u_{BE} < U_{on}$ 时,晶体管输入端抽象为开路,有 $i_B=0$。晶体管输入端的动态电阻(与晶体管的工作点 Q 有关)为

$$r_{be} = \frac{1}{\dfrac{di_B}{du_{BE}}\bigg|} = \frac{1}{\dfrac{1}{U_T}\left(I_s e^{\frac{U_{BEQ}}{U_T}}\right)} \approx \frac{U_T}{I_{BQ}} \qquad (2.8.5)$$

可以得到晶体管输入端的电路模型为电压源电阻串联-开路。

r_{be} 的修正：考虑到晶体管的结构特点，基区很薄，晶体管模型中的 r_{be} 需加上基极电阻 $r_{bb'}$ 的影响。

$$r_{be} = r_{bb'} + r_{b'e} = r_{bb'} + \frac{U_T}{I_{BQ}} \qquad (2.8.6)$$

如果 $p_C < P_m$，$u_{BE} \leqslant u_{CE} \leqslant U_{BR}$，CCCS 电阻并联-开路的 VCR 曲线与晶体管的输出特性曲线在一定允许误差条件下基本吻合，如图 2.8.19 所示。

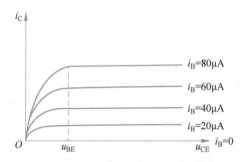

图 2.8.19　CCCS 电阻并联-开路的 VCR 曲线与晶体管的输出特性曲线

在功率允许及电压给定范围内将晶体管输出端抽象如下：

（1）当 $u_{BE} \geqslant U_{on}$，$u_{CE} \geqslant u_{BE}$ 时，CCCS 电路模型抽象为电阻并联，如图 2.8.20 所示，有

$$i_C = \beta i_B + \frac{u_{CE}}{r_{ce}}$$

（2）当 $u_{BE} < U_{on}$ 时，CCCS 电路模型抽象为开路，如图 2.8.21 所示，有 $i_C = 0$。晶体管输出端的动态电阻（与晶体管的工作点 Q 有关）为

$$r_{ce} = \frac{U_A + U_{CEQ}}{I_{CQ}} \approx \frac{U_A}{I_{CQ}} \qquad (2.8.7)$$

可以得到晶体管输出端的电路模型（不含饱和区）是 CCCS 电阻并联-开路。

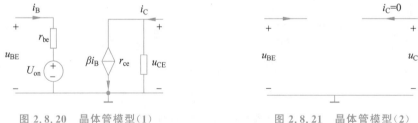

图 2.8.20　晶体管模型（1）　　　　　　　图 2.8.21　晶体管模型（2）

例 2.9　已知图 2.8.22 所示电路中两个电池的内阻均为零，晶体管的 $U_{on} = 0.7\text{V}$，$\beta = 100$，$r_{bb'} = 100\Omega$，$U_A \to \infty$，求输出电压 U_O。

解：$U_B = 1\text{V}$，假设 $U_{BE} \geqslant U_{on} = 0.7\text{V}$，$U_C = 12\text{V}$，假设 $U_{CE} \geqslant U_{BE}$，晶体管工作于放大状态，晶体管抽象为电压源电阻串联-CCCS 电阻并联，如图 2.8.23 所示。

$$I_B = \frac{1 - 0.7}{24 + r_{be}} = \frac{0.3}{24 + 0.1 + \dfrac{0.026}{I_B}}$$

$$I_B = \frac{0.3 - 0.026}{24 + 0.1} \approx 0.0114 \text{(mA)}$$

$$U_O = 12 - 100 \times 0.0114 \times 4 = 7.44 \text{(V)}$$

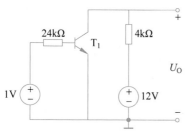
图 2.8.22　例 2.9 电路

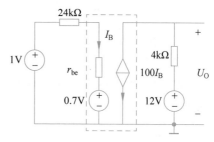
图 2.8.23　例 2.9 题解

2.9　基尔霍夫定律

首先解释关于电路的四个名词。

支路：一个二端元件视为一条支路。

节点：支路的连接点。

回路：支路组成的闭合路径。

网孔：平面电路内部不含支路的回路(网孔与平面电路的画法有关)。

2.9.1　基尔霍夫电流定律

任意集总电路中,任意时刻流出任一节点的全部支路电流的代数和等于零,这就是基尔霍夫电流定律(KCL)。

KCL 方程：

$$\sum_{k=1}^{n} \pm i_k = 0 \tag{2.9.1}$$

式中,各支路电流前的正、负取决于各支路电流参考方向对节点的关系(流出或是流入),流出取正,流入取负。

在任意集总电路,KCL 是电荷守恒在节点的反映；KCL 给出任意时刻,关联任一节点支路电流间的线性约束关系,只与连接方式有关,与元件性质无关。

例 2.10　列写图 2.9.1 所示局部电路两个节点的 KCL 方程。

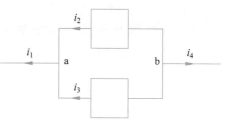
图 2.9.1　例 2.10 电路

解：对于节点 a,有

$$i_1 - i_2 - i_3 = 0$$

对于节点 b,有

$$i_2 + i_3 + i_4 = 0$$

2.9.2 KCL 的推广

由 KCL 中的任意节点推广到任意假想封闭面,封闭面也就是广义上的节点,如图 2.9.2 所示。

有假想封闭面:$i_1 + i_4 = 0$。$i_1 + i_4 = 0$ 的正确性可由联立 $i_1 - i_2 - i_3 = 0$ 和 $i_2 + i_3 + i_4 = 0$ 得到验证。

KCL 推广的重要应用:两个单独电路只用一条导线相连时,可以判断该导线中的电流 $i = 0$,如图 2.9.3 所示。

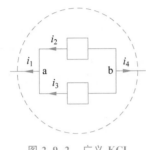

图 2.9.2 广义 KCL

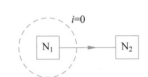

图 2.9.3 KCL 推广的重要应用

2.9.3 基尔霍夫电压定律

任意集总电路中,在任意时刻,沿任意回路的全部支路电压的代数和等于零,这就是基尔霍夫电压定律(KVL)。

KVL 方程:

$$\sum_{k=1}^{m} \pm u_k = 0 \qquad (2.9.2)$$

式中,各支路电压前的正、负取决于各支路电压参考方向与绕行方向的关系(相同或是相反),相同取正,相反取负。

在任意集总电路中,KVL 是能量守恒在回路的反映;KVL 给出任意时刻,关联任意回路支路电压间的线性约束关系,只与连接方式有关,与元件性质无关。

例 2.11 列写图 2.9.4 所示局部电路回路的 KVL 方程。

解:顺时针方向绕行,有

$$u_1 - u_2 - u_3 + u_4 = 0$$

2.9.4 KVL 的推广

从 KVL 中的任意回路推广为任意虚拟回路,如图 2.9.5 所示。

顺时针方向绕行:虚拟回路 1,$u_1 - u_2 - u_{ab} = 0$;虚拟回路 2,$u_{ab} - u_3 + u_4 = 0$。$u_1 - u_2 - u_{ab} = 0$ 和 $u_{ab} - u_3 + u_4 = 0$ 的正确性可由两者合并得到 $u_1 - u_2 - u_3 + u_4 = 0$ 加以验证。

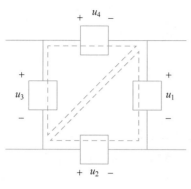

图 2.9.4　例 2.11 电路

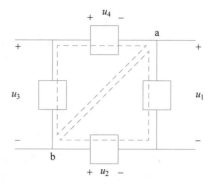

图 2.9.5　KVL 推广

2.10　仿真实验

2.10.1　实验要求与目的

（1）掌握二极管的伏安特性和各工作区的特点。

（2）掌握二极管正向电阻和反向电阻的特性。

2.10.2　二极管伏安特性电路

1. 实验电路

（1）测量二极管正向伏安特性电路，如图 2.10.1 所示。

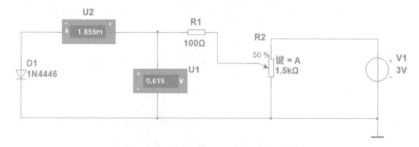

图 2.10.1　二极管正向伏安特性电路图

（2）测量二极管反向伏安特性电路，如图 2.10.2 所示。

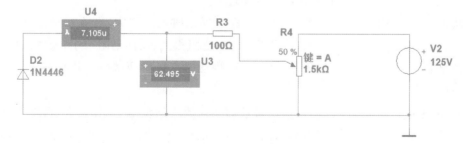

图 2.10.2　二极管反向伏安特性电路图

2. 实验原理

二极管只有一个 PN 结构，是非线性元件，具有单向导电性。二极管的伏安特性一般可划分为死区、正向导通区、反向截止区和反向击穿区。

3. 实验步骤

(1) 测量二极管正向伏安特性。

按图 2.10.1 连接电路，按 A 键或 Shift＋A 键改变电位器的大小，先将电阻器的百分数调为 0%，再逐渐增加百分数，从而可改变加载二极管两端正向电压的大小。启动仿真开关，将测量的结果依次填入表 2.10.1 中。

表 2.10.1　二极管正向伏安特性曲线测量数据

R_w	10%	20%	30%	50%	70%	90%	100%
U_D/V	0.3	0.548	0.591	0.619	0.642	0.685	0.765
I_D/mA	0	0.154	0.745	1.855	3.513	8.573	22
$R_D=(U_D/I_D)/\Omega$	∞	3588	793	334	183	80	35

(2) 测量二极管的反向伏安特性。

按图 2.10.2 连接电路，重复正向步骤(1)中的测量过程，将测量结果依次填入表 2.10.2 中。

表 2.10.2　二极管反向伏安特性曲线测量数据

R_w	10%	20%	30%	50%	70%	90%	100%
U_D/V	12.50	25.00	37.50	62.50	87.49	100.89	101.67
I_D/mA	0	0	0	0	0.014	0.049	0.233
$R_D=(U_D/I_D)/\Omega$	∞	∞	∞	∞	6.2k	2k	436

4. 结论

从表 2.10.1 中 R_D 的值可以看出，二极管的电阻不是一个固定值。当二极管正偏时，若正向电压较小，则二极管呈现很大的正向电阻，正向电流非常小，即所谓的"死区"。当二极管两端的电压达到 0.6V 左右时，电流急剧增大，电阻减小到只有几十欧，而两端的电压几乎不变，此时二极管工作在正向导通区。

从表 2.10.2 的测量结果可以看出，二极管反偏时电阻很大，电流几乎为零。比较表 2.10.1 和表 2.10.2 可以发现，二极管的正向电阻很大、反向电阻很小，表明二极管具有单向导电性。若继续加大电压且时间较长，则此时二极管两端电压几乎不变，二极管工作在反向击穿区。

其实，考虑到此传统方法测量伏安特性曲线需要不断取点，工作量大，精度低，而且非常麻烦，Multisim 设置了专门测器件伏安特性曲线的虚拟仪器 I-V 表，用它可以直接测出器件的伏安特性曲线。以二极管正向伏安特性为例，如图 2.10.3 所示。

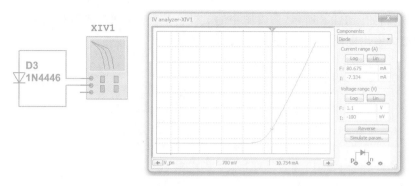

图 2.10.3 虚拟仪器 I-V 表及二极管正向伏安特性曲线

习题

2.1 晶体管调频收音机最高工作频率约为 108MHz,试问该收音机的电路是集点参数电路还是分布参数电路?

2.2 根据电路图 P2.2 求出各电阻两端的电压和电流,其中 $U = 18\mathrm{V}$, $I = 20\mu\mathrm{A}$, $R_{11} = R_{21} = 56\mathrm{k}\Omega$, $R_{12} = R_{22} = 33\mathrm{k}\Omega$, $R_{13} = R_{23} = 11\mathrm{k}\Omega$。

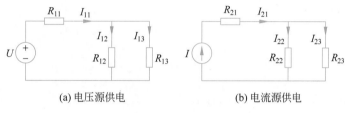

(a) 电压源供电　　　　　　(b) 电流源供电

图 P2.2

2.3 求图 P2.3 中所示电路的电压 U_{ab}。

2.4 电路如图 P2.4 所示,试分别求出两个电压源发出的功率。

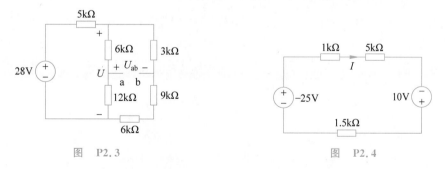

图 P2.3　　　　　　　　　　图 P2.4

2.5 图 P2.5 所示电路的开关闭合已久,求开关在 $t = 0$ 断开时电容电压和电感电流的初始值 $u_C(0_+)$ 和 $i_L(0_+)$。

2.6 已知二极管电流为 6mA,$U_T = 26\mathrm{mV}$,$I_S = 1\mathrm{nA}$,求此时的外加电压。

2.7 温度为 20℃时,半导体二极管的反向饱和电流为 $0.1\mu\mathrm{A}$。现在如果温度上升了 40℃,求反向饱和电流的近似值。

2.8 电路如图 P2.8 所示,假设图中的二极管是理想模型,试判断二极管是否导通,并求出相应的输出电压。

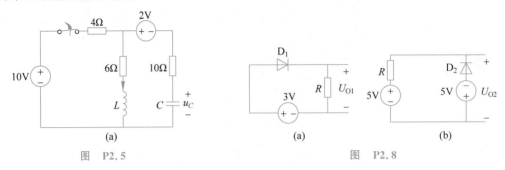

图 P2.5

图 P2.8

2.9 如图 P2.9 所示,图中二极管为理想模型,求电压 U_{AB}。

2.10 如图 P2.10 所示,二极管的导通电压 $U_{on} = 0.7V$,负载电阻 $R_L = 1k\Omega$,试计算当电阻 $R = 1k\Omega$ 和 $R = 4k\Omega$ 时,电路中的电流 I_1、I_2、I_O 和输出电压 U_O。

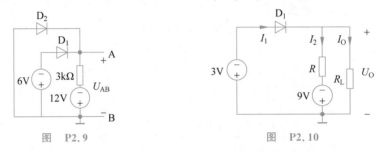

图 P2.9

图 P2.10

2.11 电路如图 2.11 所示,晶体管 $\beta = 50$,$U_{on} = 0.7V$,$U_{CC} = 10V$,饱和管压降 $U_{CES} = 2V$,稳压管的稳压电压 $U_Z = 5V$,正向导通电压 $U_D = 0.7V$,稳定电流 $I_Z = 3mA$,最大稳压电流 $I_{Zmax} = 20mA$,试求:

(1) 当 U_I 为 0.5V、2.1V、5V 时,对应的 U_O 分别为多少?

(2) 当 R_c 短路时,稳压管会怎么样?

2.12 已知 NMOS 管的 $U_{DS} = 1.5V$,$U_{TN} = 0.7V$,求 U_{GS} 分别为 0.5V、1.5V、2.5V 时,NMOS 管处于什么区域?

2.13 根据如图 P2.13 所示的共源极电路画出输出电压随着输入电压变化的曲线,并计算出 MOS 管在饱和区的输出电压。

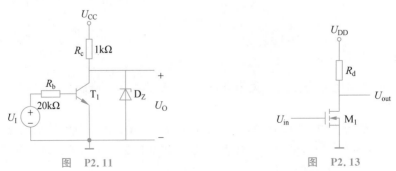

图 P2.11

图 P2.13

2.14 图 P2.14 是 NMOS 电路,且 MOS 管工作在饱和区,已知 $U_{TN}=0.47\text{V}$, $I_{DO}=2\text{mA}$, $U_{DD}=12\text{V}$,试求电路中的栅源电压 U_{GS} 以及漏电流 I_D。

2.15 电路如图 P2.15 所示,已知 $U_{GS}=0.35\text{V}$, $g_m=4.47\text{mS}$, $U_{TN}=-3\text{V}$, $r_{ds}=100\text{k}\Omega$,试画出小信号等效模型,并求出电流 i_D、输入电阻 R_i、输出电阻 R_o、输出电压 u_O。

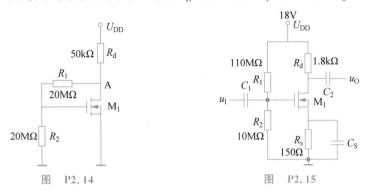

图 P2.14   图 P2.15

2.16 发射极电流为 8mA,且 $\beta=100$,试求 I_B 和 I_C。

2.17 如图 P2.17 所示电路,已知 $U_{BB}=4\text{V}$, $R_b=220\text{k}\Omega$, $R_c=2\text{k}\Omega$, $U_{CC}=10\text{V}$, $U_{on}=0.7\text{V}$, $\beta=200$,试求 I_C、I_B、U_{CE} 和 U_{BE}。

2.18 根据图 P2.18 中标注的信息求出 I_C、U_{CC}、β 和 R_b。

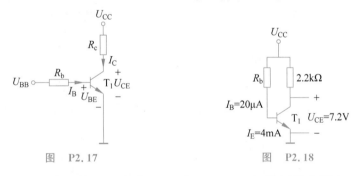

图 P2.17   图 P2.18

2.19 图 P2.19 分压偏置电路满足 $\beta R_e \geq 10R_2$,已知量标注在图上,试求 I_C、U_{CE}、I_B、U_B 和 U_E。

2.20 电路如图 P2.20 所示,已知 $R_f=270\text{k}\Omega$, $R_c=3.6\text{k}\Omega$, $R_e=1.2\text{k}\Omega$,试求 I_B、I_C 和 U_C。

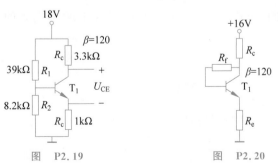

图 P2.19   图 P2.20

2.21 电路如图 P2.21 所示,已知 $R_s = 2.4\text{k}\Omega$,$R_c = 3.6\text{k}\Omega$,$R_b = 470\text{k}\Omega$,$U_{GS} = -2.4\text{V}$,试求 U_D。

2.22 电路如图 P2.22 所示,已知 $\beta = 160$,$I_{DO} = 6\text{mA}$,$U_{TN} = 6\text{V}$,试求 U_G、I_D、I_E、I_B、U_D 和 U_C。

2.23 电路如图 P2.23 所示,已知 $\beta = 180$,$I_{DSS} = 12\text{mA}$,$U_{GS(off)} = -6\text{V}$,试求 U_C 和 U_D。

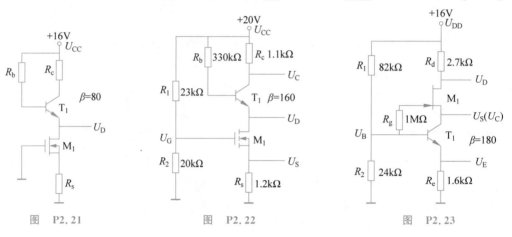

图 P2.21   图 P2.22   图 P2.23

2.24 电路如图 P2.24 所示,已知 $I_S = 2\text{A}$,$U_{AB} = 40\text{V}$,试求电阻 R_1。

2.25 电路如图 P2.25 所示,试求元件 A 及元件 B 的吸收功率。

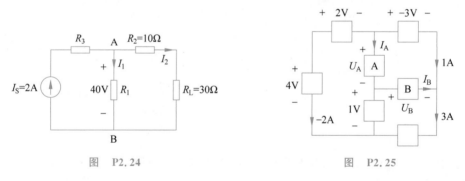

图 P2.24   图 P2.25

2.26 电路如图 P2.26 所示,已知 $I_1 = 2\text{A}$,$I_3 = -3\text{A}$,$U_1 = 10\text{V}$,$U_4 = 5\text{V}$,试求各二端元件的吸收功率。

2.27 电路如图 P2.27 所示,已知 $R_1 = 12\Omega$,$R_2 = 8\Omega$,$R_3 = 6\Omega$,$R_4 = 4\Omega$,$R_5 = 3\Omega$,$R_6 = 1\Omega$,以及某时刻的电流 $I_6 = 1\text{A}$,试求该时刻 A、B、C、D 各点的电位和各电阻的吸收功率。

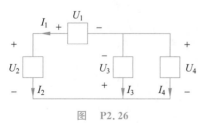

图 P2.26

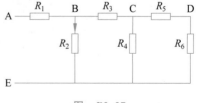

图 P2.27

第
3
章

电路分析方法

3.1 两类约束与电路方程

3.1.1 两类约束

电路由元件按一定方式连接而成,任何集总参数电路的电流和电压都必须满足涉及元件性质和电路连接方式的两类约束。

(1) 元件性质的约束:元件 VCR 给出每条支路的电压与电流间的线性约束关系(如欧姆定律 $U=RI$),这类约束与电路的连接方式无关。

(2) 电路连接方式的约束:KCL、KVL 分别给出具有一定电路连接方式的支路电流、支路电压间的线性约束关系,这类约束与元件性质无关。

基尔霍夫电流定律:在电路中任意节点上,任意时刻流入节点的电流之和等于流出节点的电流之和。

基尔霍夫电压定律:在任意闭合回路中,各元件上的电压降的代数和等于电动势的代数和,即从一点出发绕回路一周回到该点时,各段电压的代数和恒等于零。

任何集总参数电路的电压和电流都必须同时满足这两类约束关系。因此电路分析的基本方法:根据电路的结构和参数,列出反映这两类约束关系的 KCL、KVL 和 VCR 方程(称为电路方程),然后求解电路方程就能得到各电压和电流的解。

3.1.2 电路方程

对于具有 b 条支路、n 个节点的连通电路的电路方程具有如下特点:

(1) b 条支路的 VCR 方程彼此独立;

(2) 任意 $n-1$ 个节点的 KCL 方程彼此独立,独立节点数=$n-1$;

(3) 任意 $b-n+1$ 个回路的 KVL 方程彼此独立,独立回路数=网孔数=$b-n+1$;

(4) 独立的电路方程数共计 $b+(n-1)+(b-n+1)=2b$,$2b$ 方程是最原始的电路方程,是分析电路的基本依据;

(5) 独立电源的 VCR 方程直接给出了本支路的电压或电流,同时减少约束方程和求解变量。

例 3.1 如图 3.1.1 所示电路中,$u_S=0.05\cos t$(V),求各支路的电压和电流。

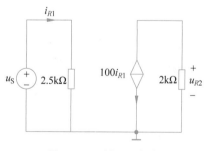

图 3.1.1 例 3.1 电路

解:电路具有 4 条支路、2 个独立节点、2 个网孔,可列出 4 个 VCR 方程、2 个 KCL 方程和 2 个 KVL 方程。

4 个 VCR 方程:

$$u_S=0.05\cos t$$

$$u_{R1}=2.5i_{R1}$$

$$i_{CCCS}=100i_{R1}$$

$$u_{R2}=2i_{R2}$$

2 个 KCL 方程：

$$i_U + i_{R1} = 0$$
$$i_{CCCS} + i_{R2} = 0$$

2 个 KVL 方程：

$$u_{R1} - u_S = 0$$
$$u_{R2} - u_{CCCS} = 0$$

通过上面的方程得到

$$u_{R1} = 0.05\cos t\,(\mathrm{V})$$
$$i_{R1} = \frac{0.05\cos t}{2.5} = 0.02\cos t\,(\mathrm{mA})$$
$$i_U = -0.02\cos t\,(\mathrm{mA})$$
$$i_{CCCS} = 100 \times 0.02\cos t = 2\cos t\,(\mathrm{mA})$$
$$i_{R2} = -2\cos t\,(\mathrm{mA})$$
$$u_{CCCS} = u_{R2} = 2 \times (-2\cos t) = -4\cos t\,(\mathrm{V})$$

例 3.2　如图 3.1.2 所示电路中，开关在 $t=0$ 时闭合，已知电容的初始电压 $u_C(0)=$ 1V，求 $t \geqslant 0$ 时各支路的电压和电流。

解：电路闭合后具有 3 条支路、2 个独立节点、1 个网孔，可列出 3 个 VCR 方程、2 个 KCL 方程和 1 个 KVL 方程。

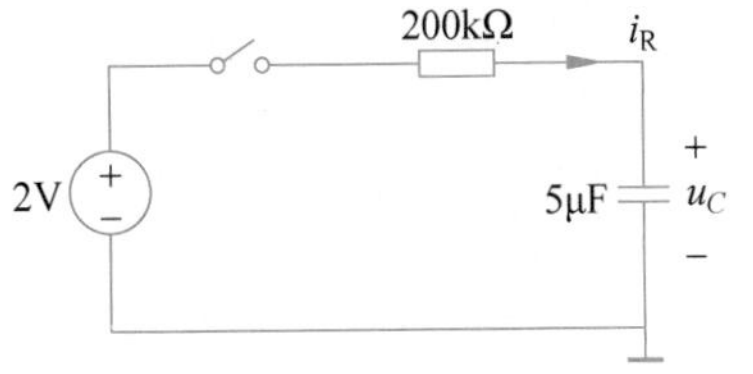

3 个 VCR 方程：

$$U_S = 2\mathrm{V}$$
$$u_R = 200 \times 10^3 i_R$$
$$i_C = 5 \times 10^{-6} \frac{\mathrm{d}u_C}{\mathrm{d}t}$$

图 3.1.2　例 3.2 电路

2 个 KCL 方程：

$$i_U + i_R = 0$$
$$-i_R + i_C = 0$$

1 个 KVL 方程：

$$u_R + u_C - U_S = 0$$

环路 KVL 方程：

$$200 \times 10^3 \times 5 \times 10^{-6} \frac{\mathrm{d}u_C}{\mathrm{d}t} + u_C = \frac{\mathrm{d}u_C}{\mathrm{d}t} + u_C = 2$$
$$u_C(0) = 1$$

一阶非齐次线性微分方程解由两部分构成，$u_C = u_{Ch} + u_{Cp}$，其中对应一阶齐次线性微分方程的通解 u_{Ch}：

$$u_{Ch} = K e^{st}, \quad t \geqslant 0 \tag{3.1.1}$$

式中：s 为特征方程的特征根；K 为待定常数，特征方程 $s+1=0$，特征根 $s=-1$。

$u_{\mathrm{Ch}} = K\mathrm{e}^{st}, t \geqslant 0$；对应一阶非齐次线性微分方程的一个特解 u_{Cp}，特解一般形式与激励相同，设 $u_{\mathrm{Cp}} = C$，代入一阶非齐次线性微分方程得到 $u_{\mathrm{Cp}} = 2$，得到

$$u_C = u_{\mathrm{Ch}} + u_{\mathrm{Cp}} = K\mathrm{e}^{-t} + 2, \quad t \geqslant 0 \tag{3.1.2}$$

由初始电压 $u_C(0) = 1$，求解待定常数 K，令 $t = 0$，有

$$u_C(0) = K + 2 = 1 \rightarrow K = -1 \rightarrow u_C = 2 - \mathrm{e}^{-t}(\mathrm{V}), \quad t \geqslant 0 \tag{3.1.3}$$

求出电容两端电压后，可以解得

电阻两端电压为

$$u_R = U_{\mathrm{S}} - u_C = \mathrm{e}^{-t}(\mathrm{V}), \quad t \geqslant 0 \tag{3.1.4}$$

各部分流过的电流为

$$i_C = 5 \times 10^{-6} \frac{\mathrm{d}u_C}{\mathrm{d}t} = 5 \times 10^{-6}\,\mathrm{e}^{-t}(\mathrm{A}) = 5\mathrm{e}^{-t}(\mu\mathrm{A}), \quad t \geqslant 0 \tag{3.1.5}$$

$$i_R = i_C = 5\mathrm{e}^{-t}(\mu\mathrm{A}), \quad t \geqslant 0 \tag{3.1.6}$$

$$i_U = -i_R = -5\mathrm{e}^{-t}(\mu\mathrm{A}), \quad t \geqslant 0 \tag{3.1.7}$$

3.2　一阶电路的三要素法

3.2.1　一阶 RC 电路

图 3.2.1(a)是一个简单的电源-电阻-电容电路，对顶部节点列写 KCL 方程：

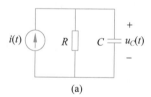

(a)

$$i(t) = \frac{u_C}{R} + C\frac{\mathrm{d}u_C}{\mathrm{d}t} \tag{3.2.1}$$

式(3.2.1)可重写为

$$\frac{\mathrm{d}u_C}{\mathrm{d}t} + \frac{u_C}{RC} = \frac{i(t)}{C} \tag{3.2.2}$$

要求出 $u_C(t)$，必须求解一个非齐次线性一阶常微分方程。利用求齐次解和特解的方法来求解这个方程。令 $u_{\mathrm{Ch}}(t)$ 是与非齐次方程(3.2.2)相关的齐次方程

$$\frac{\mathrm{d}u_C}{\mathrm{d}t} + \frac{u_C}{RC} = 0 \tag{3.2.3}$$

(b)

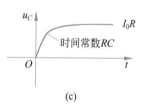

(c)

图 3.2.1　电容充电的暂态过程

的任意解，令原来非齐次方程中的驱动函数(这里是 $i(t)$)为 0，就可以得到相应的齐次方程。再令 $u_{\mathrm{Cp}}(t)$ 为式(3.2.2)的任意解，最后将两个解相加得到

$$u_C(t) = u_{\mathrm{Ch}}(t) + u_{\mathrm{Cp}}(t) \tag{3.2.4}$$

就是式(3.2.2)的一般解或全解。$u_{\mathrm{Ch}}(t)$ 称为齐次解，$u_{\mathrm{Cp}}(t)$ 称为特解。就电路响应而言，齐次解也可称为电路的自由响应，因为它仅取决于电路的内部储能性质，与外部输入无关。特解也可称为强制响应或强制解，因为它是由电路的外部输入决定的。

为了使问题更明确,假定电流源是一个阶跃函数,

$$i(t) = I_0, \quad t > 0 \tag{3.2.5}$$

如图 3.2.1(b)所示。进一步假定在阶跃电流加上之前,电容电压为 0。从数学角度看,这就是初始条件。

$$u_C = 0, \quad t < 0 \tag{3.2.6}$$

求解齐次解和特解的方法分三步进行:

第一步求解齐次解 $u_{Ch}(t)$,齐次方程为

$$\frac{\mathrm{d}u_{Ch}}{\mathrm{d}t} + \frac{u_{Ch}}{RC} = 0 \tag{3.2.7}$$

假定解的形式为

$$u_{Ch} = A\mathrm{e}^{st} \tag{3.2.8}$$

将式(3.2.8)代入式(3.2.7),得到

$$As\mathrm{e}^{st} + \frac{A\mathrm{e}^{st}}{RC} = 0 \tag{3.2.9}$$

从这个方程无法确定 A 的值,但舍弃 $A = 0$ 这一特殊情况,得到

$$s\mathrm{e}^{st} + \frac{\mathrm{e}^{st}}{RC} = 0 \tag{3.2.10}$$

对于有限的 s 和 t,e^{st} 永远不会为 0,因此这一因式可以被消去,从而有

$$s = -\frac{1}{RC} \tag{3.2.11}$$

式(3.2.10)是系统的特征方程,$s = -1/RC$ 是这个特征方程的根。现在知道齐次解具有这样的形式:

$$u_{Ch} = A\mathrm{e}^{-t/RC} \tag{3.2.12}$$

乘积 RC 具有时间的量纲,称为电路的时间常数。

第二步求出一个特解,也就是求满足原微分方程的任意一个解 u_{Cp}。它不必满足初始条件,即要求的是满足方程:

$$I_0 = \frac{u_{Cp}}{R} + C\frac{\mathrm{d}u_{Cp}}{\mathrm{d}t} \tag{3.2.13}$$

的任意一个解。

因为 I_0 在 $t > 0$ 时是一个常数,因此一个可以接受的特解也是一个常数,即

$$u_{Cp} = K \tag{3.2.14}$$

为了证明这一点,将式(3.2.14)代入式(3.2.13),有

$$I_0 = \frac{K}{R} + 0 \tag{3.2.15}$$

$$K = I_0 R \tag{3.2.16}$$

因为式(3.2.15)可以求出 K,所以确信关于特解形式,即式(3.2.13)的猜想是正确的。因此特解为

$$u_{Cp} = I_0 R \tag{3.2.17}$$

第三步求全解。全解就是齐次解与特解之和

$$u_C = A e^{-t/RC} + I_0 R \qquad (3.2.18)$$

余下的唯一未知常数就是 A，可以利用初始条件来确定它。式(3.2.6)适用于 $t<0$，而式(3.2.18)适用于 $t>0$。因为电容电压的瞬时跳变需要一个无穷大的脉冲电流，因此对于有限的电流，电容电压必须是连续的。该电路不能提供无穷大的电流，因此可以合理地假定 u_C 是连续的，从而令正时间段的解和负时间段的解在 $t=0$ 时刻是相等的。

$$0 = A + I_0 R \qquad (3.2.19)$$

因此，有

$$A = -I_0 R \qquad (3.2.20)$$

$t>0$ 时的全解为

$$u_C = -I_0 R e^{-t/RC} + I_0 R \qquad (3.2.21)$$

或

$$u_C = I_0 R (1 - e^{-t/RC}) \qquad (3.2.22)$$

画出它的图形如图 3.2.1(c)所示。

此处做一些注释有助于加深理解：①注意到电容电压在 $t=0$ 时从 0 开始经过很长的时间 t 后到达它的终值 $I_0 R$。从 0 到 $I_0 R$ 的增长过程有一个时间常数 RC。电容电压的终值 $I_0 R$ 表明电流源发出的所有电流都流过电阻，电容看起来就像开路一样。

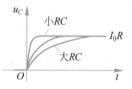

图 3.2.2　时间常数 RC 的意义

②电容电压的初值为 0，表明在 $t=0$ 时刻电流源发出的所有电流都必须从电容流过，而电阻上没有电流，因此电容在 $t=0$ 时刻看起来就像瞬时短路。

③现在可以看出时间常数 RC 的物理意义。如图 3.2.2所示，它是一个表征暂态性质的因子，决定了过渡过程结束的速度。

电容现在已经充好电了，假定电流源被突然置零，如图 3.2.3(a)所示。为方便起见，图中对时间轴重新定义，使得电流源在 $t=0$ 时刻被关断。现在用来分析 RC 关断或放电暂态过程的电路只含有一个电阻和一个电容，如图 3.2.3(c)所示。实验开始时电容上的电压用初始条件描述为

$$u_C = I_0 R, \quad t < 0 \qquad (3.2.23)$$

这种情况下的 RC 放电与含有一个电阻和一个电容，并且电容电压初值 $u_{C(0)} = I_0 R$ 的电路是一样的。

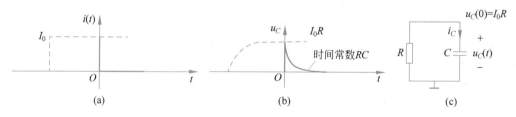

图 3.2.3　电容放电的暂态过程

因为驱动电流为 0，所以 $t>0$ 时的微分方程为

$$0 = \frac{u_C}{R} + \frac{C\,\mathrm{d}u_C}{\mathrm{d}t}$$

与前面一样，齐次解为

$$u_{CH} = A\,\mathrm{e}^{-t/RC} \tag{3.2.24}$$

但是，现在的特解为 0，因为没有强制输入，因此式(3.2.24)就是全解。换言之

$$u_C = u_{CH} = A\,\mathrm{e}^{-t/RC} \tag{3.2.25}$$

令式(3.2.23)和式(3.2.24)在 $t=0$ 时刻相等，得到

$$I_0 R = A \tag{3.2.26}$$

因此，当 $t>0$ 时，电容电压的波形为

$$u_C = I_0 R\,\mathrm{e}^{-t/RC} \tag{3.2.27}$$

解的示意图如图 3.2.3(b)所示。

一般而言，由一个电阻和一个电容组成的电路，若电容电压初值为 $u_C(0)$，则在 $t>0$ 时电容电压波形为

$$u_C = u_C(0)\mathrm{e}^{-t/RC} \tag{3.2.28}$$

3.2.2　指数的性质

因为在简单的 RC 和 RL 的暂态问题的解中衰减指数会经常出现，因此在这里对这些函数的某些性质加以讨论会有助于画出它们的图形。

指数函数的一般形式为

$$x = A\,\mathrm{e}^{-t/\tau} \tag{3.2.29}$$

指数的起始斜率为

$$\left.\frac{\mathrm{d}x}{\mathrm{d}t}\right|_{t=0} = \frac{-A}{\tau} \tag{3.2.30}$$

因此，以曲线的起始斜率向时间轴作直线，与时间轴相交于 $t=\tau$，与 A 的值无关，如图 3.2.4(a)所示。

此外，注意到当 $t=\tau$ 时，式(3.2.29)中函数变为

$$x(t=\tau) = \frac{A}{\mathrm{e}} \tag{3.2.31}$$

换言之，函数达到它初始值的 $1/\mathrm{e}$，而与 A 的值无关。图 3.2.4(b)中在指数曲线上描述出了这一点。

因为 $\mathrm{e}^{-5} = 0.0067$，一般假定在 t 大于 5 个时间常数时，即

$$t > 5\tau \tag{3.2.32}$$

函数基本上已经为 0，也就是说假定暂态过程已经结束。

在后面将会看到时间常数 τ 的这些性质对于大致估计指数增长或衰减的持续时间是非常有用的。

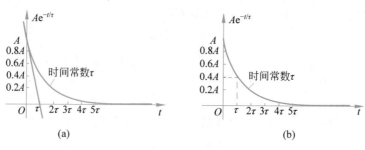

图 3.2.4　指数的性质

3.3　叠加定理及其应用

3.3.1　叠加定理

电路中 m 个独立电压源和 n 个独立电流源共同作用所产生的任一支路电压或电流，等于每个独立电源单独作用所产生的相应支路电压或电流分量的代数和，其中所有支路电压或电流分量取相同参考方向。

$$y = \sum_{i=1}^{m+n} y_i = \sum_{i=1}^{m+n} K_i x_i \qquad (3.3.1)$$

$$y_i = y \bigg|_{\underset{j \neq i}{\cap} x_j = 0} = K_i x_i \quad (i,j = 1,2,\cdots,m+n) \qquad (3.3.2)$$

$$\begin{aligned} y &= u \text{ 或 } i \\ x_i &= u_{Si} \text{ 或 } i_{Si} \end{aligned} \qquad (3.3.3)$$

某个独立电源单独作用时，相当于电路中其他独立电源置零，即独立电压源短路，独立电流源开路，受控电源既不属于单独作用范畴也不属于置零范畴。

3.3.2　叠加定理的应用

要求电路中若干独立电源共同作用所产生的任一支路电压或电流，只需要计算各个独立电源单独作用所产生的相应支路电压或电流分量，再叠加各个分量就可以了。

例 3.3　如图 3.3.1 所示电路中，$u_S = 0.01\cos t\text{(V)}$，求电压 u_O。

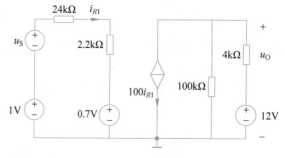

图 3.3.1　例 3.3 电路

解：所有直流电源作用时（图3.3.2），有

$$I_{R1}=\frac{1-0.7}{24+2.2}\approx 0.0115(\text{mA})$$

$$U_{\text{O}}=\frac{100}{4+100}\times 12-100\times 0.0115\times\frac{4\times 100}{4+100}=11.5-11.5\times 3.85\approx 7.08(\text{V})$$

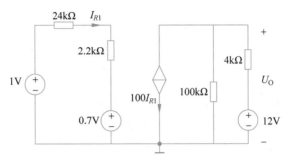

图3.3.2　例3.3(a)图解

交流电源单独作用时（图3.3.3），有

$$i_{R1}=\frac{0.01\cos t}{24+2.2}\approx 0.0004\cos t(\text{mA})$$

$$u_{\text{O}}=-100\times 0.0004\cos t\times\frac{4\times 100}{4+100}=-0.04\cos t\times 3.85\approx -0.15\cos t(\text{V})$$

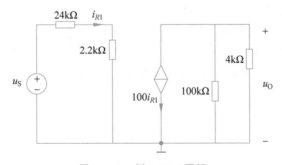

图3.3.3　例3.3(b)图解

叠加后的输出电压为

$$u_{\text{O}}=U_{\text{O}}+u_{\text{O}}=7.08-0.15\cos t(\text{V})$$

3.4 网络等效与戴维南定理和诺顿定理的应用

3.4.1 网络等效

单口网络是只具有一个外接端口的电路。只有两个端钮与其他电路相连接的网络称为二端网络。当强调二端网络的端口特性而不关心网络内部的情况时，二端网络称为单口网络，简称单口。有源单口含有独立电源，一般用N表示。无源单口不含独立电源，一般用 N_0 表示。

外电路指单口连接的电路其他部分,单口的外特性由端口 VCR 确定。

如果两个单口的端口 VCR 相同,单口网络可以称为对外等效。两个等效的单口对外电路具有相同的作用,但它们的内部结构参数可以完全不同。单口电路如图 3.4.1 所示。

图 3.4.1　单口电路

单口等效电路是可以反映端口 VCR 的最简电路。

例 3.4　如图 3.4.2 所示的两个单口网络是否等效?

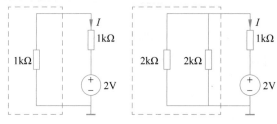

图 3.4.2　例 3.4 电路

解:两个单口的端口 VCR 都是 $U=I$,等效。

(1) 两个单口对外电路的作用都是 $I=-1\text{mA}$;

(2) 两个单口的内部一个为一个 1kΩ 电阻,另一个为两个 2kΩ 电阻并联。

例 3.5　如图 3.4.3 所示的两个单口网络是否等效?

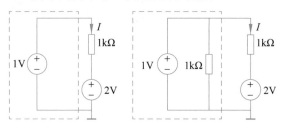

图 3.4.3　例 3.5 电路

解:两个单口的端口 VCR 都是 $U=1\text{V}$,等效。

(1) 两个单口对外电路的作用都是 $I=-1\text{mA}$;

(2) 两个单口的内部一个为 1V 电压源,另一个为 1V 电压源与 1kΩ 电阻并联。单口等效电路为 1V 电压源。

3.4.2　戴维南定理和诺顿定理

1. 戴维南定理

任一有源电阻单口 N 的端口特性等效为电压源电阻串联,此电路称为戴维南等效电路,如图 3.4.4 所示。其中,电压源 u_{OC} 是 N 的端口开路电压。电阻 R_o 是 N 内全部独立电源置零所对应无源电阻单口 N_0 的等效电阻,称为戴维南等效电阻。

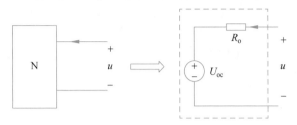

图 3.4.4 戴维南等效电路

戴维南等效电路的端口 VCR 为

$$u = u_{oc} + R_o i \tag{3.4.1}$$

戴维南定理的意义:

(1) 明确了任一有源电阻单口等效为电压源电阻串联;

(2) 提供了化简有源电阻单口的方法。

2. 诺顿定理

任一有源电阻单口 N 的端口特性等效为电流源电阻并联称为诺顿等效电路,如图 3.4.5 所示。其中,电流源 i_{sc} 是 N 的端口短路电流,电阻 R_o 是 N 内全部独立电源置零所对应无源电阻单口 N_0 的等效电阻,称为诺顿等效电阻,也可称为戴维南等效电阻。

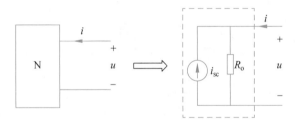

图 3.4.5 诺顿等效电路

诺顿等效电路的端口 VCR 为

$$i = -i_{sc} + u/R_o \tag{3.4.2}$$

诺顿定理的意义:

(1) 明确了任一有源电阻单口等效为电流源电阻并联;

(2) 提供了化简有源电阻单口的方法。

3. 戴维南定理和诺顿定理的等效

1) 戴维南/诺顿等效电路的等效变换

若一个有源电阻单口 N 既能等效为戴维南等效电路又能等效为诺顿等效电路,则端口 VCR 相同。

戴维南等效电路的端口 VCR:$u = u_{oc} + R_o i$

诺顿等效电路的端口 VCR:$i = -i_{sc} + u/R_o$

$$u = u_{oc} + R_o i \xrightarrow{R_o \neq 0} i = -\frac{u_{oc}}{R_o} + \frac{1}{R_o} u = -i_{sc} + \frac{1}{R_o} u \qquad (3.4.3)$$

式中：$i_{sc} = \dfrac{u_{oc}}{R_o}$。

只要戴维南等效电路的电阻不为零（不是电压源支路），可等效变换为诺顿等效电路。

$$i = -i_{sc} + \frac{1}{R_o} u \xrightarrow{R_o \neq \infty} u = R_o i_{sc} + R_o i = u_{oc} + R_o i \qquad (3.4.4)$$

式中：$u_{oc} = R_o i_{sc}$。

只要诺顿等效电路的电阻不为无穷大（不是电流源支路），可等效变换为戴维南等效电路。

2）戴维南/诺顿等效电路的等效变换时

（1）R_o 取值相同，但连接方式不同。

（2）u_{oc} 的方向与 i_{sc} 的方向相反。

戴维南/诺顿等效电阻 R_o 的另一种求法：

$$i_{sc} = \frac{u_{oc}}{R_o} \quad \text{或} \quad u_{oc} = R_o i_{sc} \rightarrow R_o = \frac{u_{oc}}{i_{sc}}$$

不必将有源电阻单口 N 内全部独立电源置零得到对应无源电阻单口 N_0 后求等效电阻，而是直接在 N 中分别求 u_{oc}、i_{sc} 后，两者之比即为 R_o。

3.4.3　戴维南定理和诺顿定理的应用

戴维南定理和诺顿定理主要用于求电阻电路中某一条支路或单一动态元件动态电路动态支路的电压或电流，待求支路之外的电阻电路作为有源电阻单口的戴维南等效电路和诺顿等效电路。

（1）求有源电阻单口的戴维南等效电路和诺顿等效电路的两个步骤。

首先求 N 的端口开路电压 u_{oc} 或端口短路电流 i_{sc}，然后求 N 的戴维南/诺顿等效电阻。

求等效电阻 R_o 有两种方法：一是外接电源法，在 N 所对应 N_0（N 内全部独立电源置零）端口加电流源求端口电压或端口加电压源求端口电流；二是同时求 N 的 u_{oc}、i_{sc} 后，两者之比即为 R_o。

例 3.6　求如图 3.4.6 所示有源电阻单口的戴维南等效电路和诺顿等效电路。

解：求 N 的端口开路电压 U_{oc} 时（$I = 0$，图 3.4.7），有

$$U_{oc} = \frac{18}{12 + 6} \times 12 - \frac{6 \times 12}{6 + 12} \times 2 = 12 - 8 = 4(V)$$

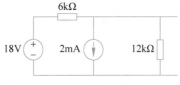

图 3.4.6　例 3.6 电路

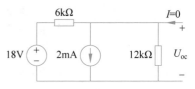

图 3.4.7　例 3.6 图解（1）

求 N 的端口短路电流 I_{sc} 时($U=0$,图 3.4.8),有

$$I_{sc} = \frac{18}{6} - 2 = 3 - 2 = 1 (\text{mA})$$

求戴维南等效电阻和诺顿等效电阻 R_o 时有两种方法:一是外接电源法(图 3.4.9),N 所对应 N_0(N 内 18V 电压源和 2mA 电流源置零)端口加电流源 I 求端口电压 U。

$$R_o = \frac{U}{I} = \frac{6 \times 12}{6 + 12} = 4 (\text{k}\Omega)$$

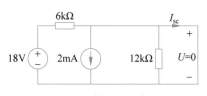

图 3.4.8　例 3.6 图解(2)

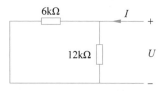

图 3.4.9　例 3.6 图解(3)

二是 N 的 U_{oc}、I_{sc} 两者之比(图 3.4.10):

$$R_o = \frac{U_{oc}}{I_{sc}} = \frac{4}{1} = 4 (\text{k}\Omega)$$

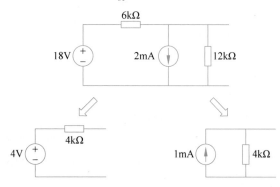

图 3.4.10　例 3.6 图解(4)

例 3.7　如图 3.4.11 所示有源电阻单口中,$u_S = 0.05\cos t$ (V),求其戴维南等效电路。

解:如图 3.4.12 所示,求 N 的端口开路电压 u_{oc} 时,$i=0$。

$$u_{R1} = 2 \times \frac{5 - 0.05\cos t}{2 + 3} = 2 - 0.02\cos t \text{(V)}$$

$$u_{oc} = -4 \times (2 - 0.02\cos t - 1.5) \times 2 = -4 + 0.16\cos t \text{(V)}$$

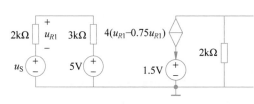

图 3.4.11　例 3.7 电路

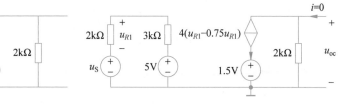

图 3.4.12　例 3.7 图解(1)

用外接电源法求戴维南等效电阻 R_o，如图 3.4.13 所示，将 u_S、5V 和 1.5V 电压源置零，在 N 所对应 N_0 端口加电流 i 求电压 u。

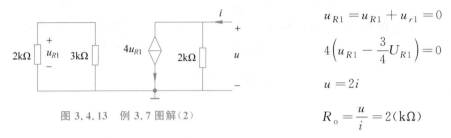

$$u_{R1}=u_{R1}+u_{r1}=0$$
$$4\left(u_{R1}-\frac{3}{4}U_{R1}\right)=0$$
$$u=2i$$
$$R_o=\frac{u}{i}=2(\text{k}\Omega)$$

图 3.4.13　例 3.7 图解（2）

例 3.7 最终的戴维南等效电路如图 3.4.14 所示。

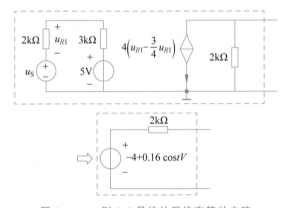

图 3.4.14　例 3.7 最终的戴维南等效电路

（2）求电阻电路中某一条支路的电压或电流。

将待求支路之外的电阻电路作为有源电阻单口的戴维南等效电路和诺顿等效电路，再求单回路电路或单独立节点电路（电阻分压电路或电阻分流电路）的支路电压或支路电流。转化为单回路电路后，具体有如下两种形式：

① 电阻分压电路：若干电阻和一个电压源构成的单回路电路。两个电阻和一个电压源构成的电阻分压电路，如图 3.4.15 所示。

环路电流：

$$u_S=u_1+u_2=R_1i+R_2i=(R_1+R_2)i$$
$$i=\frac{1}{R_1+R_2}u_S$$

各个电阻分压：

$$u_1=R_1i=\frac{R_1}{R_1+R_2}u_S,\quad u_2=R_2i=\frac{R_2}{R_1+R_2}u_S$$

n 个电阻和一个电压源构成的电阻分压电路：

分压公式

$$u_i = \frac{R_i}{\sum_{j=1}^{n} R_j} u_S, \quad i = 1, 2, \cdots, n \tag{3.4.5}$$

② 电阻分流电路：若干电阻和一个电流源构成的单独立节点电路。两个电阻和一个电流源构成的电阻分流电路,如图 3.4.16 所示。

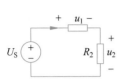

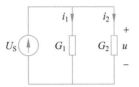

图 3.4.15 电阻分压电路   图 3.4.16 电阻分流电路

并联电阻两端电压:

$$i_S = i_1 + i_2 = G_1 u + G_2 u = (G_1 + G_2)u$$

$$u = \frac{1}{G_1 + G_2} i_S$$

各个电阻分得的电流:

$$i_1 = G_1 u = \frac{G_1}{G_1 + G_2} i_S = \frac{R_2}{R_1 + R_2} i_S$$

$$i_2 = G_2 u = \frac{G_2}{G_1 + G_2} i_S = \frac{R_1}{R_1 + R_2} i_S$$

n 个电阻和一个电流源构成的电阻分流电路:

分流公式

$$i_i = \frac{G_i}{\sum_{j=1}^{n} G_j} i_S, \quad i = 1, 2, \cdots, n \tag{3.4.6}$$

例 3.8 求如图 3.4.17 所示电桥电路的电流 i,如要求 $i = 0$(电桥平衡),桥臂电阻间应满足什么关系?

解: 求 R_L 以外的有源电阻单口 N 的端口开路电压 u_{oc} 时 $i = 0$,如图 3.4.18 所示。

$$u_{oc} = u_a - u_b = \left(\frac{R_2}{R_1 + R_2} - \frac{R_4}{R_3 + R_4} \right) u_S$$

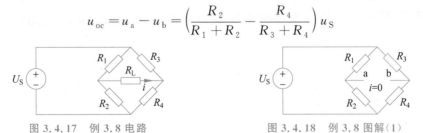

图 3.4.17 例 3.8 电路   图 3.4.18 例 3.8 图解(1)

求戴维南等效电阻 R_o 时的方法——外接电源法(图 3.4.19),在 N 所对应的 N_0(N 内 u_S 置零)端口加电流源 i,求端口电压 u。

对于此例题,戴维南等效电路中(图 3.4.20)电阻 R_o 为

$$R_o = (R_1 /\!/ R_2) + (R_3 /\!/ R_4)$$

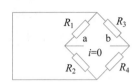

图 3.4.19　例 3.8 图解（2）

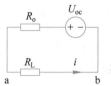

图 3.4.20　例 3.8 图解（3）

求电阻分压电路的 i：

$$i = \frac{u_{oc}}{R_o + R_L} = \frac{\left(\dfrac{R_2}{R_1 + R_2} - \dfrac{R_4}{R_3 + R_4}\right) u_S}{(R_1 /\!/ R_2) + (R_3 /\!/ R_4) + R_L}$$

当 $i = 0$ 时,有

$$\frac{R_2}{R_1 + R_2} - \frac{R_4}{R_3 + R_4} = 0$$

$$\frac{R_2}{R_1 + R_2} = \frac{R_4}{R_3 + R_4}$$

$$R_2 R_3 = R_1 R_4$$

例 3.9　如图 3.4.21 所示电路中, $u_S = 0.05\cos t\,\text{V}$,求电压 u_O。

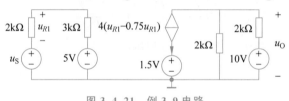

图 3.4.21　例 3.9 电路

解:求 2kΩ 电阻、10V 电压源串联以外有源电阻单口 N 的戴维南等效电路,如图 3.4.22 所示。

求 2kΩ 电阻、10V 电压源串联的电压 u_O,如图 3.4.23 所示。

$$u_O = \frac{2}{2+2} \times (-14 + 0.16\cos t) + 10 = 3 + 0.08\cos t\,(\text{V})$$

图 3.4.22　例 3.9 图解（1）　　　　　　图 3.4.23　例 3.9 图解（2）

（3）求单一动态元件动态电路动态支路的电压或电流,将待求动态支路之外的电阻电路作为有源电阻单口的戴维南等效电路和诺顿等效电路,再列单回路电路或单独立节点电路的微分方程求动态支路电压或电流。

例 3.10　如图 3.4.24 所示电路中,电容在 $t=0$ 时接入,且 $u(0)=0$,求 $t \geqslant 0$ 时电容的电压 u。

图 3.4.24　例 3.10 电路

解:求 $25\mu F$ 电容以外有源电阻单口 N 的诺顿等效电路,如图 3.4.25 所示。

求单独立节点电路的 u,如图 3.4.26 所示。

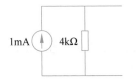

图 3.4.25　例 3.10 图解诺顿等效电路

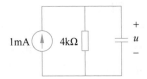

图 3.4.26　例 3.10 图解单独立节点电路

根据节点 KCL 得出以下方程:

$$25 \times 10^{-6} \frac{\mathrm{d}u}{\mathrm{d}t} + \frac{1}{4 \times 10^3} u = 1 \times 10^{-3}, \quad t \geqslant 0$$

$$u(0) = 0$$

$$u = K \mathrm{e}^{-10t} + 4(\mathrm{V}), \quad t \geqslant 0$$

$$u(0) = 0$$

$$u = 4(1 - \mathrm{e}^{-10t})(\mathrm{V}), \quad t \geqslant 0$$

3.5　节点分析法

3.5.1　节点电压

示例电路如图 3.5.1 所示。

图 3.5.1 中支路数 $b=5$,支路电压为 u_1、u_2、u_3、$u_{i_{S1}}$、$u_{i_{S2}}$。独立节点数 $n-1=2$,小于支路数 $b=5$。

任意选取一个节点作为零电位点,即参考节点;选定参考节点后,其余独立节点对于参考节点的电压为节点电压,分别为 u_a、u_b。

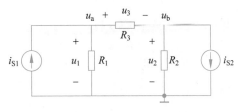

图 3.5.1　节点电压示意电路

以节点电压为变量的 KVL 方程如下:

$$-u_a + (u_a - u_b) + u_b = 0 \text{——KVL 对节点电压不构成线性约束:}$$

$$u_a + u_{i_{S1}} = 0$$

$$-u_b + u_{i_{S2}} = 0$$

结合 VCR 以节点电压为变量的 KCL 方程如下：

$$G_1 u_a + G_3(u_a - u_b) - i_{S1} = (G_1 + G_3)u_a - G_3 u_b - i_{S1} = 0$$
$$G_2 u_b - G_3(u_a - u_b) + i_{S2} = -G_2 u_a + (G_2 + G_3)u_b + i_{S2} = 0$$

支路电压与节点电压的关系如下：

$$u_1 = u_a$$
$$u_2 = u_b$$
$$u_3 = u_a - u_b$$
$$u_{iS1} = -u_a$$
$$u_{iS2} = u_b$$

节点电压具有以下特性：

（1）独立性：KVL 对节点电压不构成线性约束。

（2）可解性：$n-1$ 个节点电压，$n-1$ 个结合 VCR 以节点电压为变量的 KCL 方程。

（3）完备性：所有支路电压都是节点电压的线性组合。

由以上分析可以看出，节点分析法以节点电压为变量，列写 $n-1$ 个结合 VCR 的 KCL 方程，求解 $n-1$ 个节点电压，求解之后便可求出 b 个支路的电压和电流。

3.5.2 节点方程的列写

示例电路如图 3.5.2 所示。

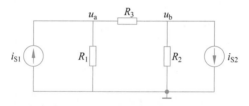

图 3.5.2 节点方程示意电路

结合 VCR 以节点电压为变量列出 KCL 方程如下：

$$G_1 u_a + G_3(u_a - u_b) - i_{S1} = (G_1 + G_3)u_a - G_3 u_b - i_{S1} = 0$$
$$G_2 u_b - G_3(u_a - u_b) + i_{S2} = -G_2 u_a + (G_2 + G_3)u_b + i_{S2} = 0$$
$$(G_1 + G_3)u_a - G_3 u_b = i_{S1}$$
$$-G_2 u_a + (G_2 + G_3)u_b = -i_{S2}$$

节点 a、b 的自电导 G_{aa}、G_{bb} 是连接节点 a、b 的各支路电导之和，即 $G_{aa} = G_1 + G_3$，$G_{bb} = G_2 + G_3$，有

$$(G_1 + G_3)u_a - G_3 u_b = i_{S1}$$
$$-G_2 u_a + (G_2 + G_3)u_b = -i_{S2}$$

节点间的互电导 $G_{ab} = G_{ba}$，是同时连接节点 a、b 的各支路电导之和，$G_{ab} = G_{ba} = G_3$；

流入节点 a、b 的电流源之和 i_{Saa}、i_{Sbb}，$i_{Saa} = i_{S1}$，$i_{Sbb} = -i_{S2}$。

（1）不含电压源和受控电源电阻电路的节点方程列写。对于 b 条支路、n 个节点的电路，有 $n-1$ 个节点方程：

$$\sum_{j=1}^{n-1} \pm G_{ij} u_j = i_{Sii}, \quad i=1,2,\cdots,n-1 \tag{3.5.1}$$

当 $j=i$ 时，G_{ij} 为节点 i 的自电导；当 $j \neq i$ 时，G_{ij} 为节点 i、j 间的互电导；i_{Sii} 为流入节点 i 的电流源之和。电导前的正、负取决于是自电导还是互电导，自电导前取正，互电导前取负。

例 **3.11**　求如图 3.5.3 所示电路中电流源的功率。

解：设参考节点和节点电压 U_1、U_2、U_3 如图 3.5.4 所示。

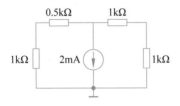

图 3.5.3　例 3.11 电路

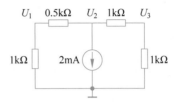

图 3.5.4　例 3.11 图解

根据节点电压列出节点 KCL 方程，得到下列方程组：

$$\begin{cases} (1+2)U_1 - 2U_2 = 3U_1 - 2U_2 = 0 \\ -2U_1 + (2+1)U_2 - U_3 = -2U_1 + 3U_2 - U_3 = -2 \\ -U_2 + (1+1)U_3 = -U_2 + 2U_3 = 0 \end{cases}$$

通过方程组解得

$$\begin{cases} U_1 = -\dfrac{8}{7}\text{V} \\[2mm] U_2 = -\dfrac{12}{7}\text{V} \\[2mm] U_3 = -\dfrac{6}{7}\text{V} \\[2mm] P = 2U_2 = 2(-12/7) = -\dfrac{24}{7}(\text{mW}) \end{cases}$$

（2）含电压源、不含受控电源电阻电路的节点方程列写。

电压源只与一个节点关联时，电压源确定该节点电压，不必列写该节点的节点方程；电压源同时与两个节点关联时，电压源给出该两个节点电压的约束关系（补充方程），列写该节点的节点方程时设待求电流流过电压源，将电压源看成待求电流的电流源；其余与不含电压源和受控电源电阻电路的节点方程列写相同。

例 **3.12**　求如图 3.5.5 所示电路的电流 I。

解：设参考节点和节点电压 U_1、U_2、U_3 如图 3.5.6 所示。

节点 1 电压确定：$U_1 = 10\text{V}$。

节点 2 和节点 3 的节点方程：

$$-\frac{1}{20}U_1 + \left(\frac{1}{20}+\frac{1}{30}+\frac{1}{10}\right)U_2 - \frac{1}{10}U_3 = -\frac{1}{20}\times 10 + \frac{11}{60}U_2 - \frac{1}{10}U_3 = 0$$

$$-\frac{1}{10}U_2 + \frac{1}{10}U_3 = 2$$

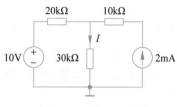

图 3.5.5　例 3.12 电路

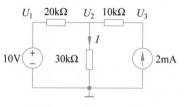

图 3.5.6　例 3.12 图解

解得

$$11U_2 - 6U_3 = 30$$
$$-U_2 + U_3 = 20$$
$$U_2 = 30\text{V}$$
$$U_3 = 50\text{V}$$
$$I = U_2/30 = 30/30 = 1(\text{mA})$$

例 3.13　求如图 3.5.7 所示电路中的电压 U。

解：设参考节点和节点电压 U_1、U_2，待求电压源电流 I 如图 3.5.8 所示。

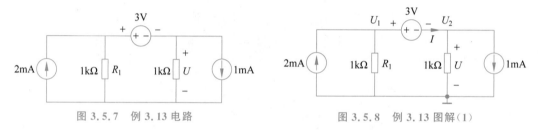

图 3.5.7　例 3.13 电路　　　　　　　图 3.5.8　例 3.13 图解(1)

节点 1 电压与节点 2 电压的约束关系(补充方程)：$U_1 - U_2 = 3\text{V}$。

节点 1 和节点 2 的节点方程：

$$U_1 = 2 - \frac{I}{1}$$
$$U_2 = \frac{I}{1} - 1$$
$$U_1 + U_2 = 1\text{V}$$
$$U_1 - U_2 = 3\text{V}$$
$$U_1 = 2\text{V}$$
$$U_2 = -1\text{V}$$
$$I = 0$$
$$U = U_2 = -1\text{V}$$

例 3.13 的另解：

设参考节点和节点电压 U_1、U_2 如图 3.5.9 所示。

节点 1 电压确定：$U_1 = 3\text{V}$。

节点 2 的节点方程：

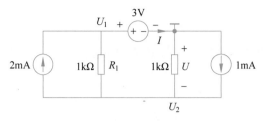

图 3.5.9　例 3.13 图解（2）

$$-U_1+(1+1)U_2=-U_1+2U_2=-3+2U_2=1-2=-1(\text{V})$$

$$U_2=1\text{V}$$

$$U=-U_2=-1\text{V}$$

（3）含受控电源电阻电路的节点方程列写,将受控电源的控制量转换为节点电压,受控电源看成独立电源列写方程,再移项整理;其余与不含受控电源电阻电路的节点方程列写相同。

例 **3.14**　求如图 3.5.10 所示电路的电流 I。

设参考节点和节点电压 U_1、U_2、U_3 如图 3.5.11 所示。

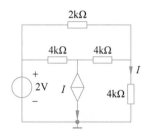
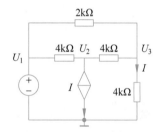

图 3.5.10　例 3.14 电路　　　　　图 3.5.11　例 3.14 图解

节点 1 电压确定: $U_1=2\text{V}$。

受控电源的控制量转换为 $U_3/4$。

节点 2 和节点 3 的节点方程:

$$-\frac{1}{4}U_1+\left(\frac{1}{4}+\frac{1}{4}\right)U_2-\frac{1}{4}U_3=-\frac{1}{4}\times2+\frac{1}{2}U_2-\frac{1}{4}U_3=-I=-\frac{U_3}{4}$$

$$-\frac{1}{2}U_1-\frac{1}{4}U_2+\left(\frac{1}{2}+\frac{1}{4}+\frac{1}{4}\right)U_3=-\frac{1}{2}\times2-\frac{1}{4}U_2+U_3=0$$

解得

$$U_2=1\text{V}$$

$$-U_2+4U_3=4(\text{V})$$

$$U_1=2\text{V}$$

$$U_2=1\text{V}$$

$$U_3=1.25\text{V}$$

$$I=U_3/4=1.25/4=0.3125(\text{mA})$$

*3.5.3 阶跃输入的 *RC* 串联电路

阶跃输入的 *RC* 串联电路如图 3.5.12 所示。

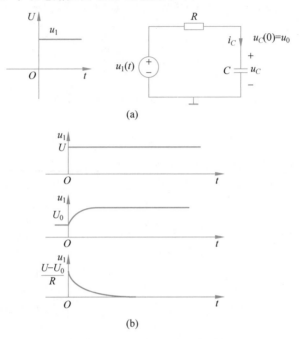

图 3.5.12 阶跃输入的 *RC* 串联电路

假设函数波形 u_S 是一个幅值为 U 的阶跃电压,在 $t=0$ 时加到电路上。但这一次假设电容在阶跃之前为 U_0,即电路的初始条件为

$$u_C = U_0 \qquad (3.5.2)$$

利用节点法可以得出微分方程。对电压为 u_C 的节点应用 KCL 得到

$$\frac{u_C - u_1}{R} + C\,\frac{\mathrm{d}u_C}{\mathrm{d}t} = 0 \qquad (3.5.3)$$

方程两边除以 C,并整理得到

$$\frac{\mathrm{d}u_C}{\mathrm{d}t} + \frac{u_C}{RC} = \frac{u_1}{RC} \qquad (3.5.4)$$

齐次方程为

$$\frac{\mathrm{d}u_{Ch}}{\mathrm{d}t} + \frac{u_{Ch}}{RC} = 0 \qquad (3.5.5)$$

正如所期望的那样,该式和表示诺顿等效电路的式(3.2.7)是一样的,因为诺顿等效电路和戴维南等效电路是等效的。借用式(3.2.7)的齐次解,有

$$u_{Ch} = A\,\mathrm{e}^{-t/RC} \qquad (3.5.6)$$

式中:RC 为电路的时间常数。

现在来求特解。因为输入是一个幅值为 U 的阶跃信号,特解方程满足:

$$\frac{\mathrm{d}u_{C\mathrm{p}}}{\mathrm{d}t} + \frac{u_{C\mathrm{p}}}{RC} = \frac{U}{RC} \tag{3.5.7}$$

因为电源是一个阶跃函数,在 t 很大时是一个常数,假定特解的形式为

$$u_{C\mathrm{p}} = K \tag{3.5.8}$$

式(3.5.8)代入式(3.5.7),得到

$$\frac{K}{RC} = \frac{U}{RC} \tag{3.5.9}$$

这就说明,$K = U$。因此特解为

$$u_{C\mathrm{p}} = U \tag{3.5.10}$$

将 $u_{C\mathrm{h}}$ 和 $u_{C\mathrm{p}}$ 相加,得到全解为

$$u_C = U + A\mathrm{e}^{-t/RC} \tag{3.5.11}$$

现在可以利用初始条件来确定 A。因为电容电压在 $t = 0$ 时刻必须是连续的,得到

$$u_C(t=0) = U_0 \tag{3.5.12}$$

因此,在 $t = 0$ 时,由式(3.5.11)可以得出

$$A = U_0 - U \tag{3.5.13}$$

$t > 0$ 时电容电压全解为

$$u_C = U + (U_0 - U)\mathrm{e}^{-t/RC} \tag{3.5.14}$$

式中:U 为 $t > 0$ 时输入驱动电压;U_0 为电容上的初始电压。

接下来做一个快速正确性检查:将 $t = 0$ 代入,得到 $u_C(0) = U_0$;将 $t = \infty$ 代入,得到 $u_C(\infty) = U$。两个边界条件都是期望的,电容电压的初值都是 U_0,而经过很长一段时间后,电源电压必然全部加到电容两端。

对式(3.5.14)中各项进行重新整理,可以得到下面的等效形式:

$$u_C = U_0\mathrm{e}^{-t/RC} + U(1 - \mathrm{e}^{-t/RC}) \tag{3.5.15}$$

流过电容的电流为

$$i_C = C\frac{\mathrm{d}u_C}{\mathrm{d}t} = \frac{U - U_0}{R}\mathrm{e}^{-t/RC} \tag{3.5.16}$$

i_C 的表达式也符合期望,因为当 t 很大时,i_C 肯定为零;而在 $t = 0$ 时电容就像是一个电压为 U_0 的电压源,因此 $t = 0$ 时的电流必然为 $(U - U_0)/R$。

这些波形如图 3.5.12(b)所示。

如果期望求电阻电压 u_R,可以应用 KVL 很容易地得到:

$$u_R = u_1 - u_C \tag{3.5.17}$$

其中,取电阻的输入端作为 u_R 的正参考方向。

或者取电流和电阻的乘积也可以得到电阻电压为

$$u_R = i_C R \tag{3.5.18}$$

式(3.5.14)是在假定初始条件(U_0)和输入(阶跃 U)都不为零的情况下得到的。

将 $U_0 = 0$ 代入式(3.5.14)得到

$$u_C = U_0\mathrm{e}^{-t/RC} \tag{3.5.19}$$

将 U_0 代入式(3.5.14)得到

$$u_C = U - Ue^{-t/RC} \qquad\qquad (3.5.20)$$

全响应就是两者之和,将式(3.5.19)和式(3.5.20)的右边相加,并与式(3.5.14)的右边相比较,即可证明这一点。

3.5.4　方波输入的串联 *RC* 信号

研究图 3.2.3(a)和图 3.2.3(b)中的波形表明,电容的存在改变了输入方波的形状。当一个方波脉冲加入到 *RC* 电路上时,会得到不是方波的脉冲,它缓慢上升又缓慢下降。电容使得电路可以做一定的波形整形。这个概念可以通过方波驱动的实验来进一步建立。

在该实验中,用图 3.5.13 所示的戴维南等效电路。电源可以是一个标准的实验室方波发生器。输入方波在图 3.5.13 中用 1 加以标注。根据驱动方波的周期和网络的时间常数 *RC* 的关系,可以得到几种截然不同的 $u_C(t)$ 的波形。这些波形都是在前面得到的解的各种变化。

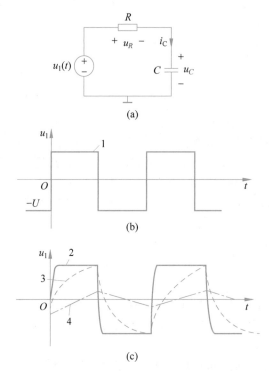

图 3.5.13　对方波的响应

当电路时间常数与方波周期相比非常短时,指数函数衰减的速度相对要快一点,如图 3.5.13 中波形 2 所示。电容波形除了在拐角处有一些小小的圆角外,与输入波形非常相似。

若时间常数占脉冲长度的相当大部分,则解的波形如图 3.5.13 中波形 3 所示。注意图形表明暂态过程仍然是几乎快要结束了,因此要适用这个解,*RC* 的乘积有一个上限。与上面指出的一样,假定简单的暂态过程在时间大于 5 倍时间常数后就结束了,*RC* 的乘积必须小于脉冲长度的 1/5,或方波周期的 1/10,才能适用这个解。

当电路的时间常数远大于方波周期时,得到的波形如图 3.5.13 中波形 4 所示。这种情况下,暂态过程显然没有结束。实际上,只看到指数函数的第一部分。波形看起来像一个三角波,即输入波形的积分。这一点可以从描述电路的微分方程中看出。应用 KVL 可得

$$u_1 = i_C R + u_C \tag{3.5.21}$$

利用电容的电压-电流关系得到微分方程:

$$u_1 = RC \frac{\mathrm{d}u_C}{\mathrm{d}t} + u_C \tag{3.5.22}$$

显然,根据式(3.5.22)或图 3.5.13,当电路的时间常数变大时,电容电压 u_C 必然变小。对于波形 4,时间常数 RC 足够大,$u_C \ll u_1$,因此这种情况下,式(3.5.21)可近似写为

$$u_1 \approx i_C R \tag{3.5.23}$$

从物理意义上讲,电流现在仅取决于驱动电压和电阻,因为电容电压几乎为 0。假定 u_C 可以忽略,对于式(3.5.22)两边积分,得到

$$u_C \approx \frac{1}{RC} \int u_1 \mathrm{d}t + K \tag{3.5.24}$$

式中:积分常数 $K = 0$。因此 RC 很大时,电容的电压就近似是输入电压的积分。这是一条非常有用的信号处理性质。

非常容易求得图 3.5.13(a)所示电路中电阻的电压(因为可以由电容的电压求出电流):

$$u_R = i_C R = RC \frac{\mathrm{d}u_C}{\mathrm{d}t} \tag{3.5.25}$$

以充电时间段为例,假定暂态过程已经结束,由式(3.2.22)得

$$u_C = U(1 - \mathrm{e}^{-t/RC}) \tag{3.5.26}$$

因此

$$u_R = U\mathrm{e}^{-t/RC} \tag{3.5.27}$$

若输入信号 u_1 的平均值为 0,即如果 u_1 在 $-U/2 \sim +U/2$ 之间变化,则图 3.5.8 中的波形几乎不发生变化。更明确地说,u_C 的平均值也是 0。若暂态过程结束,如图 3.5.14 中的波形 2、3 所示,则偏移量将为 $-U/2$ 和 $+U/2$。

3.6 正弦稳态电路的相量模型

3.6.1 正弦信号激励下的动态电路

例 3.15   如图 3.6.1 所示电路中 $i_S = 5\cos(10t + 45°)(\mathrm{mA})$,开关在 $t = 0$ 时闭合,已知 $u_C(0) = 0$,求 t 足够大时的 u_C、u_R、u_S、i_C 和 i_R。

解:根据节点的 KCL 可得

$$0.3 \frac{\mathrm{d}u_C}{\mathrm{d}t} + 4u_C = 5\cos(10t + 45°), \quad t \geqslant 0$$

$$u_C(0) = 0$$

图 3.6.1   正弦激励动态电路

求解微分方程可得

$$u_C = u_{Ch} + u_{Cp} = K e^{-\frac{40t}{3}} + u_{Cp}(V), \quad t \geqslant 0$$

$$u_C(0) = 0$$

设 $u_{Cp} = U_{Cm}\cos(10t + \varphi_u) \rightarrow$

$$-10 \times 0.3 U_{Cm}\sin(10t + \varphi_u) + 4U_{Cm}\cos(10t + \varphi_u) = 5\cos(10t + 45°)$$

$$-\frac{3}{\sqrt{3^2 + 4^2}}U_{Cm}\sin(10t + \varphi_u) + \frac{4}{\sqrt{3^2 + 4^2}}U_{Cm}\cos(10t + \varphi_u) = \frac{5}{\sqrt{3^2 + 4^2}}\cos(10t + 45°)$$

由于 $\varphi = \arctan\dfrac{3}{4} = 36.9°$，因此可得

$$-U_{Cm}\sin(10t + \varphi_u)\sin 36.9° + U_{Cm}\cos(10t + \varphi_u)\cos 36.9°$$

$$= U_{Cm}\cos(10t + \varphi_u + 36.9°) = \cos(10t + 45°)$$

$$U_{Cm} = 1, \varphi_u = 45° - 36.9° = 8.1°$$

则

$$u_{Cp} = \cos(10t + 8.1°)$$

$$u_C = K e^{-\frac{40t}{3}} + \cos(10t + 8.1°)(V), \quad t \geqslant 0, \quad u_C(0) = 0$$

$$u_C = \cos(10t + 8.1°) - 0.99 e^{-\frac{40t}{3}}(V), \quad t \geqslant 0$$

t 足够大时，有

$$u_C = \cos(10t + 8.1°)(V)$$

$$u_R = u_S = \cos(10t + 8.1°)(V)$$

$$i_C = 0.3\frac{d}{dt}\cos(10t + 8.1°) = -3\sin(10t + 8.1°) = 3\cos(10t + 98.1°)(mA)$$

$$i_R = \frac{\cos(10t + 8.1°)}{0.25} = 4\cos(10t + 8.1°)(mA)$$

3.6.2 正弦稳态电路

正弦稳态电路是正弦信号激励下处于稳态响应(t 足够大时的响应)的动态电路。正弦稳态电路中所有支路电压、电流都是与信号同频率的正弦量。

3.6.3 正弦量的相量表示

1. 正弦量的(振幅)相量,欧拉公式

$$e^{j(\omega t + \varphi)} = \cos(\omega t + \varphi) + j\sin(\omega t + \varphi) \tag{3.6.1}$$

$$\cos(\omega t + \varphi) = \text{Re}[e^{j(\omega t + \varphi)}] \quad \sin(\omega t + \varphi) = \text{Im}[e^{j(\omega t + \varphi)}] \tag{3.6.2}$$

$$u = U_m\cos(\omega t + \varphi_u) = \text{Re}[U_m e^{j(\omega t + \varphi_u)}] = \text{Re}[\dot{U}_m e^{j\omega t}]$$

$$i = I_m\cos(\omega t + \varphi_i) = \text{Re}[I_m e^{j(\omega t + \varphi_i)}] = \text{Re}[\dot{I}_m e^{j\omega t}] \tag{3.6.3}$$

相量图如图 3.6.2 所示。

电压相量为

$$\dot{U}_{m} = U_{m}e^{j\varphi_{u}} = U_{m}\angle\varphi_{u}$$

电流相量为

$$\dot{I}_{m} = I_{m}e^{j\varphi_{i}} = I_{m}\angle\varphi_{i}$$

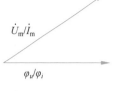

图 3.6.2　相量图

2. 正弦量的有效值和有效值相量

比较通过同一电阻的正弦电流在一个周期所消耗的能量与直流电流在同一时期所消耗的能量。正弦量的有效值为均方根值,从所消耗的能量角度而言两个电流相当,即 $W_{i} = W_{I}$。

$$
\begin{aligned}
I &= \sqrt{\frac{1}{T}\int_{0}^{T} i^{2}(t)\,\mathrm{d}t} = \sqrt{\frac{1}{T}\int_{0}^{T} I_{m}^{2}\cos(\omega t + \varphi_{i})^{2}\,\mathrm{d}t} \\
&= \sqrt{\frac{1}{T}\int_{0}^{T} I_{m}^{2}\,\frac{1}{2}\big[1 + \cos(2\omega t + 2\varphi_{i})\big]\,\mathrm{d}t} \\
&= \frac{1}{\sqrt{2}} I_{m} = 0.707 I_{m}
\end{aligned}
\tag{3.6.4}
$$

正弦量的有效值相量:

$$
\begin{cases}
u = U_{m}\cos(\omega t + \varphi_{u}) = \sqrt{2}\,U\cos(\omega t + \varphi_{u}) = \mathrm{Re}[\sqrt{2}\,U e^{j(\omega t + \varphi_{u})}] = \sqrt{2}\,\mathrm{Re}[\dot{U}e^{j\omega t}] \\
i = I_{m}\cos(\omega t + \varphi_{i}) = \sqrt{2}\,I\cos(\omega t + \varphi_{i}) = \mathrm{Re}[\sqrt{2}\,I e^{j(\omega t + \varphi_{i})}] = \sqrt{2}\,\mathrm{Re}[\dot{I}e^{j\omega t}]
\end{cases}
\tag{3.6.5}
$$

电压的有效值相量为

$$\dot{U} = U e^{j\varphi_{u}} = U\angle\varphi_{u}$$

电流的有效值相量为

$$\dot{I} = I e^{j\varphi_{i}} = I\angle\varphi_{i}$$

$$\dot{U} = \frac{1}{\sqrt{2}}\dot{U}_{m}, \quad \dot{I} = \frac{1}{\sqrt{2}}\dot{I}_{m}$$

正弦量到相量,相量及角频率到正弦量的转换如下:

$$i = 5\cos(314t + 60°)(\mathrm{mA}) \rightarrow \dot{I}_{m} = 5\angle 60°(\mathrm{mA}) \tag{3.6.6}$$

$$\dot{U} = -5\angle -30° = 5\angle 150°(\mathrm{V}), \quad \omega = 2\pi(\mathrm{rad/s})$$

$$u = 5\sqrt{2}\cos(2\pi t + 150°)(\mathrm{V})$$

3.6.4　正弦量的相量计算

正弦量和相量具有以下三种性质:

(1) 唯一。设分别对应的相量为 $i_{1}\leftrightarrow\dot{I}_{1}, i_{2}\leftrightarrow\dot{I}_{2}$。若 $i_{1} = i_{2}$,则 $\dot{I}_{1} = \dot{I}_{2}$。

(2) 线性。设 $i_{1}\leftrightarrow\dot{I}_{1}, \cdots, i_{n}\leftrightarrow\dot{I}_{n}$,则有 $\alpha_{1}i_{1} + \cdots + \alpha_{n}i_{n} \leftrightarrow \alpha_{1}\dot{I}_{1} + \cdots + \alpha_{n}\dot{I}_{n}$。

(3) 微分。设 $i \leftrightarrow \dot{I}$，则有 $\dfrac{\mathrm{d}i}{\mathrm{d}t} \leftrightarrow \mathrm{j}\omega \dot{I}, \cdots, \dfrac{\mathrm{d}^n i}{\mathrm{d}t^n} \leftrightarrow (\mathrm{j}\omega)^n \dot{I}$

$$\frac{\mathrm{d}i}{\mathrm{d}t} = \frac{\mathrm{d}}{\mathrm{d}t}\mathrm{Re}[\dot{I}\mathrm{e}^{\mathrm{j}\omega t}] = \mathrm{Re}\left[\frac{\mathrm{d}}{\mathrm{d}t}\dot{I}\mathrm{e}^{\mathrm{j}\omega t}\right] = \mathrm{Re}[\mathrm{j}\omega \dot{I}\mathrm{e}^{\mathrm{j}\omega t}] \leftrightarrow \mathrm{j}\omega \dot{I} \tag{3.6.7}$$

例 3.16 已知 $i_1 = \sin(2t - 30°)(\mathrm{mA})$，$i_2 = \cos(2t + 45°)(\mathrm{mA})$，试求 $\dfrac{\mathrm{d}i_1}{\mathrm{d}t} + 2i_2$。

解：先将电流 i_1、i_2 用相量表示出来，如图 3.6.3 所示。

$$i_1 = \sin(2t - 30°) = \cos(2t - 120°) \leftrightarrow \dot{I}_{1\mathrm{m}} = 1 \angle -120°$$

$$i_2 = \cos(2t + 45°) \leftrightarrow \dot{I}_{2\mathrm{m}} = 1 \angle 45°$$

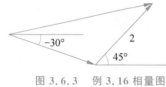

图 3.6.3 例 3.16 相量图

$$\mathrm{j}2\dot{I}_{1\mathrm{m}} + 2\dot{I}_{2\mathrm{m}} = 2\angle 90° \times 1\angle -120° + 2 \times 1\angle 45°$$
$$= 2\angle -30° + 2\angle 45°$$
$$= (1.732 - \mathrm{j}1) + (1.414 + \mathrm{j}1.414)$$
$$= 3.146 + \mathrm{j}0.414 = 3.17\angle 7.5°$$

$$\frac{\mathrm{d}i_1}{\mathrm{d}t} + 2i_2 = 3.17\cos(2t + 7.5°)(\mathrm{mA})$$

3.6.5 正弦稳态电路的相量模型

1. 电阻的相量模型

正弦稳态电路中任一电阻，关联参考方向下电压相量与电流相量间满足 VCR 方程 $\dot{U} = R\dot{I}$ 或 $\dot{U}_{\mathrm{m}} = R\dot{I}_{\mathrm{m}}$。

$$u = \sqrt{2}U\cos(\omega t + \varphi_u) = \sqrt{2}\mathrm{Re}[\dot{U}\mathrm{e}^{\mathrm{j}\omega t}]$$
$$= Ri = R\sqrt{2}I\cos(\omega t + \varphi_i) = R\sqrt{2}\mathrm{Re}[\dot{I}\mathrm{e}^{\mathrm{j}\omega t}] = \sqrt{2}\mathrm{Re}[R\dot{I}\mathrm{e}^{\mathrm{j}\omega t}] \tag{3.6.8}$$

$$\dot{U} = R\dot{I}$$

$$\dot{U} = U\angle \varphi_u = R\dot{I} = RI\angle \varphi_i \tag{3.6.9}$$

有效值或振幅满足 $U = RI$ 或 $U_{\mathrm{m}} = RI_{\mathrm{m}}$，电压相位与电流相位同相，$\varphi_u = \varphi_i$，如图 3.6.4 所示。

2. 电感的相量模型

正弦稳态电路中任一电感，关联参考方向下电压相量与电流相量间满足 VCR 方程 $\dot{U} = \mathrm{j}\omega L\dot{I}$ 或 $\dot{U}_{\mathrm{m}} = \mathrm{j}\omega L\dot{I}_{\mathrm{m}}$。

$$u = \sqrt{2}U\cos(\omega t + \varphi_u) = \sqrt{2}\mathrm{Re}[\dot{U}\mathrm{e}^{\mathrm{j}\omega t}] = L\frac{\mathrm{d}i}{\mathrm{d}t} = L\frac{\mathrm{d}}{\mathrm{d}t}\sqrt{2}I\cos(\omega t + \varphi_i)$$

$$= L\frac{\mathrm{d}}{\mathrm{d}t}\sqrt{2}\mathrm{Re}[\dot{I}\mathrm{e}^{\mathrm{j}\omega t}] = \sqrt{2}\mathrm{Re}[\mathrm{j}\omega L\dot{I}\mathrm{e}^{\mathrm{j}\omega t}] \tag{3.6.10}$$

则 $\dot{U} = \mathrm{j}\omega L\dot{I}$

$$\dot{U} = U\angle\varphi_u = j\omega L\dot{I} = \omega L\angle 90°I\angle\varphi_i = \omega LI\angle(\varphi_i + 90°) \quad (3.6.11)$$

有效值或振幅满足 $U = \omega LI$ 或 $U_m = \omega LI_m$，电压相位超前于电流相位90°，$\varphi_u = \varphi_i +$ 90°，如图 3.6.5 所示。

图 3.6.4　相量图　　　　　　　　　　图 3.6.5　相量图

3. 电容的相量模型

正弦稳态电路中任一电容，关联参考方向下电压相量与电流相量间满足 VCR 方程 $\dot{U} = \dfrac{1}{j\omega C}\dot{I}$ 或 $\dot{U}_m = \dfrac{1}{j\omega C}\dot{I}_m$。

$$i = \sqrt{2}I\cos(\omega t + \varphi_i) = \sqrt{2}\,\mathrm{Re}[\dot{I}\mathrm{e}^{j\omega t}] = C\frac{\mathrm{d}u}{\mathrm{d}t} = C\frac{\mathrm{d}}{\mathrm{d}t}\sqrt{2}U\cos(\omega t + \varphi_i)$$

$$= C\frac{\mathrm{d}}{\mathrm{d}t}\sqrt{2}\,\mathrm{Re}[\dot{U}\mathrm{e}^{j\omega t}] = \sqrt{2}\,\mathrm{Re}[j\omega C\dot{U}\mathrm{e}^{j\omega t}] \quad (3.6.12)$$

则 $\dot{I} = j\omega C\dot{U}$

$$\dot{U} = U\angle\varphi_u = \frac{1}{j\omega C}\dot{I} = \frac{1}{\omega C}\angle -90°I\angle\varphi_i = \frac{1}{\omega C}I\angle(\varphi_i - 90°) \quad (3.6.13)$$

有效值或振幅满足 $U = \dfrac{I}{\omega C}$ 或 $U_m = \dfrac{1}{\omega C}I_m$，电压相位滞后于电流

相位90°，$\varphi_u = \varphi_i - 90°$，如图 3.6.6 所示。

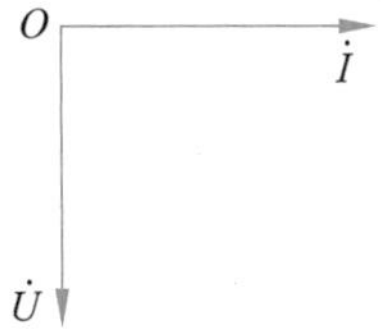

图 3.6.6　相量图

4. 阻抗/导纳——欧姆定律的相量形式

阻抗相量形式：

$$Z = \frac{\dot{U}}{\dot{I}} = \frac{U}{I}\angle(\varphi_u - \varphi_i) = |Z|\angle\varphi_z = R + jX \quad (3.6.14)$$

导纳相量形式：

$$Y = \frac{\dot{I}}{\dot{U}} = \frac{I}{U}\angle(\varphi_i - \varphi_u) = |Y|\angle\varphi_y = G + jB \quad (3.6.15)$$

欧姆定律的相量形式：

$$\dot{U} = Z\dot{I} \quad 或 \quad \dot{U}_m = Z\dot{I}_m \quad (3.6.16)$$

$$\dot{I} = Y\dot{U} \quad 或 \quad \dot{I}_m = Y\dot{U}_m \quad (3.6.17)$$

(1) 电阻的阻抗/导纳。

$$Z = \frac{\dot{U}}{\dot{I}} = R$$

$$(3.6.18)$$

$$Y = \frac{\dot{I}}{\dot{U}} = G$$

电阻的阻抗/导纳只有实部,即电阻/电导。

（2）电感的阻抗/导纳。

$$Z = \frac{\dot{U}}{\dot{I}} = j\omega L = jX \rightarrow X = \omega L$$

$$(3.6.19)$$

$$Y = \frac{\dot{I}}{\dot{U}} = \frac{1}{j\omega L} = -j\frac{1}{\omega L} = jB$$

则

$$B = -\frac{1}{\omega L}$$

电感的阻抗/导纳只有虚部,即电抗/电纳,一般称感抗/感纳。

感抗/感纳不仅与电感 L 相关,而且与角频率 ω 相关。

（3）电容的阻抗/导纳。

$$Z = \frac{\dot{U}}{\dot{I}} = \frac{1}{j\omega C} = -j\frac{1}{\omega C} = jX$$

则

$$X = -\frac{1}{\omega C}$$

$$Y = \frac{\dot{I}}{\dot{U}} = j\omega C = jB$$

$$(3.6.20)$$

$$B = \omega C$$

电容的阻抗/导纳只有虚部,即电抗/电纳,一般称容抗/容纳。

容抗/容纳不仅与电容 C 相关,而且与角频率 ω 相关。

例 3.17 如图 3.6.7 所示电路中,已知交流电流表 A_1、A_2 的读数均为 10mA,求交流电流表 A 的读数。

解：设并联支路电压 $\dot{U} = U\angle 0°$,可得

$$\dot{I}_1 = \frac{\dot{U}}{R} = \frac{U}{R}\angle 0° = 10\angle 0°(A)$$

$$\dot{I}_2 = j\omega C\dot{U} = \omega CU\angle 90° = 10\angle 90°(A)$$

$$\dot{I} = \dot{I}_1 + \dot{I}_2 = 10\angle 0° + 10\angle 90° = 10 + j10 = 14.14\angle 45°(A)$$

交流电流表 A 的读数为 14.14mA,图解如图 3.6.8 所示。

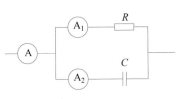

图 3.6.7 例 3.17 电路

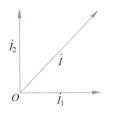

图 3.6.8 例 3.17 图解

5. 独立电源的相量模型

正弦稳态电路中任一相同角频率的独立电源，VCR 方程用电压相量或电流相量表示。

(1) 独立电压源。VCR 方程：$\dot{U}=\dot{U}_S$ 或 $\dot{U}_m=\dot{U}_{Sm}$，可得

$$u=\sqrt{2}U\cos(\omega t+\varphi_u)=\sqrt{2}\,\mathrm{Re}[\dot{U}\mathrm{e}^{\mathrm{j}\omega t}]$$

$$=u_S=\sqrt{2}U_S\cos(\omega t+\varphi_{us})=\sqrt{2}\,\mathrm{Re}[\dot{U}_S\mathrm{e}^{\mathrm{j}\omega t}] \tag{3.6.21}$$

故有

$$\dot{U}=\dot{U}_S$$

(2) 独立电流源。VCR 方程：$\dot{I}=\dot{I}_S$ 或 $\dot{I}_m=\dot{I}_{Sm}$，可得

$$i=\sqrt{2}I\cos(\omega t+\varphi_i)=\sqrt{2}\,\mathrm{Re}[\dot{I}\mathrm{e}^{\mathrm{j}\omega t}]$$

$$=i_S=\sqrt{2}I_S\cos(\omega t+\varphi_{is})=\sqrt{2}\,\mathrm{Re}[\dot{I}_S\mathrm{e}^{\mathrm{j}\omega t}] \tag{3.6.22}$$

故有

$$\dot{I}=\dot{I}_S$$

6. 受控电源的相量模型

正弦稳态电路中任一受控电源，关联参考方向下电压相量与电流相量间满足：

(1) VCVS。VCR 方程：$\dot{I}_1=0,\dot{U}_2=\mu\dot{U}_1$ 或 $\dot{I}_{m1}=0,\dot{U}_{m2}=\mu\dot{U}_{m1}$，可得

$$i_1=\sqrt{2}I_1\cos(\omega t+\varphi_{i1})=\sqrt{2}\,\mathrm{Re}[\dot{I}_1\mathrm{e}^{\mathrm{j}\omega t}]=0 \tag{3.6.23a}$$

则

$$\dot{I}_1=0$$

$$u_2=\sqrt{2}U_2\cos(\omega t+\varphi_{u2})=\sqrt{2}\,\mathrm{Re}[\dot{U}_2\mathrm{e}^{\mathrm{j}\omega t}]$$

$$=\mu u_1=\mu\sqrt{2}U_1\cos(\omega t+\varphi_{u1})=\sqrt{2}\,\mathrm{Re}[\mu\dot{U}_1\mathrm{e}^{\mathrm{j}\omega t}] \tag{3.6.23b}$$

则 $$\dot{U}_2=\mu\dot{U}_1$$

(2) CCVS。VCR 方程：$\dot{U}_1=0,\dot{U}_2=r\dot{I}_1$ 或 $\dot{U}_{m1}=0,\dot{U}_{m2}=r\dot{I}_{m1}$，可得

$$u_1=\sqrt{2}U_1\cos(\omega t+\varphi_{u1})=\sqrt{2}\,\mathrm{Re}[\dot{U}_1\mathrm{e}^{\mathrm{j}\omega t}]=0 \tag{3.6.24a}$$

则
$$\dot{U}_1 = 0$$

$$u_2 = \sqrt{2}\,U_2\cos(\omega t + \varphi_{u2}) = \sqrt{2}\,\mathrm{Re}[\dot{U}_2\,\mathrm{e}^{\mathrm{j}\omega t}]$$

$$= ri_1 = r\sqrt{2}\,I_1\cos(\omega t + \varphi_{i1}) = \sqrt{2}\,\mathrm{Re}[r\dot{I}_1\,\mathrm{e}^{\mathrm{j}\omega t}]$$ (3.6.24b)

则
$$\dot{U}_2 = r\dot{I}_1$$

(3) VCCS。VCR 方程：$\dot{I}_1 = 0$，$\dot{I}_2 = g\dot{U}_1$ 或 $\dot{I}_{m1} = 0$，$\dot{I}_{m2} = g\dot{U}_{m1}$，可得

$$i_1 = \sqrt{2}\,I_1\cos(\omega t + \varphi_{i1}) = \sqrt{2}\,\mathrm{Re}[\dot{I}_1\,\mathrm{e}^{\mathrm{j}\omega t}] = 0$$ (3.6.25a)

则
$$\dot{I}_1 = 0$$

$$i_2 = \sqrt{2}\,I_2\cos(\omega t + \varphi_{i2}) = \sqrt{2}\,\mathrm{Re}[\dot{I}_2\,\mathrm{e}^{\mathrm{j}\omega t}]$$

$$= gu_1 = g\sqrt{2}\,U_1\cos(\omega t + \varphi_{u1}) = \sqrt{2}\,\mathrm{Re}[g\dot{U}_1\,\mathrm{e}^{\mathrm{j}\omega t}]$$ (3.6.25b)

则
$$\dot{I}_2 = g\dot{U}_1$$

(4) CCCS。VCR 方程：$\dot{U}_1 = 0$，$\dot{I}_2 = \beta\dot{I}_1$ 或 $\dot{U}_{m1} = 0$，$\dot{I}_{m2} = \beta\dot{I}_{m1}$，可得

$$u_1 = \sqrt{2}\,U_1\cos(\omega t + \varphi_{u1}) = \sqrt{2}\,\mathrm{Re}[\dot{U}_1\,\mathrm{e}^{\mathrm{j}\omega t}] = 0$$ (3.6.26a)

则
$$\dot{U}_1 = 0$$

$$i_2 = \sqrt{2}\,I_2\cos(\omega t + \varphi_{i2}) = \sqrt{2}\,\mathrm{Re}[\dot{I}_2\,\mathrm{e}^{\mathrm{j}\omega t}]$$

$$= \beta i_1 = \beta\sqrt{2}\,I_1\cos(\omega t + \varphi_{i1}) = \sqrt{2}\,\mathrm{Re}[\beta\dot{I}_1\,\mathrm{e}^{\mathrm{j}\omega t}]$$ (3.6.26b)

则
$$\dot{I}_2 = \beta\dot{I}_1$$

7. 基尔霍夫定律的相量形式

1) KCL 的相量形式

正弦稳态电路中流出任一节点的全部支路电流相量的代数和等于零。

KCL 方程：$\sum\limits_{k=1}^{n} \pm\dot{I}_k = 0$ 或 $\sum\limits_{k=1}^{n} \pm\dot{I}_{mk} = 0$，可得

$$\sum_{k=1}^{n} \pm i_k = \sum_{k=1}^{n} \pm\sqrt{2}\,I_k\cos(\omega t + \varphi_{ik}) = \sum_{k=1}^{n} \pm\sqrt{2}\,\mathrm{Re}[\dot{I}_k\,\mathrm{e}^{\mathrm{j}\omega t}]$$

$$= \sqrt{2}\,\mathrm{Re}[\sum_{k=1}^{n} \pm\dot{I}_k\,\mathrm{e}^{\mathrm{j}\omega t}] = 0$$

$$\sum_{k=1}^{n} \pm\dot{I}_k = 0$$

2) KVL 的相量形式

正弦稳态电路中沿任一回路的全部支路电压相量的代数和等于零。

KVL 方程：$\sum\limits_{k=1}^{m} \pm\dot{U}_k = 0$ 或 $\sum\limits_{k=1}^{m} \pm\dot{U}_{mk} = 0$，可得

$$\sum_{k=1}^{m} \pm u_k = \sum_{k=1}^{m} \pm \sqrt{2}\, U_k \cos(\omega t + \varphi_{uk}) = \sum_{k=1}^{m} \pm \sqrt{2}\, \mathrm{Re}[\dot{U}_k \mathrm{e}^{\mathrm{j}\omega t}]$$

$$= \sqrt{2}\, \mathrm{Re}\Big[\sum_{k=1}^{m} \pm \dot{U}_k \mathrm{e}^{\mathrm{j}\omega t}\Big] = 0$$

$$\sum_{k=1}^{m} \pm \dot{U}_k = 0$$

$$\sum_{k=1}^{n} \pm \dot{I}_k = \sum_{k=1}^{n} \pm I_k \angle \varphi_{ik} = 0$$

(3.6.27)

$$\sum_{k=1}^{m} \pm \dot{U}_k = \sum_{k=1}^{m} \pm U_k \angle \varphi_{uk} = 0$$

由此可见：

(1) 电流/电压相量满足 KCL/KVL；

(2) 电流/电压有效值或振幅不满足 KCL/KVL。

例 3.18 在正弦稳态 *RLC* 串联电路中，$u_S = 10\sqrt{2}\cos(\omega t)$(V)，$u_L = 3\sqrt{2}\sin(\omega t)$(V)，$u_C = 15\sqrt{2}\cos(\omega t + 180°)$(V)，求 u_R。

解：$u_S = 10\sqrt{2}\cos(\omega t)$

则 $\dot{U}_S = 10\angle 0°$(V)

$u_L = 3\sqrt{2}\sin(\omega t) = 3\sqrt{2}\cos(\omega t - 90°)$

则 $\dot{U}_L = 3\angle -90°$(V)

$u_C = 15\sqrt{2}\sin(\omega t + 180°) = 15\sqrt{2}\cos(\omega t + 90°)$

则 $\dot{U}_C = 15\angle 90°$(V)

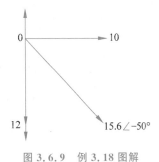

$$\dot{U}_R = \dot{U}_S - \dot{U}_L - \dot{U}_C = 10\angle 0° - 3\angle -90° - 15\angle 90°$$
$$= 10 + \mathrm{j}3 - \mathrm{j}15 = 10 - \mathrm{j}12 = 15.6\angle -50°\text{(V)}$$

$$u_R = 15.6\sqrt{2}\cos(\omega t - 50°)\text{(V)}$$

图 3.6.9 例 3.18 图解

图解如图 3.6.9 所示。

3.7 正弦稳态电路的相量分析

3.7.1 正弦稳态电路相量分析的基本方法

(1) 正弦稳态电路的相量模型。

① 电路结构不变；

② 电压和电流变为电压相量和电流相量，参考方向不变；

③ 元件参数改变，*RLC* 参数变为阻抗参数，电压源和电流源变为电压源相量和电流

源相量,参考方向不变。

（2）根据元件的相量模型和基尔霍夫定律的相量形式列写相量方程,求出电压相量和电流相量。

（3）由所求出的电压相量和电流相量得到相应的正弦电压和正弦电流。

例 3.19 如图 3.7.1 所示正弦稳态电路中,已知 $u_S=\sqrt{2}\cos(\omega t)(V)$,求 ω 分别为 200rad/s、1000rad/s 时的 i。

图解如图 3.7.2 所示。

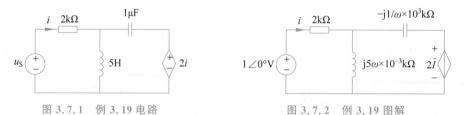

图 3.7.1　例 3.19 电路　　　　　　　　图 3.7.2　例 3.19 图解

解：根据正弦稳态电路的相量模型,列写相量方程并求解:

$$2\dot{I}+j5\omega\times10^{-3}(\dot{I}-\dot{I}_C)=1\angle0°$$

$$-j1/\omega\times10^3\dot{I}_C+2\dot{I}+j5\omega\times10^{-3}(\dot{I}_C-\dot{I})=0$$

当 $\omega=200$rad/s 时,有

$$2\dot{I}+j1(\dot{I}-\dot{I}_C)=1\angle0°$$

$$-j5\dot{I}_C+2\dot{I}+j1(\dot{I}_C-\dot{I})=0$$

$$(2+j1)\dot{I}-j1\dot{I}_C=1$$

$$(2-j1)\dot{I}-j4\dot{I}_C=0$$

$$\dot{I}=\frac{4}{6+j5}=\frac{4\angle0°}{7.81\angle39.8°}=0.51\angle-39.8°(mA)$$

当 $\omega=1000$rad/s 时,有

$$2\dot{I}+j5(\dot{I}-\dot{I}_C)=1\angle0°$$

$$-j1\dot{I}_C+2\dot{I}+j5(\dot{I}_C-\dot{I})=0$$

$$(2+j5)\dot{I}-j5\dot{I}_C=1$$

$$(2-j5)\dot{I}+j4\dot{I}_C=0$$

$$\dot{I}=\frac{4}{18-j5}=\frac{4\angle0°}{18.68\angle-15.5°}=0.21\angle15.5°(mA)$$

相应的正弦量:

当 $\omega=200$rad/s 时,有

$$i=0.51\sqrt{2}\cos(200t-39.8°)(mA)$$

当 $\omega = 1000\,\mathrm{rad/s}$ 时,有

$$i = 0.21\sqrt{2}\cos(1000t + 15.5°)\,(\mathrm{mA})$$

3.7.2 正弦稳态电路相量分析中叠加定理的应用

在正弦稳态电路相量分析中运用叠加定理,只需要做对应的改变即可。独立电源单独作用变为独立电源相量单独作用,电路变为电路相量模型(角频率不同阻抗参数不同),电压/电流分量变为电压/电流相量分量。

例 3.20 如图 3.7.3 所示稳态电路中,已知 $u_{S1} = 3\mathrm{V}$,$u_{S2} = 4\sqrt{2}\sin(2000t)\,(\mathrm{V})$,求 i。

解: 当 $u_{S1} = 3\mathrm{V}$ 单独作用时,稳态电路的相量模型(电路)如图 3.7.4 所示。

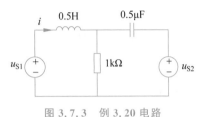

图 3.7.3 例 3.20 电路

列写相量方程(时域方程)并求解:

$$i_1 = 3/1 = 3\,(\mathrm{mA})$$

当 $u_{S2} = 4\sqrt{2}\sin(2000t)\,(\mathrm{V})$ 单独作用时,稳态电路的相量模型(电路)如图 3.7.5 所示。

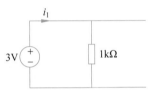

图 3.7.4 例 3.20 图解(1)

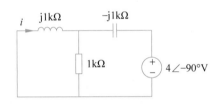

图 3.7.5 例 3.20 图解(2)

列写相量方程并求解:

$$\dot{I}_2 = \frac{-1}{1 + j1} \times \frac{4\angle -90°}{-j1 + \dfrac{j1}{1 + j1}} = \frac{4\angle 90°}{-j1(1 + j1) + j1} = 4\angle 90°\,(\mathrm{mA})$$

相应的正弦量:

$$i_2 = 4\sqrt{2}\cos(2000t + 90°)\,(\mathrm{mA})$$

叠加:

$$i = i_1 + i_2 = 3 + 4\sqrt{2}\cos(2000t + 90°)\,(\mathrm{mA})$$

3.7.3 正弦稳态电路相量分析中戴维南定理和诺顿定理的应用

同理,在正弦稳态电路相量分析中运用戴维南定理和诺顿定理,做对应的变换即可。电路变为电路相量模型,单口模型变为单口相量模型,开路电压/短路电流变为开路电压相量/短路电流相量,等效电阻变为等效阻抗,戴维南/诺顿等效电路变为戴维南/诺顿等效相量模型。

例 3.21 如图 3.7.6 所示正弦稳态电路中,已知 $u_S = \sqrt{2}\cos(\omega t)\,(\mathrm{V})$,求 ω 分别为

200rad/s、1000rad/s 时的 i。

解：2kΩ 电阻支路之外有源单口的相量模型如图3.7.7所示。

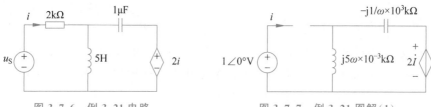

图 3.7.6　例 3.21 电路　　　　　　图 3.7.7　例 3.21 图解（1）

求 N 的开路电压相量 $\dot{U}_{\mathrm{oc}}$ 时 $\dot{I}=0$，如图3.7.8所示。

$$\dot{U}_{\mathrm{oc}}=1\angle 0°(\mathrm{V})$$

运用外接电源法求 N→N₀ 的等效阻抗 Z_0，加 $\dot{U}$ 求 $\dot{I}$，如图3.7.9所示。

$$\dot{I}=\frac{\dot{U}}{\mathrm{j}5\omega\times 10^{-3}}+\frac{\dot{U}-2\dot{I}}{-\mathrm{j}1/\omega\times 10^{3}}$$

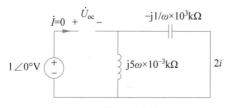
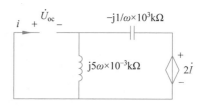

图 3.7.8　例 3.21 图解（2）　　　　图 3.7.9　例 3.21 图解（3）

当 $\omega=200\mathrm{rad/s}$ 时，有

$$\dot{I}=\frac{\dot{U}}{\mathrm{j}1}+\frac{\dot{U}-2\dot{I}}{-\mathrm{j}5}$$

$$Z_0=\frac{\dot{U}}{\dot{I}}=\frac{-2+\mathrm{j}5}{4}=-0.5+\mathrm{j}1.25(\mathrm{k}\Omega)$$

当 $\omega=1000\mathrm{rad/s}$ 时，有

$$\dot{I}=\frac{\dot{U}}{\mathrm{j}5}+\frac{\dot{U}-2\dot{I}}{-\mathrm{j}1}$$

$$Z_0=\frac{\dot{U}}{\dot{I}}=\frac{10-\mathrm{j}5}{4}=2.5-\mathrm{j}1.25(\mathrm{k}\Omega)$$

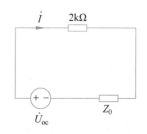

图 3.7.10　例 3.21 图解（4）

单回路电路的相量模型如图3.7.10所示。

当 $\omega=200\mathrm{rad/s}$ 时，有

$$\dot{I}=\frac{\dot{U}_{\mathrm{oc}}}{2+Z_0}=\frac{1\angle 0°}{2-0.5+\mathrm{j}1.25}=\frac{1\angle 0°}{1.5+\mathrm{j}1.25}=\frac{1\angle 0°}{1.95\angle 39.8°}$$

$$=0.51\angle -39.8°(\mathrm{mA})$$

当 $\omega = 1000\mathrm{rad/s}$ 时,有

$$\dot{I} = \frac{\dot{U}_{\mathrm{oc}}}{2+Z_0} = \frac{1\angle 0°}{2+2.5-\mathrm{j}1.25} = \frac{1\angle 0°}{4.5-\mathrm{j}1.25} = \frac{1\angle 0°}{4.67\angle -15.5°}$$

$$= 0.21\angle 15.5°(\mathrm{mA})$$

相应的正弦量:

当 $\omega = 200\mathrm{rad/s}$ 时,有

$$i = 0.51\sqrt{2}\cos(200t - 39.8°)(\mathrm{mA})$$

当 $\omega = 1000\mathrm{rad/s}$ 时,有

$$i = 0.21\sqrt{2}\cos(1000t + 15.5°)(\mathrm{mA})$$

3.7.4 正弦稳态电路相量分析中的节点分析法

在正弦稳态电路相量分析中运用节点分析法,只需要做出对应的变量变换即可。电路变为电路相量模型,节点电压变为节点电压相量,自电导变为自导纳,互电导变为互导纳,电源变为电源相量,节点方程变为节点相量方程。

例 3.22 如图 3.7.11 所示正弦稳态电路中,已知 $u_{\mathrm{S}} = \sqrt{2}\cos(\omega t)(\mathrm{V})$,求 ω 分别为 $200\mathrm{rad/s}$、$1000\mathrm{rad/s}$ 时的 i。

解: 根据正弦稳态电路的相量模型,设参考节点和节点电压相量如图 3.7.12 所示,受控电源相量的控制量转换为 $\dot{I} = (\dot{U}_1 - \dot{U}_2)/2$,节点 1 和节点 3 电压相量确定:

$$\dot{U}_1 = 1\angle 0°(\mathrm{V}), \qquad \dot{U}_3 = 2\dot{I} = \dot{U}_1 - \dot{U}_2$$

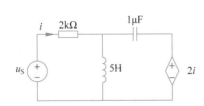

图 3.7.11 例 3.22 电路

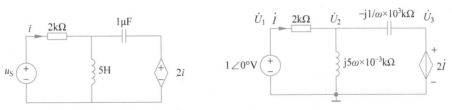

图 3.7.12 例 3.22 图解

节点 2 的节点相量方程:

$$-\frac{1}{2}\dot{U}_1 + \left(\frac{1}{2} + \mathrm{j}\left(\omega \times 10^{-3} - \frac{1}{5\omega} \times 10^3\right)\right)\dot{U}_2 - \mathrm{j}\omega \times 10^{-3}\dot{U}_3 = 0$$

$$\dot{U}_2 = \frac{\frac{1}{2} + \mathrm{j}\omega \times 10^{-3}}{\frac{1}{2} + \mathrm{j}\left(2\omega \times 10^{-3} - \frac{1}{5\omega} \times 10^3\right)}$$

当 $\omega = 200\mathrm{rad/s}$ 时,有

$$\dot{U}_2 = \frac{0.5+\mathrm{j}0.2}{0.5+\mathrm{j}(0.4-1)} = \frac{0.5+\mathrm{j}0.2}{0.5-\mathrm{j}0.6} = \frac{0.539\angle 21.8°}{0.781\angle -50.2°} = 0.69\angle 72°(\mathrm{V})$$

$$\dot{I} = \frac{\dot{U}_1 - \dot{U}_2}{2} = \frac{1\angle 0° - 0.69\angle 72°}{2} = \frac{1 - 0.213 - j0.656}{2}$$

$$= 0.394 - j0.328 = 0.51\angle - 39.8°\,(\mathrm{mA})$$

当 $\omega = 1000\mathrm{rad/s}$ 时,有

$$\dot{U}_2 = \frac{0.5 + j1}{0.5 + j(2 - 0.2)} = \frac{0.5 + j1}{0.5 + j1.8} = \frac{1.118\angle 63.4°}{1.868\angle 74.5°} = 0.599\angle - 11.1°\,(\mathrm{V})$$

$$\dot{I} = \frac{\dot{U}_1 - \dot{U}_2}{2} = \frac{1\angle 0° - 0.599\angle - 11.1°}{2} = \frac{1 - 0.588 - j0.115}{2}$$

$$= 0.206 - j0.058 = 0.21\angle - 15.7°\,(\mathrm{mA})$$

相应的正弦量:

当 $\omega = 200\mathrm{rad/s}$ 时,有

$$i = 0.51\sqrt{2}\cos(200t - 39.8°)\,(\mathrm{mA})$$

当 $\omega = 1000\mathrm{rad/s}$ 时,有

$$i = 0.21\sqrt{2}\cos(1000t + 15.7°)\,(\mathrm{mA})$$

3.8 正弦稳态电路的频率特性

3.8.1 正弦稳态电路的传递函数与频率特性

正弦稳态电路的传递函数是输出相量与输入相量的比值,是关于频率的函数。频率特性是传递函数的幅值和相位与频率的关系。幅频特性是传递函数的幅值与频率的关系,相频特性是传递函数的相位与频率的关系。

3.8.2 一阶低通特性

例 3.23 求如图 3.8.1 所示一阶 RC 正弦稳态电路的频率特性。

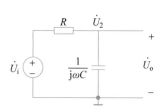

图 3.8.1 一阶低通电路

$$\dot{A}_u = \frac{\dot{U}_o}{\dot{U}_i} = \frac{\dfrac{1}{j\omega C}}{R + \dfrac{1}{j\omega C}} \tag{3.8.1}$$

$$= \frac{1}{1 + j\omega RC} = \frac{1}{1 + j2\pi f RC}$$

设 $A_u = 1$, $f_0 = \dfrac{1}{2\pi RC}$,则有

$$\dot{A}_u = \frac{A_u}{1 + j\dfrac{f}{f_0}} \tag{3.8.2}$$

幅频特性:

$$|\dot{A}_u| = \frac{|A_u|}{\sqrt{1+\left(\dfrac{f}{f_0}\right)^2}} \qquad (3.8.3)$$

相频特性：

$$\varphi = 0° - \arctan\left(\frac{f}{f_0}\right) \qquad (3.8.4)$$

1. 定性分析

当 $f \ll f_0$ 时,有

$$|\dot{A}_u| \rightarrow |A_u| = 1, \quad \varphi \rightarrow 0°$$

当 $f = f_0$ 时,有

$$|\dot{A}_u| = \frac{|A_u|}{\sqrt{2}} = \frac{1}{\sqrt{2}}, \quad \varphi = 0° - \arctan 1 = -45°$$

当 $f \gg f_0$ 时,有

$$|\dot{A}_u| \rightarrow 0, \quad \varphi \rightarrow -90°$$

一阶低通特性(一阶滞后特性)。

2. 波特图分析

横坐标 f 采用对数尺度、纵坐标采用线性尺度所构成坐标系下的幅频特性曲线和相频特性曲线称为波特图。

$$20\lg|\dot{A}_u| = 20\lg|A_u| - 10\lg\left[1+\left(\frac{f}{f_0}\right)^2\right]$$

$$= \begin{cases} 20\lg 1 - 10\lg 1 = 0, f \ll f_0 \\ 20\lg 1 - 10\lg 2 = -3, f = f_0 \\ 20\lg 1 - 20\lg\left(\dfrac{f}{f_0}\right) = -20\lg\left(\dfrac{f}{f_0}\right), \quad f \gg f_0 \end{cases} \qquad (3.8.5)$$

一阶低通幅频特性波特图如图 3.8.2 所示。

$$\varphi = 0° - \arctan\left(\frac{f}{f_0}\right) = \begin{cases} 0°, & f \ll f_0 \\ 0° - \arctan 1 = -45°, & f = f_0 \\ -90°, & f \gg f_0 \end{cases} \qquad (3.8.6)$$

一阶低通相位波特图如图 3.8.3 所示。

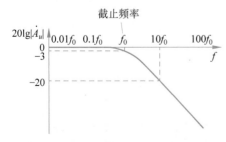

图 3.8.2 一阶低通放大倍数波特图

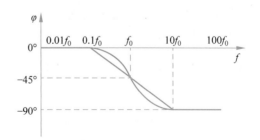

图 3.8.3 一阶低通相位波特图

3.8.3 一阶高通特性

例 3.24 求如图 3.8.4 所示图示一阶 RC 正弦稳态电路的频率特性。

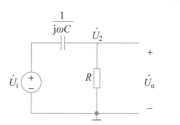

图 3.8.4 一阶高通电路

$$\dot{A}_u = \frac{\dot{U}_o}{\dot{U}_i} = \frac{R}{R + \frac{1}{j\omega C}} = \frac{1}{1 + \frac{1}{j\omega RC}}$$

$$= \frac{1}{1 - j\frac{1}{2\pi f RC}} \tag{3.8.7}$$

设 $A_u = 1$，$f_0 = \frac{1}{2\pi RC}$，则有

$$\dot{A}_u = \frac{A_u}{1 - j\frac{f_0}{f}} \tag{3.8.8}$$

幅频特性：

$$|\dot{A}_u| = \frac{|A_u|}{\sqrt{1 + \left(\frac{f_0}{f}\right)^2}} \tag{3.8.9}$$

相频特性：

$$\varphi = 0° - \arctan\left(-\frac{f_0}{f}\right) \tag{3.8.10}$$

1. 定性分析

当 $f \ll f_0$ 时，有

$$|\dot{A}_u| \to 0, \quad \varphi \to 0°$$

当 $f = f_0$ 时，有

$$|\dot{A}_u| = \frac{|A_u|}{\sqrt{2}} = \frac{1}{\sqrt{2}}, \quad \varphi = 0° - \arctan(-1) = 45°$$

当 $f \gg f_0$ 时，有

$$|\dot{A}_u| \to |A_u| = 1, \quad \varphi \to 90°$$

一阶高通特性（一阶超前特性）。

2. 波特图分析

$$20\lg|\dot{A}_u| = 20\lg|A_u| - 10\lg\left[1 + \left(\frac{f_0}{f}\right)^2\right]$$

$$= \begin{cases} 20\lg 1 - 20\lg\left(\frac{f_0}{f}\right) = 20\lg\left(\frac{f}{f_0}\right), & f \ll f_0 \\ 20\lg 1 - 10\lg 2 = -3, & f = f_0 \\ 20\lg 1 - 10\lg 1 = 0, & f \gg f_0 \end{cases} \tag{3.8.11}$$

一阶高通幅频特性波特图如图 3.8.5 所示。

$$\varphi = 0° - \arctan\left(-\frac{f_0}{f}\right) = \begin{cases} 90°, & f \ll f_0 \\ 0° - \arctan(-1) = 45°, & f = f_0 \\ 0°, & f \gg f_0 \end{cases} \quad (3.8.12)$$

一阶低通相位波特图如图 3.8.6 所示。

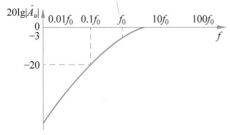

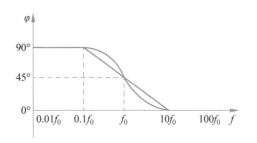

图 3.8.5　一阶高通幅频特性波特图　　　　图 3.8.6　一阶低通相位波特图

3.9 仿真：戴维南等效电路和诺顿等效电路

1. 实验要求与目的

(1) 求线性含源二端网络的戴维南等效电路或诺顿等效电路。

(2) 掌握戴维南定理及诺顿定理。

2. 实验原理

根据戴维南定理和诺顿定理,任何一个线性含源二端网络都可以等效为一个理想电压源与一个电阻串联的实际电压源形式或一个理想电流源与一个电阻并联的实际电流源形式。这个理想电压源的值等于二端网络端口处的开路电压,这个理想电流源的值等于二端网络两端口短路时的电流。这个电阻的值是将含源端网络中的独立源全部置 0 后,两端间的等效电阻。根据两种实际电源之间的互换规律,这个电阻实际上也等于开路电压与短路电流的比值。

3. 实验电路

含源二端线性网络如图 3.9.1 所示。

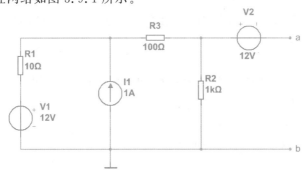

图 3.9.1　含源二端线性网络

4. 实验步骤

（1）在电路窗口中编辑图 3.9.2。其中，节点 a、b 的端点通过启动 Place 菜单中的 Place junction 命令获得；a、b 文字标识在启动 Place 菜单中的 Place Text 后，在确定位置输入所需的文字即可。

（2）从仪器栏中取出万用表，并设置到直流电压挡位，连接到 a、b 两端点，测量开路电压，测得开路电压 $U_{ab} = 7.820\mathrm{V}$，如图 3.9.2(a)所示。

（3）将万用表设置到直流电流挡位，测量短路电流 I_s，测得的短路电流 $I_s = 78.909\mathrm{mA}$，如图 3.9.2(b)所示。

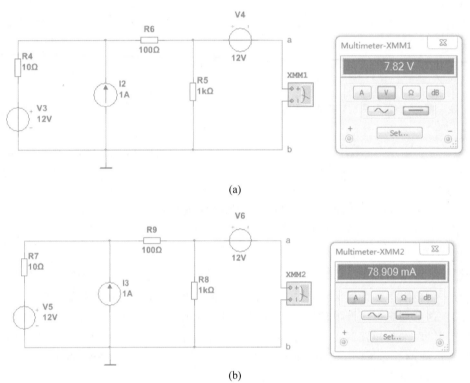

图 3.9.2 电路窗口编辑图（1）

（4）求二端网络的等效电阻。

方法一：通过测得的开路电压和短路电流，可求得该二端网络的等效电阻。

$$R_0 = \frac{U_{ab}}{I_s} = \frac{7.820}{78.909} = 0.0991\mathrm{k\Omega} = 99.1\Omega$$

方法二：将二端网络中所有独立源置 0，即电压源用短路代替，电流源用开路代替，直接用万用表的欧姆挡测量 a、b 两端点之间的电阻。测得 $R_0 = 99.099 \approx 99.1\Omega$，如图 3.9.3 所示。

（5）画出等效电路。戴维南等效电路如图 3.9.4(a)所示，诺顿等效电路如图 3.9.4(b)所示。

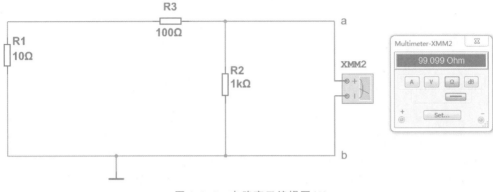

图 3.9.3 电路窗口编辑图(2)

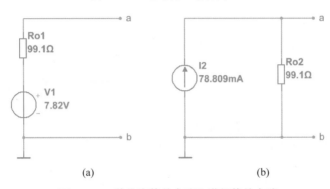

(a)   (b)

图 3.9.4 戴维南等效电路和诺顿等效电路

习题

3.1 电路如图 P3.1 所示,求:

(a) 图中网络可以写多少个线性独立的 KVL 方程?

(b) 图中网络可以写多少个线性独立的 KCL 方程?

(c) 写出网络的一组 KVL 和 KCL 方程。

3.2 运用叠加定理,求图 P3.2 所示电路的 U_O。

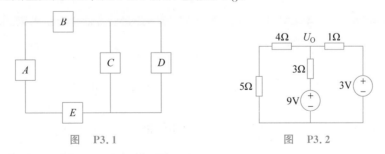

图 P3.1   图 P3.2

3.3 运用叠加定理,求图 P3.3 所示电路的 U_O。

3.4 图 P3.4 电路中两个电路等效,即端口处有相同的 U、I 关系。求 U_T、R_T。

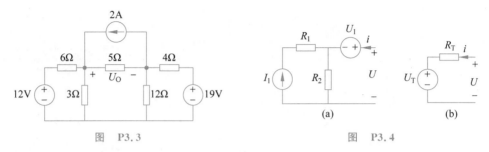

图　P3.3　　　　　　　图　P3.4

3.5　求如图 P3.5 所示电路的戴维南等效电路。

3.6　求如图 P3.6 所示电路 aa′接线端对左侧网络的戴维南等效电路。

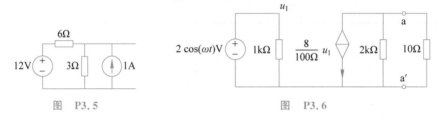

图　P3.5　　　　　　　图　P3.6

3.7　求如图 P3.7 所示电路的诺顿等效电路。

3.8　求如图 P3.8 所示电路的诺顿等效电路。

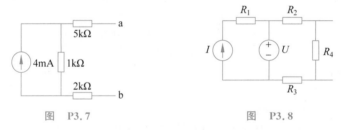

图　P3.7　　　　　　　图　P3.8

3.9　求图 P3.9 所示电路 aa′接线端对左侧网络的诺顿等效电路。

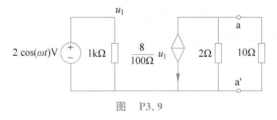

图　P3.9

3.10　求如图 P3.10 所示电路的时间常数和截止频率。其中 $R_S=1\text{k}\Omega$，$R_P=10\text{k}\Omega$，$C_S=1\mu\text{F}$。

3.11　求如图 P3.11 所示电路的时间常数和截止频率。其中 $R_S=1\text{k}\Omega$，$R_P=10\text{k}\Omega$，$C_P=3\text{pF}$。

3.12　如图 P3.12 所示电路，其中 $R_S=4.7\text{k}\Omega$，$R_P=25\text{k}\Omega$，$C_P=120\text{pF}$，求截止频率 f_H。

3.13　求图 P3.13 所示电路的截止频率和带宽。其中 $R_S=1\text{k}\Omega$，$R_P=10\text{k}\Omega$，$C_S=1\mu\text{F}$，$C_P=3\text{pF}$。

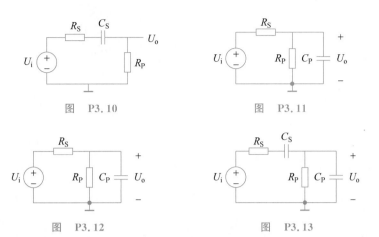

图　P3.10　　　　　　　　图　P3.11

图　P3.12　　　　　　　　图　P3.13

3.14 如图 P3.14 所示电路,已知 $U_1=40\mathrm{V}$, $U_2=75\mathrm{V}$, $R_1=20\mathrm{k\Omega}$, $R_2=60\mathrm{k\Omega}$, $R_3=8\mathrm{k\Omega}$, $R_4=40\mathrm{k\Omega}$, $R_5=160\mathrm{k\Omega}$, $C=0.25\mu\mathrm{F}$, 开关闭合 1 端为时已经很久,在 $t=0$ 时开关转向 2 端,试求在 $t\geqslant0$ 时的电容电压 $u_C(t)$。

3.15 已知正弦电流 $i_1(t)=20\cos(\omega t-30°)\mathrm{A}$, $i_2(t)=40\cos(\omega t+60°)\mathrm{A}$, 且 $i_3(t)=i_1(t)+i_2(t)$, 试求 $i_3(t)$ 的相量。

3.16 如图 P3.16 所示电路,已知 $u_S=750\cos(5000t+30°)\mathrm{V}$, $R=90\Omega$, $L=32\mathrm{mH}$, $C=5\mu\mathrm{F}$, 试用相量法求稳态电流 i。

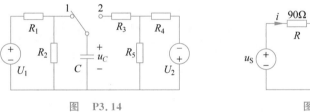

图　P3.14

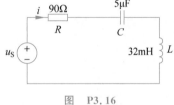

图　P3.16

第 4 章

基本放大电路

4.1 放大电路的性能指标

4.1.1 放大和放大电路

放大器大量存在于人们日常生活的各种电器中,如立体声音响、扬声器和移动电话等。放大器可表示为图4.1.1所示的三端口器件,一个输入端口、一个输出端口和一个电源端口。每个端口包含两个接线端。输入信号(电压或电流)施加在输入端口,放大后的信号(电压或电流)出现在输出端。由于内部结构不同,放大器可能放大输入电流,也可能放大输入电压,或者二者都放大。在输入信号的作用下,通过放大电路将直流电源的能量转换成负载所获得的能量,使负载从电源获得的能量大于信号源所提供的能量。因此,电子电路放大的基本特征是功率放大。能提供功率增益的器件才可称为放大器。

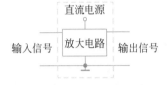

图 4.1.1 放大器示意图

放大的前提是不失真,即只有在不失真的情况下放大才有意义。晶体管和场效应管是放大电路的核心元件,只有它们工作在合适的区域(晶体管工作在放大区,场效应管工作在饱和区),才能使输出量与输入量始终保持线性关系,即电路才不会产生失真。

4.1.2 放大电路的性能指标

图4.1.2为放大电路的示意图。任何一个放大电路都可以看成一个双口网络,左边为输入端口,当内阻为r_S的正弦波信号源u_S作用时,放大电路得到输入电压u_i,同时产生输入电流i_i;右边为输出端口,输出电压为u_o,输出电流为i_o,R_L为负载电阻。不同放大电路在u_S和R_L相同的条件下,i_i、u_o、i_o将不同,说明不同放大电路从信号源索取的电流不同,且对同样的信号的放大能力也

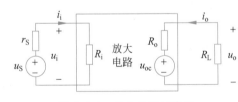

图 4.1.2 放大电路示意图

不同;同一放大电路在幅值相同、频率不同的u_S作用下,u_o也将不同,即对不同频率的信号同一放大电路的放大能力也存在差异。为了反映放大电路的各方面的性能,引出如下主要指标。

1. 输入电阻

放大电路与信号源相连接就成为信号源的负载,必然从信号源索取电流,电流的大小表明放大电路对信号源的影响程度。如图4.1.3所示,输入电阻R_i是从放大电路输入端看进去的等效电阻,定义为输入电压有效值u_i和输入电流有效值i_i之比,即

$$R_i = \frac{u_i}{i_i} \tag{4.1.1}$$

R_i越大,表明放大电路从信号源索取的电流越小,放大电路所得到的输入电压u_i越接近信号源电压u_S。换言之,信号源内阻的压降越小,信号电压损失越小。然而,若信号源内阻r_S是常量,为使输入电流大一些,则应使R_i小一些。因此,放大电路输入电阻的

大小要视需要而设计。

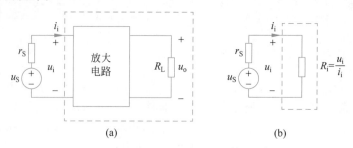

图 4.1.3　输入电阻 R_i 示意图

2. 输出电阻

任何放大电路的输出都可以等效成一个有内阻的电压源,从放大电路输出端看进去的等效内阻称为输出电阻 R_o。如图 4.1.4 所示,u_{oc} 为空载时输出电压的有效值,u_o 为带负载后输出电压的有效值,因此

$$u_o = \frac{R_L}{R_o + R_L} u_{oc} \tag{4.1.2}$$

输出电阻为

$$R_o = \left(\frac{u_{oc}}{u_o} - 1\right) R_L \tag{4.1.3}$$

R_o 越小,负载电阻 R_L 变化时,u_o 的变化越小,放大电路的带负载能力越强。然而,若要使负载电阻获得的信号电流大一些,则放大电路的输出电阻就应当大一些。因此放大电路输出电阻的大小要视负载的需要而设计。

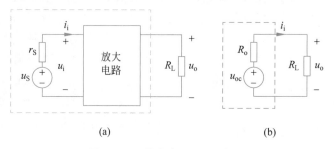

图 4.1.4　输出电阻 R_o 示意图

3. 放大倍数

空载放大倍数是衡量放大电路不带负载时放大能力的指标,其值为输出 u_{oc} 或 i_{sc} 与输入量 $x_i(u_i$ 或 $i_i)$ 之比。

空载电压放大倍数是空载输出电压 u_{oc} 与输入电压 u_i 之比,即

$$A_{uoc} = \frac{u_{oc}}{u_i} \tag{4.1.4}$$

空载互阻放大倍数是空载输出电压 u_{oc} 与输入电流 i_i 之比,即

$$A_{roc} = \frac{u_{oc}}{i_i} \tag{4.1.5}$$

空载跨导放大倍数是输出短路电流 i_{sc} 与输入电压 u_i 之比，即

$$A_{gsc} = \frac{i_{sc}}{u_i} \tag{4.1.6}$$

空载电流放大倍数是输出短路电流 i_{sc} 与输入电流 i_i 之比，即

$$A_{isc} = \frac{i_{sc}}{i_i} \tag{4.1.7}$$

根据式(4.1.4)～式(4.1.7)，可以得到如图 4.1.5 所示的四种放大电路的模型。

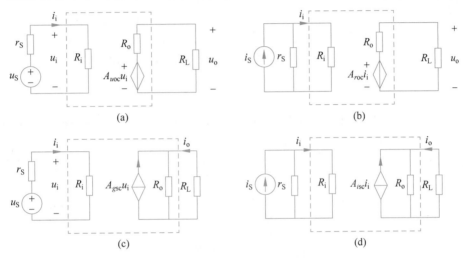

图 4.1.5　四种放大电路模型

放大倍数是衡量放大电路在带负载时放大能力的指标，其值为输出量 x_o（u_o 或 i_o）与输入量 x_i（u_i 或 i_i）之比。

电压放大倍数是输出电压 u_o 与输入电压 u_i 之比，即

$$A_u = \frac{u_o}{u_i} \tag{4.1.8}$$

互阻放大倍数是输出电压 u_o 与输入电流 i_i 之比，即

$$A_r = \frac{u_o}{i_i} \tag{4.1.9}$$

跨导放大倍数是输出电流 i_o 与输入电压 u_i 之比，即

$$A_g = \frac{i_o}{u_i} \tag{4.1.10}$$

电流放大倍数是输出电流 i_o 与输入电流 i_i 之比，即

$$A_i = \frac{i_o}{i_i} \tag{4.1.11}$$

源放大倍数是衡量放大电路在带负载时输出对于信号源的放大能力的指标，其值为

输出量 $x_o(u_o$ 或 $i_o)$ 与信号源 $x_S(u_S$ 或 $i_S)$ 之比。源放大倍数是以上三个倍数的综合,反映了三个性能的综合指数。

源电压放大倍数是输出电压 u_o 与电压源 u_S 之比,即

$$A_{us} = \frac{u_o}{u_S} \qquad (4.1.12)$$

源互阻放大倍数是输出电压 u_o 与电流源 i_S 之比,即

$$A_{rs} = \frac{u_o}{i_S} \qquad (4.1.13)$$

源跨导放大倍数是输出电流 i_o 与电压源 u_S 之比,即

$$A_{gs} = \frac{i_o}{u_S} \qquad (4.1.14)$$

源电流放大倍数是输出电流 i_o 与电流源 i_S 之比,记作 A_{is},即

$$A_{is} = \frac{i_o}{i_S} \qquad (4.1.15)$$

由式(4.1.4)、式(4.1.12)以及 $u_i = [R_i/(R_S + R_i)]u_S$, $u_o = [R_L/(R_L + R_o)]u_{oc}$ 可得

$$A_{us} = \frac{R_i}{R_S + R_i} \frac{R_L}{R_o + R_L} A_{uoc} \qquad (4.1.16)$$

由式(4.1.7)、式(4.1.15)以及 $i_i = [R_S/(R_S + R_i)]i_S$, $i_o = -[R_o/(R_L + R_o)]i_{sc}$ 可得

$$A_{is} = -\frac{R_S}{R_S + R_i} \frac{R_o}{R_o + R_L} A_{isc} \qquad (4.1.17)$$

同理,可得

$$A_{rs} = \frac{R_S}{R_S + R_i} \frac{R_L}{R_o + R_L} A_{roc} \qquad (4.1.18)$$

$$A_{gs} = -\frac{R_i}{R_S + R_i} \frac{R_o}{R_o + R_L} A_{gsc} \qquad (4.1.19)$$

4. 通频带

通频带用于衡量放大电路对不同频率信号的放大能力。由于放大电路中电容、电感及半导体器件结电容等电抗元件的存在,在输入信号频率较低或较高时,放大倍数的数值会下降并产生相移。一般情况下,放大电路只适用于放大某一个特定频率范围内的信号。图 4.1.6 为某放大电路放大倍数的数值与信号频率的关系曲线,称为幅频特性曲线,图中 $\dot{A}_m$ 为中频放大倍数。

在信号频率下降到一定程度时,放大倍数的数值明显下降,使放大倍数的数值等于 $0.707|\dot{A}_m|$ 的频率称为下限截止频率 f_L。信号频率上升到一定程度,放大倍数数值也将减小,使放大倍数的数值等于 $0.707|\dot{A}_m|$ 的频率称为上限截止频率 f_H。$f < f_L$ 的部

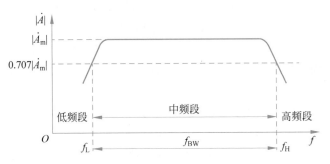

图 4.1.6　放大电路的幅频特性曲线

分称为放大电路的低频段，$f > f_H$ 的部分称为高频段，而 $f_L \sim f_H$ 之间形成的频带称为中频段，也称为放大电路的通频带 f_{BW}，即

$$f_{BW} = f_H - f_L \tag{4.1.20}$$

通频带越宽，表明放大电路对不同频率信号的适应能力越强。当频率趋近于零或无穷大时，放大倍数的数值趋近于零。对于扩音机，其通频带应宽于音频范围（20Hz～20kHz），才能完全不失真地放大声音信号。在实用电路中有时也希望频带尽可能窄，比如选频放大电路，从理论上讲，希望它只对单一频率的信号进行放大，以避免干扰和噪声的影响。

5. 最大输出电压有效值

最大输出电压有效值定义为当输入电压再增大就会使输出波形产生非线性失真时的输出电压有效值。其一般以 U_{om} 表示，也可以用峰-峰值电压表示，$U_{opp} = 2\sqrt{2} U_{om}$。

6. 最大输出功率

在输出信号不失真的情况下，负载上能够获得的最大功率称为最大输出功率 P_{om}。此时，输出电压达到最大不失真输出电压。

直流电源能量的利用率称为效率。设电源消耗的功率为 P_U，则效率等于最大输出功率 P_{om} 与 P_U 之比，即

$$\eta = \frac{P_{om}}{P_U} \tag{4.1.21}$$

总结：在分析放大电路时，应该着重关注电路的空载电压放大倍数 A_{uoc}、输入电阻 R_i 和输出电阻 R_o，因为这三个参数是放大电路模型内部的参数，与外部电路无关，是反映放大电路性能的最直接的参数。

4.2　共源放大电路

4.2.1　静态工作点

图 4.2.1 为共源放大电路。可以看到 NMOS 的源极接地，同时源极为输入端与输出端所共有，电容 C_1、C_2 是耦合电容，该电路为电容耦合电路。

利用叠加定理,可将 MOSFET 的直流分析和交流分析分开来处理,过程如下:

(1) 分析仅含直流源的电路,也就是进行静态工作点分析。晶体管必须偏置在饱和区才能线性放大。

(2) 将电路中的每个成分用小信号等效模型替换,也就是说将晶体管用它的小信号等效电路替换。

(3) 分析小信号等效电路,将所有直流源置 0 来得到时变输入信号下电路的响应。处于中频段时,电容近似短路,电感近似开路。

图 4.2.2 所示的共源放大电路中,可以依靠 R_{g1} 与 R_{g2} 对电源 U_{DD} 的分压来设置偏压,所以该电路称为分压式偏置电路。其直流通路和交流通路如图 4.2.3 所示,其中 $R_g = (R_{g1}//R_{g2}) + R_{g3} \approx R_{g3}$。

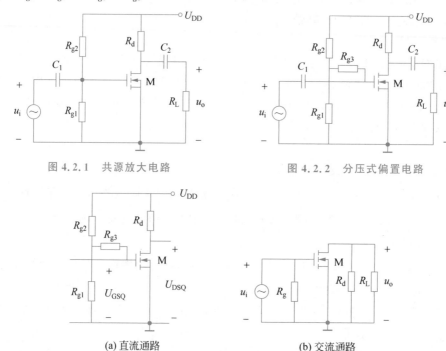

图 4.2.1　共源放大电路　　　　　　图 4.2.2　分压式偏置电路

(a) 直流通路　　　　　　　　　(b) 交流通路

图 4.2.3　共源放大电路

对图 4.2.3(a)进行静态分析时,可以将 MOSFET 抽象为两部分,左边部分开路,右边部分为 VCCS(压控电流源)与漏源电阻的并联,如图 4.2.4 所示。

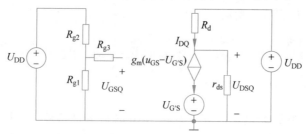

图 4.2.4　等效直流通路

根据图 4.2.4 可得

$$U_{\mathrm{GSQ}} = U_{\mathrm{G}} = \frac{R_{\mathrm{g1}}}{R_{\mathrm{g1}} + R_{\mathrm{g2}}} U_{\mathrm{DD}} \tag{4.2.1}$$

$$U_{\mathrm{G'S}} = \frac{U_{\mathrm{GSQ}} + U_{\mathrm{TN}}}{2} \tag{4.2.2}$$

跨导是联系输出电流与输入电压的传输系数,可以认为跨导是晶体管增益的体现。跨导也可以通过导数得到[参考式(2.7.4)]

$$g_{\mathrm{m}} = \frac{\partial i_{\mathrm{D}}}{\partial u_{\mathrm{GS}}} \bigg|_{u_{\mathrm{GS}} = U_{\mathrm{GSQ}} = \mathrm{const}} = \frac{2I_{\mathrm{DO}}}{U_{\mathrm{TN}}} \left(\frac{U_{\mathrm{GSQ}}}{U_{\mathrm{TN}}} - 1 \right) \tag{4.2.3}$$

$$I_{\mathrm{DQ}} = g_{\mathrm{m}} (u_{\mathrm{GS}} - U_{\mathrm{G'S}}) \tag{4.2.4}$$

在 r_{ds} 两端做戴维南等效替换,开路电压为

$$U'_{\mathrm{DD}} = \frac{r_{\mathrm{ds}}}{r_{\mathrm{ds}} + R_{\mathrm{d}}} U_{\mathrm{DD}} \approx U_{\mathrm{DD}}$$

等效电阻为

$$R'_{\mathrm{d}} = R_{\mathrm{d}} \ /\!/ \ r_{\mathrm{ds}}, \quad r_{\mathrm{ds}} \gg R_{\mathrm{d}}$$

所以有 $R'_{\mathrm{d}} \approx R_{\mathrm{d}}$。因此

$$U_{\mathrm{DSQ}} = U_{\mathrm{DD}} - I_{\mathrm{DQ}} R_{\mathrm{d}} \tag{4.2.5}$$

4.2.2 基本性能

1. 小信号等效电路

图 4.2.5 为 NMOS 共源电路,一个直流源和一个时变电压源串联构成了信号源。假设时变输入信号是正弦信号,为了使输出电压关于输入呈线性,晶体管必须偏置在饱和区(注意,虽然分析中主要用的是增强型 NMOS,但是对于其他类型的 MOSFET 结论是一样的)。

总的栅源电压是 U_{GSQ} 与 u_{i} 的和。随着 u_{i} 增加,u_{GS} 的瞬时值增加。更大的 u_{GS} 意味着更大的漏电流和更小的 u_{DS},更小的 u_{GS} 意味着更小的漏电流和更大的 u_{DS}。现在,要建立一个小信号等效模型。图 4.2.5 中的时变信号源 u_{i} 产生了栅源电压中的交流成分。在这种情况下,令 $u_{\mathrm{gs}} = u_{\mathrm{i}}$,$u_{\mathrm{gs}}$ 就是栅源电压的交流成分。为了使 FET 线性放大,晶体管必须偏置在饱和区,漏电流和漏源电压的瞬时值也必须限制在饱和区。

只要放大器保持线性,在输入端输入正弦信号,在输出端就会得到正弦信号。就 FET 放大器来说,输出信号必须避免截止($i_{\mathrm{D}} = 0$)并且必须始终工作在饱和区($u_{\mathrm{DS}} > u_{\mathrm{DS(sat)}}$)。

由图 4.2.5 可得,瞬时栅源电压为

$$u_{\mathrm{GS}} = U_{\mathrm{GSQ}} + u_{\mathrm{i}} = U_{\mathrm{GSQ}} + u_{\mathrm{gs}} \tag{4.2.6}$$

式中:U_{GSQ} 为直流成分;u_{gs} 为交流成分。

瞬时漏电流为

$$i_{\mathrm{D}} = I_{\mathrm{DO}} \left(\frac{u_{\mathrm{GS}}}{U_{\mathrm{TN}}} - 1 \right)^2 \tag{4.2.7}$$

式(4.2.7)已经给出晶体管偏置在饱和区的漏电流和栅源电压的关系,关系曲线如图 4.2.6 所示,其中跨导 g_m 与曲线的斜率相等。如果时变信号 u_{gs} 足够小,跨导 g_m 就是常数。Q 点在饱和区,晶体管就成为由 u_{gs} 线性控制的电流源。如果 Q 点移动到非饱和区,晶体管就不再是由 u_{gs} 线性控制的电流源。

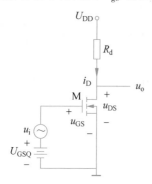

图 4.2.5　NMOS 共源电路

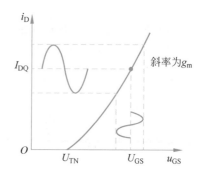

图 4.2.6　漏电流与栅源电压关系曲线

2. 交流等效电路

由图 4.2.5 可得输出电压为

$$u_o = u_{DS} = U_{DD} - i_D R_d \tag{4.2.8}$$

所以可得

$$u_o = U_{DD} - (I_{DQ} + i_d)R_d = (U_{DD} - I_{DQ}R_d) - i_d R_d \tag{4.2.9}$$

这个输出电压同样由直流分量和交流分量组成。时变输出信号为时变漏源电压。

$$u_o = u_{ds} = -i_d R_d \tag{4.2.10}$$

另外,工作在饱和区中的晶体管漏电流的交流部分 $i_d = g_m u_{gs}$。

归纳起来,图 4.2.5 中的时变信号存在下列关系:

$$u_{gs} = u_i \tag{4.2.11}$$

$$i_d = g_m u_{gs} \tag{4.2.12}$$

$$u_{ds} = -i_d R_d \tag{4.2.13}$$

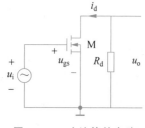

图 4.2.7　交流等效电路

通过将图 4.2.5 中的直流源置 0 可以得到图 4.2.7 所示的交流等效电路。小信号的关系已经由式(4.2.11)～式(4.2.13)给出。漏电流中交流的成分叠加在静态值上流经电压源 U_{DD}。因为直流源的电压被认为是恒定的,所以等效交流阻抗为零,或者说短路。因此在交流等效电路中,直流电压源为零。将连接 R_d 和 U_{DD} 的节点称为信号地。

假设信号频率足够低,晶体管的任何极间电容都可以被忽略,因此输入到栅极呈开路状态,或者说输入电阻无穷大。式(4.2.12)将小信号漏电流和小信号输入电压联系了起来。从式(4.2.3)可以知道,跨导 g_m 是 Q 点的函数。通过以上分析,可以建立如图 4.2.8 所示的 NMOS 小信号等效模型。

所得到小信号等效模型还能够被扩展,将偏置在饱和区的 MOSFET 有限的输出电阻考虑进去,这是 i_D 与 u_{DS} 的曲线斜率不为零的结果。小信号输出电阻同样是 Q 点的函数。

NMOS 扩展的小信号等效模型如图 4.2.9 所示。注意该等效模型是一个跨导放大电路,输入信号为电压,输出信号为电流。

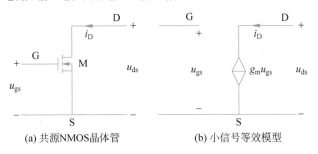
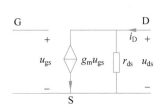

(a) 共源NMOS晶体管   (b) 小信号等效模型

图 4.2.8 NMOS 小信号等效模型

图 4.2.9 扩展的 NMOS 小信号等效模型

3. 交流小信号分析

图 4.2.1 的小信号等效电路如图 4.2.10 所示。

由图 4.2.10 可得

$$u_i = R_g i_i \tag{4.2.14}$$

则输入电阻为

$$R_i = \frac{u_i}{i_i} = R_g = (R_{g1} \ /\!/ \ R_{g2}) + R_{g3} \tag{4.2.15}$$

负载开路时的小信号等效电路如图 4.2.11 所示。

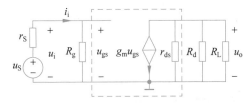
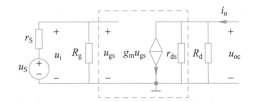

图 4.2.10 图 4.2.1 的小信号等效电路

图 4.2.11 负载开路时的小信号等效电路

负载开路时输出电压为

$$u_{oc} = -(r_{ds} \ /\!/ \ R_d) g_m u_{gs} \tag{4.2.16}$$

空载电压放大倍数为

$$A_{uoc} = \frac{u_{oc}}{u_i} = -g_m (r_{ds} \ /\!/ \ R_d) \approx -g_m R_d \tag{4.2.17}$$

计算输出电阻 R_o 时,注意负载应该看作开路。令 $u_S = 0$,则 $u_{gs} = 0$,$g_m u_{gs} = 0$。

因为

$$i_o = \frac{u_o}{r_{ds} \ /\!/ \ R_d} \tag{4.2.18}$$

所以

$$R_o = \frac{u_o}{i_o} = r_{ds} \mathbin{/\mkern-5mu/} R_d \approx R_d \qquad (4.2.19)$$

电路的放大倍数为

$$A_u = \frac{R_L}{R_o + R_L} A_{uoc}$$

$$= \frac{R_L}{(r_{ds} \mathbin{/\mkern-5mu/} R_d) + R_L} [-g_m(r_{ds} \mathbin{/\mkern-5mu/} R_d)] \qquad (4.2.20)$$

$$= -g_m(r_{ds} \mathbin{/\mkern-5mu/} R_d \mathbin{/\mkern-5mu/} R_L)$$

$$= -g_m(r_{ds} \mathbin{/\mkern-5mu/} R_L')$$

$$\approx -g_m R_L'$$

另外，也可以直接求 A_u：

$$u_i = u_{gs} \qquad (4.2.21)$$

$$u_o = -g_m u_{gs}(r_{ds} \mathbin{/\mkern-5mu/} R_d \mathbin{/\mkern-5mu/} R_L) = -g_m u_{gs}(r_{ds} \mathbin{/\mkern-5mu/} R_L') \qquad (4.2.22)$$

$$A_u = \frac{u_o}{u_i} = -g_m(r_{ds} \mathbin{/\mkern-5mu/} R_L') \approx -g_m R_L' \qquad (4.2.23)$$

根据式(4.1.8)和式(4.1.12)可以求得源电压放大倍数，即

$$A_{us} = \frac{R_i}{R_s + R_i} A_u$$

$$= \frac{R_{g3}}{R_s + R_{g3}}(-g_m R_L') \qquad (4.2.24)$$

$$\approx A_u$$

$$\approx -g_m R_L'$$

4.2.3 频率特性

1. 频域分析

电路的频率响应通常由复数频率 $j\omega$ 决定。每个电容的复数阻抗为 $1/j\omega C$，每个电感的复数阻抗为 $j\omega L$，则电路的等式就能由常规的方法推导出。在多种情况下考查系统级传输函数，这些函数将会呈现出比值的形式，例如，输出电压与输入电压之比（电压传输函数）或者输出电流与输入电压之比（跨导函数）。

一旦建立传输方程，就可以通过 $j\omega = j2\pi f$ 求出稳定的正弦激励的响应，然后把关于 $j\omega$ 的比例多项式转换成不同频率下的复数，复数又能换算为幅值和相位。

通常，频域的传输函数主要呈现出如下形式：

$$T(j\omega) = K \frac{(j\omega - z_1)(j\omega - z_2)\cdots(j\omega - z_m)}{(j\omega - p_1)(j\omega - p_2)\cdots(j\omega - p_n)} \qquad (4.2.25)$$

式中：K 为常数；$z_1, z_2, \cdots, z_m$ 为传输函数的零点；$p_1, p_2, \cdots, p_n$ 为传输函数的极点。

当复频率在零点即 $j\omega = z_i$ 时，传输函数为零；当复频率在极点即 $j\omega = p_i$ 时，传输函数为无穷大。通常，所得的传输函数 $T(j\omega)$ 是一个复函数，也就是说幅值和相位都是关

于频率的函数。

为了引入对晶体管电路频率响应的分析,首先观察图 4.2.12 和图 4.2.13 所示的电路。

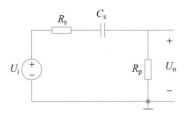

图 4.2.12 串联耦合电容电路

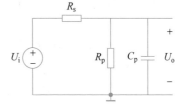

图 4.2.13 并联负载电容电路

图 4.2.12 所示电路的电压传输函数能够表示为分压器形式,即

$$\frac{U_o(j\omega)}{U_i(j\omega)} = \frac{R_p}{R_s + R_p + \dfrac{1}{j\omega C_s}} \tag{4.2.26}$$

式(4.2.26)也可以表示为

$$\frac{U_o(j\omega)}{U_i(j\omega)} = \frac{j\omega R_p C_s}{1 + j\omega(R_s + R_p)C_s} \tag{4.2.27}$$

从而可得

$$\frac{U_o(j\omega)}{U_i(j\omega)} = \left(\frac{R_p}{R_s + R_p}\right)\left[\frac{j\omega(R_s + R_p)C_s}{1 + j\omega(R_s + R_p)C_s}\right] = K\left(\frac{j\omega\tau_s}{1 + j\omega\tau_s}\right) \tag{4.2.28}$$

式中:τ_s 为时间常数,$\tau_s = (R_s + R_p)C_s$。

图 4.2.13 所示电路中,在输出节点用基尔霍夫电流定律建立等式,即

$$\frac{U_o - U_i}{R_s} + \frac{U_o}{R_p} + \frac{U_o}{(1/j\omega C_p)} = 0 \tag{4.2.29}$$

式(4.2.29)也可以表示为

$$\frac{U_o(j\omega)}{U_i(j\omega)} = \left(\frac{R_p}{R_s + R_p}\right)\left[\frac{1}{1 + j\omega\left(\dfrac{R_s R_p}{R_s + R_p}\right)C_p}\right] \tag{4.2.30}$$

从而可得

$$\frac{U_o(j\omega)}{U_i(j\omega)} = K\left(\frac{1}{1 + j\omega\tau_p}\right) \tag{4.2.31}$$

式中:τ_p 为时间常数,$\tau_p = (R_s /\!/ R_p)C_p$。

以上只分析了一个电容,因此通常要处理的一阶传输函数的形式都是如式(4.2.28)和式(4.2.31)所示。这种简单的分析将会引领我们得到晶体管特定电容的频率响应。

2. 波特图

在研究放大电路的频率响应时,输入信号的频率范围常设置在几赫到上百兆赫,甚至更宽;而放大电路的放大倍数可从几倍到上百万倍;为了在同一坐标系中表示如此宽的变化范围,在画频率特性曲线时常采用对数坐标,称为波特图。

定性分析:图 4.2.12 所示电路,在频率为零时(输入电压为常量),电容的阻抗为无

穷大(等效开路)。在这种情况下,输入信号并没有被耦合到输出端,所以输出电压为零。电压传输函数的幅值为零。

在非常高的频率时,电容的阻抗变得非常小(等效短路),输出电压达到一个由电阻分压器所决定的常量,即 $U_o=[R_p/(R_p+R_s)]U_i$。

因此,预测传输函数的幅值在频率为零时为零,随着频率的增大而增大,在相对较高的频率处达到常数。

数学推导:图 4.2.12 所示电路的传输函数为

$$T(j\omega)=\frac{U_o(j\omega)}{U_i(j\omega)}=\left(\frac{R_p}{R_s+R_p}\right)\left(\frac{j\omega\tau_s}{1+j\omega\tau_s}\right) \quad (4.2.32)$$

$T(j\omega)$ 的幅值为

$$|T(j\omega)|=\left(\frac{R_p}{R_s+R_p}\right)\left[\frac{\omega\tau_s}{\sqrt{1+\omega^2\tau_s^2}}\right] \quad (4.2.33)$$

或

$$|T(jf)|=\left(\frac{R_p}{R_s+R_p}\right)\left[\frac{2\pi f\tau_s}{\sqrt{1+(2\pi f\tau_s)^2}}\right] \quad (4.2.34)$$

定义 $|T(jf)|_{dB}=20\lg|T(jf)|$,能够建立增益对频率的波特图。

由式(4.2.34)可得

$$|T(jf)|_{dB}=20\lg\left[\left(\frac{R_p}{R_s+R_p}\right)\frac{2\pi f\tau_s}{\sqrt{1+(2\pi f\tau_s)^2}}\right] \quad (4.2.35)$$

或

$$|T(jf)|_{dB}=20\lg\left(\frac{R_p}{R_s+R_p}\right)+20\lg(2\pi f\tau_s)-20\lg\sqrt{1+(2\pi f\tau_s)^2} \quad (4.2.36)$$

可以先画出式(4.2.36)中每一项的波特图(图 4.2.14),之后结合三项的波特图最终得到增益的波特图。

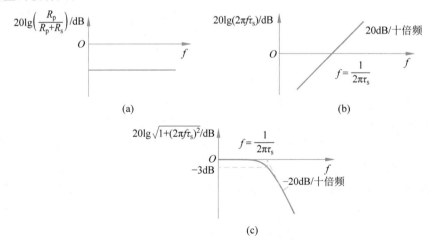

图 4.2.14 式(4.2.36)各项的波特图

图 4.2.14(a)为式(4.2.36)第一项的图形。注意到 $R_p/(R_s+R_p)<1$,所以分贝值小于零。

图 4.2.14(b)为式(4.2.36)第二项的图形。当 $f=1/2\pi\tau_s$ 时,$20\lg(1)=0$。波特图中的斜率一般写作 dB/二倍频或 dB/十倍频。函数 $20\lg(2\pi f\tau_s)$ 频率每增加 2 倍,分贝值增加 $6.02\approx6$dB;频率每增加 10 倍,分贝值增加 20dB。

图 4.2.14(c)为式(4.2.36)第三项的图形。当 $f\ll1/2\pi\tau_s$ 时,函数值为 0dB;当 $f=1/2\pi\tau_s$ 时,函数值为 -3dB;当 $f\gg1/2\pi\tau_s$ 时,函数约等于 $-20\lg(2\pi f\tau_s)$,所以斜率为 -6dB/二倍频或 -20dB/十倍频。同时,直线的延长线在 $f=1/2\pi\tau_s$ 时为 0dB。通过两条渐近线在 $f=1/2\pi\tau_s$ 处交于 0dB,可以画出近似的波特图。这个频率被称为截止频率或拐点频率。利用截止频率 $f_L=1/2\pi\tau_s$,可将式(4.2.32)变换为如下形式:

$$T(j\omega)=\frac{U_o(j\omega)}{U_i(j\omega)}=\left(\frac{R_p}{R_s+R_p}\right)\frac{j\dfrac{f}{f_L}}{1+j\dfrac{f}{f_L}} \qquad (4.2.37)$$

式(4.2.36)完整的幅频率特性波特图如图 4.2.15 所示。当 $f\gg1/2\pi\tau_s$,第二项和第三项相抵消。当 $f\ll1/2\pi\tau_s$ 时,等式为很大的负分贝值。

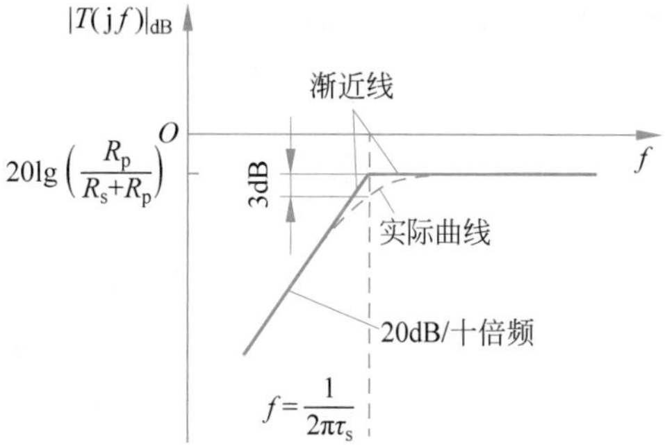

图 4.2.12 所示电路中,串联电容 C_s 是输入与输出信号间的耦合电容。在频率足够高时,C_s 等效短路,输出电压由电阻分压决定 $U_o=[R_p/(R_s+R_p)]U_i$。

在频率非常低时,C_s 等效开路,输出电压为零。因为只有高频信号才能被传输到输出端,所以这种类型的电路称为高通电路。

图 4.2.15 式(4.2.36)幅频特性波特图

笛卡儿坐标和复数极坐标的关系为

$$A+jB=Ke^{j\theta}$$

式中

$$K=\sqrt{A^2+B^2},\quad \theta=\arctan(B/A)$$

式(4.2.32)可以变换为

$$T(jf)=\left(\frac{R_p}{R_s+R_p}\right)\left[\frac{j2\pi f\tau_s}{1+j2\pi f\tau_s}\right]$$

$$=\left[\left|\frac{R_p}{R_s+R_p}\right|e^{j\theta_1}\right]\frac{[|j2\pi f\tau_s|e^{j\theta_2}]}{[|1+j2\pi f\tau_s|e^{j\theta_3}]} \qquad (4.2.38)$$

或

$$T(jf)=[K_1e^{j\theta_1}]\left[\frac{K_2e^{j\theta_2}}{K_3e^{j\theta_3}}\right]=\frac{K_1K_2}{K_3}e^{j(\theta_1+\theta_2-\theta_3)} \qquad (4.2.39)$$

函数 $T(\mathrm{j}f)$ 的相位 $\theta=\theta_1+\theta_2-\theta_3$。

函数第一项 $[R_\mathrm{p}/(R_\mathrm{s}+R_\mathrm{p})]$ 是正实数,相位 $\theta_1=0°$;第二项 $(\mathrm{j}2\pi f\tau_\mathrm{s})$ 是纯虚数,相位 $\theta_2=90°$;第三项是复数,相位 $\theta_3=\arctan(2\pi f\tau_\mathrm{s})$。所以函数 $T(\mathrm{j}f)$ 的相位 $\theta=90-\arctan(2\pi f\tau_\mathrm{s})$。

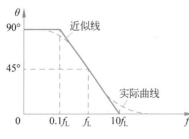

图 4.2.16　电路传输函数相频
特性波特图

f 趋于 0,$\arctan(0)=0°$;f 趋于 ∞,$\arctan(\infty)=90°$。在截止频率 $f_\mathrm{L}=1/(2\pi\tau_\mathrm{s})$ 处,相位 $\arctan(1)=45°$。式(4.2.38)相频波特图如图 4.2.16 所示,实际曲线和近似线都已在图中画出。相位在反馈电路中尤其重要,因为它会影响电路的稳定性。

在电路的近似分析中,为简单起见,常将波特图的曲线折线化,称为近似的波特图。对于高通电路,在对数幅频特性中,以截止频率 f_L 为拐点,由两段直线来近似曲线。当 $f>f_\mathrm{L}$ 时,以 $20\lg|\dot{A}_u|=20\lg[R_\mathrm{p}/(R_\mathrm{s}+R_\mathrm{p})]$ 的直线近似;当 $f<f_\mathrm{L}$ 时,以斜率为 20dB/十倍频的直线近似。在对数相频特性中,用三段直线来近似曲线;以 $10f_\mathrm{L}$ 和 $0.1f_\mathrm{L}$ 为两个拐点,当 $f>10f_\mathrm{L}$ 时,用 $\theta=0°$ 的直线近似,即认为 $f=10f_\mathrm{L}$ 时,$\dot{A}_u$ 开始产生相移(误差 $-5.71°$);当 $f<0.1f_\mathrm{L}$ 时,用 $\theta=+90°$ 的直线近似,即认为 $f=0.1f_\mathrm{L}$ 时已产生 $-90°$ 的相移(误差 $5.71°$);当 $0.1f_\mathrm{L}<f<10f_\mathrm{L}$ 时,θ 随 f 线性下降,当 $f=f_\mathrm{L}$ 时,$\theta=+45°$。

接下来分析图 4.2.13 所示并联负载电容电路,得到其波特图。

定性分析:首先讨论频率与幅值的关系。电容 C_p 并联在输出端,作为输出端口的负载电容。在零频时(输入电压为常量),电容阻抗无穷大(等效开路),输出信号为常量,由电阻分压决定,$U_\mathrm{o}=[R_\mathrm{p}/(R_\mathrm{s}+R_\mathrm{p})]U_\mathrm{i}$。

在非常高的频率下,电容阻抗变得非常小(等效短路),输出电压为零。也就是说,电压传输函数的幅值为零。

因此,预测传输函数的幅值在频率为零或者低频时为常量,在高频时减小为零。

数学推导:式(4.2.40)为图 4.2.13 所示电路的传输函数,时间常数 $\tau_\mathrm{p}=(R_\mathrm{s}/\!/R_\mathrm{p})C_\mathrm{p}$,传输方程为

$$T(\mathrm{j}f)=\left(\frac{R_\mathrm{p}}{R_\mathrm{s}+R_\mathrm{p}}\right)\left[\frac{1}{1+\mathrm{j}2\pi f\tau_\mathrm{p}}\right] \qquad (4.2.40)$$

$T(\mathrm{j}f)$ 的幅值为

$$|T(\mathrm{j}f)|=\left(\frac{R_\mathrm{p}}{R_\mathrm{s}+R_\mathrm{p}}\right)\left[\frac{1}{\sqrt{1+(2\pi f\tau_\mathrm{p})^2}}\right] \qquad (4.2.41)$$

同理,得到幅频特性波特图如图 4.2.17 所示。低频渐近线是水平直线,高频渐近线斜率为 -6dB/二倍频或 -20dB/十倍频直线。两条渐近线交于 $f=1/2\pi\tau_\mathrm{p}$,即截止频率 f_H。同样,传输函数的幅值在截止频率处比最大值低 3dB。利用截止频率 $f=1/2\pi\tau_\mathrm{p}$,令 $f_\mathrm{H}=1/2\pi\tau_\mathrm{p}$,可以将式(4.2.40)变换为

$$T(\mathrm{j}f) = \left(\frac{R_\mathrm{p}}{R_\mathrm{s} + R_\mathrm{p}}\right) \frac{1}{1 + \mathrm{j}\dfrac{f}{f_\mathrm{H}}} \tag{4.2.42}$$

图 4.2.13 所示电路,传输函数的幅值如式(4.2.41)所示,并联电容 C_p 为负载电容。在低频时,C_p 等效开路,输出端电压 $U_\mathrm{o} = [R_\mathrm{p}/(R_\mathrm{s} + R_\mathrm{p})]U_\mathrm{i}$。

随着频率增大,C_p 容抗减小,最终等效为短路,输出电压为零。因为只有低频信号才能被传输到输出端,所以这类电路称为低通电路。

由式(4.2.40)可以求出传输函数的相频特性,$\theta = -\arctan(2\pi f \tau_\mathrm{p})$。

相频波特图如图 4.2.18 所示。在截止频率处,相位为 $-45°$;在低频时,相位为 $0°$。

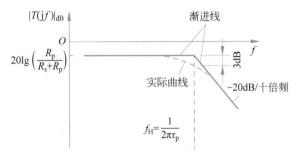

图 4.2.17 低通电路幅频特性波特图

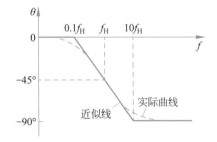

图 4.2.18 低通电路相频特性波特图

3. 短路和开路时间常数

图 4.2.12 和图 4.2.13 所示电路只有一个电容,而图 4.2.19 所示的电路包含两种电容,电容 C_s 为耦合电容,串联在输入输出之间,电容 C_p 为负载电容,并联在输出端口。

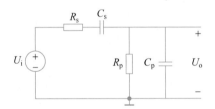

图 4.2.19 同时含有串联耦合电容和并联负载电容的电路

在输出节点利用 KCL 定律建立方程,可以求出电路的电压传输函数:

$$\frac{U_\mathrm{o}(\mathrm{j}\omega)}{U_\mathrm{i}(\mathrm{j}\omega)} = \left(\frac{R_\mathrm{p}}{R_\mathrm{s} + R_\mathrm{p}}\right) \times \frac{1}{\left[1 + \left(\dfrac{R_\mathrm{p}}{R_\mathrm{s} + R_\mathrm{p}}\right)\left(\dfrac{C_\mathrm{p}}{C_\mathrm{s}}\right) + \dfrac{1}{\mathrm{j}\omega\tau_\mathrm{s}} + \mathrm{j}\omega\tau_\mathrm{p}\right]} \tag{4.2.43}$$

尽管式(4.2.43)已经是确切的传输方程,但要分析该公式确实是十分烦琐的。

由之前的分析可知,C_s 影响低频响应,C_p 影响高频响应。而且,当 $C_\mathrm{p} \ll C_\mathrm{s}$,$R_\mathrm{s}$ 和 R_p 在同一量级时,由 C_s 和 C_p 决定的拐点频率将相差几个数量级(实际电路中就是这种情况)。因此,当电路含有耦合电容和负载电容,电容值相差几个量级时,就能分开判断电容的影响。

从前面的分析中可见,只要知道了电容所在回路的时间常数 τ,利用公式 $f = 1/2\pi\tau$,

就能得到截止频率；而要得到时间常数 τ，就要知道电容所在回路的等效电阻。

在低频时，将负载电容 C_p 视为断路。为了得到电容所在回路的等效电阻，要将电路内部的所有独立源置 0。因此，C_s 所在回路的等效电阻就是 R_s 和 R_p 的串联电阻。C_s 的时间常数为

$$\tau_s = (R_s + R_p)C_s \tag{4.2.44}$$

因为将 C_p 看作开路，所以 τ_s 可称为开路时间常数。

在高频时，将 C_s 看作短路，C_p 所在回路的等效电阻为 R_s 和 R_p 的并联电阻，时间常数为

$$\tau_p = (R_s /\!/ R_p)C_p \tag{4.2.45}$$

因为将 C_s 看作短路，所以 τ_p 可称为短路时间常数。

现在便可以得到波特图的截止频率，下限截止频率 f_L 在频域的低端，是开路时间常数的函数，可表示为

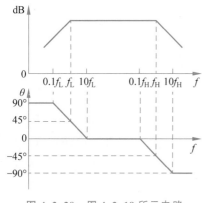

图 4.2.20　图 4.2.19 所示电路
对应的波特图

$$f_L = \frac{1}{2\pi\tau_s} \tag{4.2.46}$$

上限截止频率 f_H 在频域的高端，是短路时间常数的函数，可表示为

$$f_H = \frac{1}{2\pi\tau_p} \tag{4.2.47}$$

图 4.2.19 所示电路对应的波特图如图 4.2.20 所示。

上述都是无源电路的波特图，晶体管放大电路的波特图与之类似。放大器的增益在一个宽的频率范围内为常数，称为中频带。在这个频率范围，电容的影响十分微弱，在计算增益时可以忽略。在高频率下，增益因负载电容和晶体管自身影响而下降。在低频下，增益也将减小，因为耦合电容和旁路电容并不能看作短路。带宽 f_{BW} 由下限截止频率 f_L 和上限截止频率 f_H 决定，$f_{BW} = f_H - f_L$。而 $f_H \gg f_L$，所以 $f_{BW} \approx f_H$。

4. 时间响应

目前为止，已经分析了放大电路正弦信号的响应，但有些情况下可能会遇到放大非正弦信号，如方波。如果要放大数字信号，就会遇到这种情况。这时，就要考虑输出信号的时间响应。另外，脉冲和方波可以用于测试电路的频率响应。

考虑如图 4.2.21 所示电路，它和电路图 4.2.12一样，正如前面提到的，电容是耦合电容。传输函数为

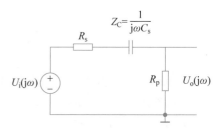

图 4.2.21　串联耦合电容电路

$$\frac{U_o(j\omega)}{U_i(j\omega)} = \left(\frac{R_p}{R_s + R_p}\right)\left[\frac{j\omega(R_s + R_p)C_s}{1 + j\omega(R_s + R_p)C_s}\right] = K_2\left(\frac{j\omega\tau_s}{1 + j\omega\tau_s}\right) \tag{4.2.48}$$

式中：τ_s 为时间常数，$\tau_s = (R_s + R_p)C_s$。

如果输入电压是阶跃信号，$U_i(s) = 1/j\omega$，那么输出电压可改写为

$$U_o(j\omega) = K_2 \left(\frac{\tau_s}{1 + j\omega\tau_s} \right) = K_2 \left(\frac{1}{j\omega + 1/\tau_s} \right) \tag{4.2.49}$$

运用拉普拉斯逆变换得到输出电压的时间响应为

$$u_o(t) = K_2 e^{-t/\tau_s} \tag{4.2.50}$$

如果试图用含有耦合电容的放大电路放大脉冲信号，放大得到的信号将会弯曲。在这种情况下，需要保证时间常数 τ_s 比脉冲宽度 T 大。方波输入信号的时间响应如图 4.2.22 所示。大的时间常数意味着大的耦合电容。

如果传输函数的截止频率 $f_L = 1/2\pi\tau_s = 5(\text{kHz})$，则时间常数 $\tau_s = 3.18\mu s$。对于 $T = 0.1\mu s$ 的脉冲宽度，输出信号在脉冲的终端仅会下降 0.314%。

考虑如图 4.2.23 所示电路，它和图 4.2.13 所示电路一样。前面已经得出，传输函数为

$$\frac{U_o(j\omega)}{U_i(j\omega)} = \left(\frac{R_p}{R_s + R_p} \right) \left[\frac{1}{1 + s(R_s /\!/ R_p) C_p} \right] = K_1 \left(\frac{1}{1 + j\omega\tau_p} \right) \tag{4.2.51}$$

式中：$\tau_p = (R_s /\!/ R_p)C_p$。

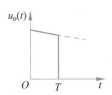

图 4.2.22　方波输入信号的时间响应

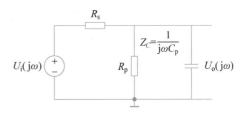

图 4.2.23　并联负载电容电路

同样，如果输入信号为阶跃函数，$U_i(s) = 1/j\omega$，则输出电压改写为

$$U_o(s) = \frac{K_1}{j\omega} \left(\frac{1}{1 + j\omega\tau_p} \right) = \frac{K_1}{j\omega} \left(\frac{1/\tau_p}{j\omega + 1/\tau_p} \right) \tag{4.2.52}$$

通过拉普拉斯逆变换得到输出电压时间响应为

$$u_o(t) = K_1 (1 - e^{-t/\tau_p}) \tag{4.2.53}$$

要放大脉冲信号，就要保证时间常数 τ_p 比脉冲宽度 T 小，这样信号 $u_o(t)$ 才能达到一个稳定的值。输出电压如图 4.2.24 所示。小的时间常数意味着小的 C_p。

在这种情况下，如果电路的截止频率 $f_H = 1/2\pi\tau_p = 10(\text{MHz})$，则时间常数 $\tau_p = 15.9\text{ns}$。

图 4.2.25 总结了两种电路在输入信号为方波时的输出电压响应，其中图 4.2.25(a)是电路图 4.2.21 在大的时间常数下的输出电压响应，图 4.2.25(b)是电路图 4.2.23 在小的时间常数下的输出电压响应。

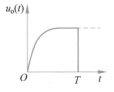

图 4.2.24　方波信号输出电压响应

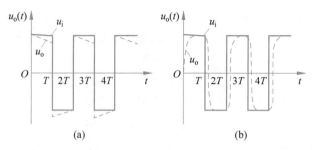

图 4.2.25　两种电路的输出响应

5. 场效应管的高频等效模型

场效应管各极之间存在极间电容,在低中频时可以将极间电容看作开路,在高频段时必须考虑极间电容的影响。考虑场效应管极与极之间的电容,再结合之前得到的场效应管小信号等效模型,便可以得到如图 4.2.26 所示的 MOSFET 高频等效模型。

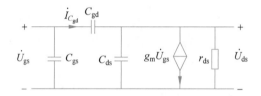

图 4.2.26　MOSFET 高频等效模型

由图 4.2.26 可得

$$\dot{I}_{C_{gd}} = \frac{\dot{U}_{gs} - \dot{U}_{ds}}{\dfrac{1}{j\omega C_{gd}}} = j\omega C_{gd}(1 - \dot{K})\dot{U}_{gs} = j\omega C_{gd}\left(\frac{1}{\dot{K}} - 1\right)\dot{U}_{ds} \qquad (4.2.54)$$

式中: $\dot{K} = \dfrac{\dot{U}_{ds}}{\dot{U}_{gs}}$。

根据密勒效应,C_{gd} 等效为电容 C'_{gd} 和 C''_{gd},如图 4.2.27 所示。

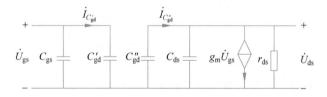

图 4.2.27　扩展的 MOSFET 高频等效模型

由图 4.2.27 可知

$$\dot{I}_{C'_{gd}} = \frac{\dot{U}_{gs}}{\dfrac{1}{j\omega C'_{gd}}} = j\omega C'_{gd}\dot{U}_{gs} = \dot{I}_{C_{gd}} = j\omega C_{gd}(1 - \dot{K})\dot{U}_{gs} \qquad (4.2.55)$$

所以有

$$C'_{gd} = (1-\dot{K})C_{gd} \tag{4.2.56}$$

同理可得

$$\dot{I}_{C''_{gd}} = -\frac{\dot{U}_{ds}}{\dfrac{1}{j\omega C''_{gd}}} = -j\omega C''_{gd}\dot{U}_{ds} = \dot{I}_{C_{gd}} = j\omega C_{gd}\left(\frac{1}{\dot{K}}-1\right)\dot{U}_{ds} \tag{4.2.57}$$

所以有

$$C''_{gd} = \left(1-\frac{1}{\dot{K}}\right)C_{gd} \tag{4.2.58}$$

记

$$C'_{gs} = C_{gs} + C'_{gd} = C_{gs} + (1-\dot{K})C_{gd} \tag{4.2.59}$$

$$C''_{ds} = C_{ds} + C''_{gd} = C_{ds} + \left(1-\frac{1}{\dot{K}}\right)C_{gd} \approx C_{ds} + C_{gd} \tag{4.2.60}$$

C'_{gs} 称为密勒电容,一般情况下 $C'_{gs} \gg C''_{ds}$,忽略 C''_{ds},就可以得到改进的 MOSFET 高频等效模型,如图 4.2.28 所示。

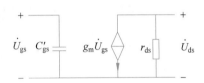

图 4.2.28 简化的 MOSFET 高频等效模型

6. 单管共源放大电路的频率特性

时间常数法:在画波特图和求电路频率响应时,并不需要去求出电路完整的传输函数,通过观察只含有一个电容的电路,便能够判定该电路是高通电路还是低通电路。如果知道时间常数和最大中频增益,就能够得到波特图。电路的截止频率取决于电容所在回路的时间常数。此前分析放大电路时电路电容不起作用,求解的都是中频增益,即中频段忽略了耦合电容和 PN 结电容的影响。

这种方法的优点是可以直观地看到电路中影响截止频率的元素,耦合电容产生高通电路,所以波特图的形式就应该是高通电路的典型波特图 4.2.15。

时间常数是电容所在回路等效电阻的函数,小信号等效电路在 4.2.2 节已经给出。将电路的独立源置 0,便可以得到电容所在回路的等效电阻。

图 4.2.29(a) 为共源 MOSFET 放大电路。假设 r_{ds} 无限大,小信号等效电路如图 4.2.29(b) 所示。

输入电压 $\dot{U}_i = \dot{U}_{gs}$,中频段时将耦合电容 C 看作短路,因此中频段电压放大倍数为

$$A_{um} = \frac{U_o}{U_i} = \frac{-g_m\dot{U}_{gs}(R_d /\!/ R_L)}{\dot{U}_{gs}} = -g_mR'_L \tag{4.2.61}$$

式中:$R'_L = R_d /\!/ R_L$。

在低频段,考虑 C 的影响。C 为耦合电容,构成高通电路,波特图和高通电路波特图 4.2.15 类似。利用时间常数法可以得到电路的截止频率,这样能够简化电路的分析。

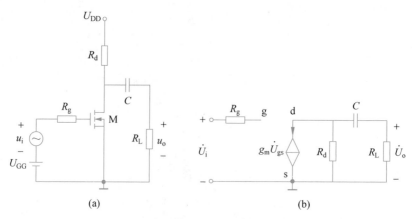

图 4.2.29 带输出耦合电容的共源电路

时间常数是 C 所在回路等效电阻的函数。将所有独立源置零,因为 $\dot{U}_i = 0$,所以 $\dot{U}_{gs} = 0$, $g_m\dot{U}_{GS} = 0$,受控电流源开路,耦合电容 C 所在回路的等效电阻为 $R_d + R_L$。则时间常数 $\tau = (R_d + R_L)C$,所以下限截止频率为

$$f_L = \frac{1}{2\pi(R_d + R_L)C} \tag{4.2.62}$$

$\dot{A}_u$ 的表达式为

$$\dot{A}_u = A_{um}\frac{\mathrm{j}\dfrac{f}{f_L}}{1 + \mathrm{j}\dfrac{f}{f_L}} \tag{4.2.63}$$

在高频段,将耦合电容 C 看作短路,考虑极间电容的影响,得到如图 4.2.30 所示的等效电路。

C'_{gs} 所在回路的等效电阻为 R_G,时间常数 $\tau = R_G C'_{gs}$,所以上限截止频率为

$$f_H = \frac{1}{2\pi R_G C'_{gs}} \tag{4.2.64}$$

$\dot{A}_u$ 的表达式为

$$\dot{A}_u = A_{um}\frac{1}{1 + \mathrm{j}\dfrac{f}{f_H}} \tag{4.2.65}$$

综上所述,考虑全频段范围有

$$\dot{A}_u = A_{um}\frac{\mathrm{j}\dfrac{f}{f_L}}{\left(1 + \mathrm{j}\dfrac{f}{f_L}\right)\left(1 + \mathrm{j}\dfrac{f}{f_H}\right)} \tag{4.2.66}$$

波特图如图 4.2.31 所示,与图 4.2.20 类似。注意:中频时,$\dot{A}_u$ 为负,相位为 $-180°$。

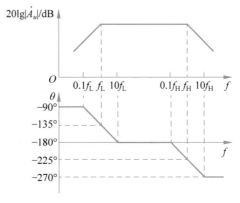

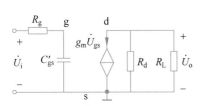

图 4.2.30　高频等效电路　　　　　图 4.2.31　单管共源放大电路的波特图

总结：增益波特图。

（1）对于一个特定的电路，先判断是高通电路还是低通电路，然后根据判断草拟出波特图；

（2）截止频率由 $f = 1/2\pi\tau$ 得到，其中 $\tau = R_{eq}C$，等效电阻 R_{eq} 是电容所在回路的等效电阻；

（3）最大增益是中频增益，将耦合电容和旁路电容看作短路，负载电容看作开路求出。

4.3　共漏放大电路

4.3.1　静态工作点

图 4.3.1 为 NMOS 共漏放大电路，电容 C_1、C_2 是耦合电容。

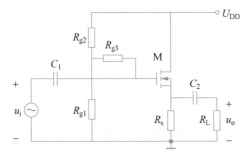

图 4.3.1　NMOS 共漏放大电路

同样，将 MOSFET 的直流分析和交流分析分开来处理，得到如图 4.3.2 所示的直流通路和交流通路，其中 $R_g = (R_{g1}//R_{g2}) + R_{g3}$。

等效直流通路如图 4.3.3 所示，忽略漏源电阻 r_{ds}。

由图 4.3.3 可得

$$U_{GSQ} = U_G - U_S = \frac{R_{g1}}{R_{g1} + R_{g2}}U_{DD} - R_s I_{DQ} \tag{4.3.1}$$

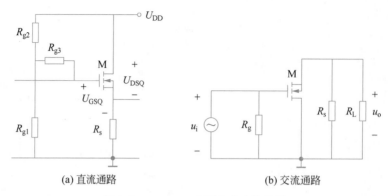

(a) 直流通路　　　　　　　　　(b) 交流通路

图 4.3.2　NMOS 共漏放大电路分析

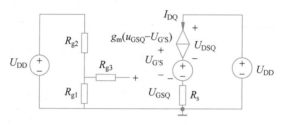

图 4.3.3　等效直流通路

$$U_{DSQ} = U_{DD} - I_{DQ}R_s \qquad (4.3.2)$$

MOSFET 工作在饱和区时的漏电流为

$$I_{DQ} = g_m(U_{GS} - U_{G'S}) \qquad (4.3.3)$$

4.3.2　基本性能

前面已经建立了 MOSFET 的小信号等效电路,此时就可以很方便地得到图 4.3.1 的小信号等效电路图,如图 4.3.4 所示。

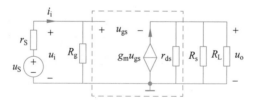

图 4.3.4　图 4.3.1 对应的小信号等效电路

由图 4.3.4 可得

$$u_i = i_i R_g \qquad (4.3.4)$$

则输入电阻为

$$R_i = \frac{u_i}{i_i} = R_g = (R_{g1} \parallel R_{g2}) + R_{g3} \approx R_{g3} \qquad (4.3.5)$$

当电路不带负载时,开路电压为

$$u_{oc} = g_m u_{gs}(r_{ds} \parallel R_s) = g_m(r_{ds} \parallel R_s)u_{gs} \qquad (4.3.6)$$

此时,有
$$u_i = u_{gs} + (r_{ds} /\!/ R_s)g_m u_{gs} = [1 + g_m(r_{ds} /\!/ R_s)]u_{gs} \tag{4.3.7}$$
则空载电压放大倍数为
$$A_{uoc} = \frac{u_{oc}}{u_i} = \frac{g_m(r_{ds} /\!/ R_s)}{1 + g_m(r_{ds} /\!/ R_s)} \approx \frac{g_m R_s}{1 + g_m R_s} \tag{4.3.8}$$
下面求输出电阻 R_o。令 $u_S = 0$,则有
$$u_{gs} = -u_o \tag{4.3.9}$$
$$i_o = -g_m u_{gs} + \frac{u_o}{r_{ds} /\!/ R_s} = g_m u_o + \frac{u_o}{r_{ds} /\!/ R_s} \tag{4.3.10}$$
$$\frac{1}{R_o} = \frac{i_o}{u_o}\Big|_{u_S=0} = g_m + \frac{1}{r_{ds} /\!/ R_s} \tag{4.3.11}$$
$$R_o = \frac{u_o}{i_o}\Big|_{u_S=0} = \frac{1}{g_m} /\!/ r_{ds} /\!/ R_s \approx \frac{1}{g_m} \tag{4.3.12}$$
根据式(4.1.4)、式(4.1.8)可以求出电压放大倍数为
$$A_u = \frac{R_L}{R_o + R_L}A_{uoc}$$
$$\approx \frac{R_L}{\frac{1}{g_m} + R_L}\frac{g_m R_s}{1 + g_m R_s} = \frac{g_m R_s R_L}{R_s + R_L + g_m R_s R_L} \tag{4.3.13}$$
$$= \frac{g_m R_L'}{1 + g_m R_L'}$$
也可以直接求 A_u:
$$u_i = u_{gs} + (r_{ds} /\!/ R_s /\!/ R_L)g_m u_{gs} = [1 + g_m(r_{ds} /\!/ R_L')]u_{gs} \tag{4.3.14}$$
$$u_o = (r_{ds} /\!/ R_s /\!/ R_L)g_m u_{gs} = g_m(r_{ds} /\!/ R_L')u_{gs} \tag{4.3.15}$$
$$A_u = \frac{u_o}{u_i} = \frac{g_m(r_{ds} /\!/ R_L')}{1 + g_m(r_{ds} /\!/ R_L')} \approx \frac{g_m R_L'}{1 + g_m R_L'} \tag{4.3.16}$$
源电压放大倍数为
$$A_{us} = \frac{R_i}{r_S + R_i}A_u = \frac{R_{g3}}{r_S + R_{g3}}\frac{g_m R_L'}{1 + g_m R_L'} \approx A_u \approx \frac{g_m R_L'}{1 + g_m R_L'} \tag{4.3.17}$$

4.3.3 频率特性

1. 高频特性

单管共漏放大电路的高频特性与共源放大电路有所不同,虽然 C_{gs} 也会产生密勒效应,但是电路的增益始终小于或等于1,所以它的密勒电容很小,上限截止频率远高于同等工作条件下的共源电路。

下面以电路图 4.3.1 为例进行说明。高频时,电容 C_1、C_2 短路,根据图 4.2.28 所示的简化的 MOSFET 高频等效模型,可以得到电路的高频小信号等效电路,如图 4.3.5 所示。

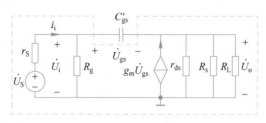

图 4.3.5 图 4.3.1 对应的高频小信号等效电路

用戴维南定理变换电路,可将除去电容 C'_{gs} 的部分等效为电压源 $\dot{U}_{oc}$ 与等效电阻 Z_0 串联,开路电压为

$$\dot{U}_{oc} = \dot{U}_i - \dot{U}_o = \frac{R_g}{r_S + R_g} \dot{U}_S - g_m \dot{U}_{oc} (r_{ds} /\!/ R'_L) \qquad (4.3.18)$$

式(4.3.18)化简可得

$$\dot{U}_{oc} = \frac{\dfrac{R_g}{r_S + R_g} \dot{U}_S}{1 + g_m (r_{ds} /\!/ R'_L)} \approx \frac{\dot{U}_S}{1 + g_m R'_L} \qquad (4.3.19)$$

下面求 C'_{gs} 所在回路的等效电阻。令 $\dot{U}_S = 0$,在端口加电压源 $\dot{U}$:

$$\dot{U} = \dot{I}(r_S /\!/ R_g) + (\dot{I} - g_m \dot{U})(r_{ds} /\!/ R'_L) \qquad (4.3.20)$$

所以有

$$Z_0 = \frac{\dot{U}}{\dot{I}} = \frac{(r_S /\!/ R_g) + (r_{ds} /\!/ R'_L)}{1 + g_m (r_{ds} /\!/ R'_L)} \approx \frac{R'_L}{1 + g_m R'_L} \qquad (4.3.21)$$

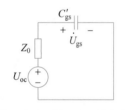

图 4.3.6 图 4.3.5 对应的
戴维南等效电路

图 4.3.5 对应的戴维南等效电路如图 4.3.6 所示。
所以可得

$$\dot{U}_{gs} = \frac{\dfrac{1}{j\omega C'_{gs}}}{Z_0 + \dfrac{1}{j\omega C'_{gs}}} \dot{U}_{oc} = \frac{1}{1 + j\omega Z_0 C'_{gs}} \dot{U}_{oc} \qquad (4.3.22)$$

$$\approx \frac{1}{1 + j\omega Z_0 C'_{gs}} \frac{\dot{U}_S}{1 + g_m R'_L}$$

从图 4.3.5 中可以得到

$$\dot{U}_o = [g_m \dot{U}_{gs} + j\omega C'_{gs} \dot{U}_{gs}](r_{ds} /\!/ R'_L) \approx \left(1 + j\omega \frac{C'_{gs}}{g_m}\right) g_m R'_L \dot{U}_{gs} \qquad (4.3.23)$$

源电压放大倍数为

$$\dot{A}_{us} = \frac{\dot{U}_o}{\dot{U}_s} \approx \frac{1 + j\omega \dfrac{C'_{gs}}{g_m}}{1 + j\omega Z_0 C'_{gs}} \frac{g_m R'_L}{1 + g_m R'_L} = \frac{\left(1 + j\dfrac{f}{f_c}\right) A_{us}}{1 + j\dfrac{f}{f_0}} \qquad (4.3.24)$$

式中

$$A_{us} \approx \frac{g_m R'_L}{1 + g_m R'_L} \tag{4.3.25}$$

$$f_c = \frac{1}{2\pi \dfrac{C'_{gs}}{g_m}} \tag{4.3.26}$$

$$f_0 = \frac{1}{2\pi Z_0 C'_{gs}} \approx \frac{1}{2\pi \dfrac{R'_L C'_{gs}}{1 + g_m R'_L}} \tag{4.3.27}$$

当 $g_m R'_L \gg 1$ 时,有

$$f_0 = \frac{1}{2\pi \dfrac{R'_L C'_{gs}}{1 + g_m R'_L}} \approx \frac{1}{2\pi \dfrac{C'_{gs}}{g_m}} = f_c \tag{4.3.28}$$

$$\dot{A}_{us} \approx A_{us} = \frac{g_m R'_L}{1 + g_m R'_L} \tag{4.3.29}$$

由上可以看出,共漏放大电路在高频时,增益几乎不变。

2. 低频特性

图 4.3.1 在低频时,忽略 C'_{gs},考虑 C_1、C_2 的影响。单独考虑电容 C_1 时,将 C_2 理想化处理,即将 C_2 看作短路。那么利用时间常数法,可以很简单地得到由 C_1 决定的截止频率。考虑 C_1 时的小信号等效电路如图 4.3.7 所示。

从图 4.3.7 中可以简单地看出,C_1 所在回路的等效电阻 $Z_1 = r_S + R_g$,所以时间常数 $\tau = Z_1 C_1$。因为 C_1 构成低通电路,所以下限截止频率为

$$f_1 = \frac{1}{2\pi (r_S + R_g) C_1} \tag{4.3.30}$$

单独考虑电容 C_2,将 C_1 看作短路,得到如图 4.3.8 所示的小信号等效电路。

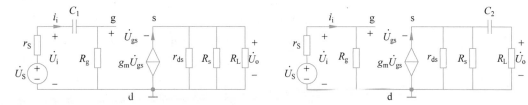

图 4.3.7　考虑 C_1 时的小信号等效电路　　　　图 4.3.8　考虑 C_2 时的小信号等效电路

注意,C_2 所在回路的等效电阻并不是 $R_L + R_s /\!/ r_{ds}$,而是输出电阻 R_o 与 R_L 串联,$R_o = \dfrac{1}{g_m} /\!/ r_{ds} /\!/ R_s$。所以等效电阻 $Z_2 = R_o + R_L$,时间常数 $\tau = Z_2 C_2$,下限截止频率为

$$f_2 = \frac{1}{2\pi (R_o + R_L) C_2} \tag{4.3.31}$$

综上所述,考虑全频段范围:

$$\dot{A}_{us} = A_{us} \frac{j\dfrac{f}{f_1} \times j\dfrac{f}{f_2}}{\left(1 + j\dfrac{f}{f_1}\right)\left(1 + j\dfrac{f}{f_2}\right)} \tag{4.3.32}$$

注意，C_1 和 C_2 各确定了一个下限频率，为简单起见，假设 $f_2 = 10f_1$，根据截止频率的定义，电路在 f_L 处，增益下降 3dB。

$$|\dot{A}_{us}| = |A_{us}| \frac{\left|\left(j\dfrac{f_L}{f_1} \times j\dfrac{f_L}{f_2}\right)\right|}{\left|\left(1 + j\dfrac{f_L}{f_1}\right)\left(1 + j\dfrac{f_L}{f_2}\right)\right|} = \frac{|A_{us}|}{\sqrt{2}} \tag{4.3.33}$$

推导如下：

$$\sqrt{1 + \left(\frac{f_1}{f_L}\right)^2}\sqrt{1 + \left(\frac{f_2}{f_L}\right)^2} = \sqrt{2}$$

$$\left[1 + \left(\frac{f_1}{f_L}\right)^2\right]\left[1 + \left(\frac{f_2}{f_L}\right)^2\right] = 1 + \left(\frac{f_1}{f_L}\right)^2 + \left(\frac{f_2}{f_L}\right)^2 + \left(\frac{f_1}{f_L}\right)^2\left(\frac{f_2}{f_L}\right)^2$$

$$\approx 1 + \left(\frac{f_1}{f_L}\right)^2 + \left(\frac{f_2}{f_L}\right)^2 = 2$$

$$\left(\frac{f_1}{f_L}\right)^2 + \left(\frac{f_2}{f_L}\right)^2 = \frac{1}{f_L^2}(f_1^2 + f_2^2) = 1$$

$$f_L = \sqrt{f_1^2 + f_2^2} \approx f_2$$

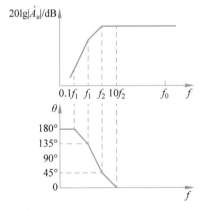

图 4.3.9　图 4.3.1 的近似波特图

所以图 4.3.1 的下限截止频率为 f_2。

图 4.3.1 的近似波特图如图 4.3.9 所示。

分析电路的近似波特图，当 $f = 10f_2$ 时，电路增益为中频增益，相位为 $0°$；当 $f = f_2$ 时，增益开始下降，相位增加 $45°$；当 $f_1 < f < f_2$ 时，C_2 使得增益按 20dB/十倍频减小，相位增大；当 $f = f_1$ 时，C_1 使相位增加 $45°$，C_2 使相位增加 $90°$，所以总的相位为 $135°$；当 $f < f_1$ 时，C_2 已经使得相位增加了 $90°$，不再影响相位，但仍然影响增益，使增益按 20dB/十倍频减小；而 C_1 也使增益按 20dB/十倍频减小，所以增益按 40dB/十倍频减小；当 $f = 0.1f_1$ 时，C_1 再使相位增加 $45°$，总相位为 $180°$。

4.4　晶体管放大电路

晶体管放大电路是指由双极型晶体管（BJT）组成的基本放大电路，主要有共射、共基、共集三种基本接法，本节将讨论共射极、共基极、共集电极（简称共射、共基、共集）晶体管放大电路的两种状态下的性能。第一个类型是直流分析,考虑直流信号源的输入产生的影响;第二个类型是时变或交流分析,考虑交流信号源的输入产生的影响。晶体管放大电路总响应是两个状态下响应的总和。

基本共射放大电路如图 4.4.1 所示。

U_{BB}、R_b:使 $U_{BE}>U_{on}$,且有合适的 I_B。

U_{CC}:使 $U_{CE}>U_{BE}$,同时作为负载的转换能源。

R_c:将 Δi_c 转换成 $\Delta u_{CE}(u_o)$。

动态信号作用时:$\Delta u_i \to \Delta i_b \to \Delta i_c \to \Delta u_{R_c} \to \Delta u_{CE}(u_o)$。

输入(交变)电压 u_i 为零时,晶体管各极的电流、b-e 间的电压、管压降称为静态工作点 Q,记作 I_{BQ}、$I_{CQ}(I_{EQ})$、U_{BEQ}、U_{CEQ}。

图 4.4.2 所示的静态工作点必然导致在输入(交变)电压 u_i 时,输出波形会发生严重失真。要解决失真问题,首先必须设置合适的静态工作点,Q 点不仅影响电路是否会产生失真,而且几乎影响放大电路所有的动态参数。基本共射放大电路的波形分析如图 4.4.3 所示。

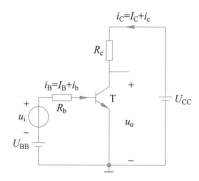 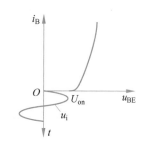

图 4.4.1　基本共射放大电路　　　　图 4.4.2　未设置合适的静态工作点分析

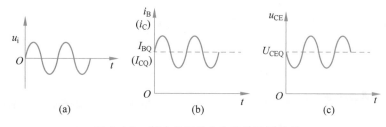

图 4.4.3　基本共射放大电路的波形分析

失真分析:动态信号驮载在静态之上与 i_c 变化方向相反,要想不失真,就要在信号的整个周期内保证晶体管始终工作在放大区。此时电路的静态工作点要选择合适,即合适的直流电源和合适的电路(元件)参数:

(1)动态信号能够作用于晶体管的输入回路,在负载上能够获得放大了的动态信号;

(2)对于实用放大电路,则要求共地(信号源与直流电源共地,有公共端),直流电源种类尽可能少,负载上无直流分量。

图 4.4.4 和图 4.4.5 分别为基本共射放大电路中饱和失真和截止失真。

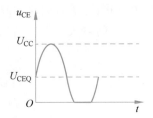

图 4.4.4　基本共射放大电路饱和失真

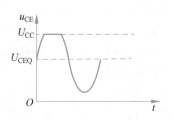

图 4.4.5　基本共射放大电路截止失真

放大电路示意图如图 4.4.6 所示。

下面介绍两种实用电路：

（1）直接耦合放大电路：图 4.4.7 为直接耦合放大电路，图 4.4.8 为该电路的直流通路，当放大电路处于静态时（直流源作用，交流源为零），直流电流流经的通路称为放大器的直流通路。直流通路可以用来计算放大器的静态工作点。在画直流电路时，需要将交流信号源置零（交流电压源短路，交流电流源开路），电容开路（隔直流），电感短路（电感上直流电压为零）。

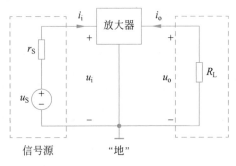

图 4.4.6　放大电路示意图

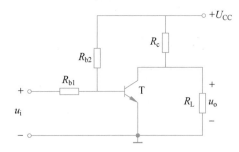

图 4.4.7　直接耦合电路

（2）阻容耦合电路：在如图 4.4.9 所示的电路中，C_1、C_2 为耦合电容，耦合电容应足够大，即对于交流信号近似为短路。其作用是"隔离直流，通过交流"。

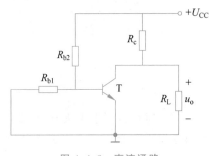

图 4.4.8　直流通路

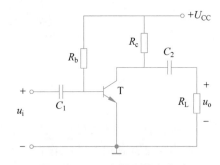

图 4.4.9　阻容耦合放大电路

静态时，$U_{C1} = U_{BEQ}$，$U_{C2} = U_{CEQ}$。

动态时，$u_{BE} = u_i + U_{BEQ}$，信号驮载在静态之上，负载上只有交流信号。

分析晶体管在高频信号下的工作状态时，需要从晶体管的物理模型出发，考虑发射

结电容 $C_{b'e'}(C_\pi)$、集电结电容 $C_{b'c'}(C_\mu)$ 对整体电路的影响,从而构造一个适用于高频信号的晶体管等效模型——混合 π 模型,如图 4.4.10 所示。

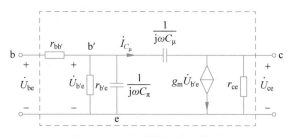

图 4.4.10　晶体管混合 π 模型

由图 4.4.10 可知

$$g_m \dot{U}_{b'e} = \beta \dot{I}_b = \beta \frac{\dot{U}_{b'e}}{r_{b'e}} \tag{4.4.1}$$

$$\dot{I}_{C_\mu} = \frac{\dot{U}_{b'e} - \dot{U}_{ce}}{\dfrac{1}{j\omega C_\mu}} = j\omega C_\mu (1 - \dot{K}) \dot{U}_{b'e} = j\omega C_\mu \left(\frac{1}{\dot{K}} - 1\right) \dot{U}_{ce} \tag{4.4.2}$$

式中

$$\dot{K} = \frac{\dot{U}_{ce}}{\dot{U}_{b'e}} \tag{4.4.3}$$

另外,根据式(4.4.1)可得

$$g_m = \frac{\beta}{r_{b'e}} \tag{4.4.4}$$

因为 $r_{be} \approx r_{bb'} + (\beta+1)(U_T/I_{EQ})$,而 $r_{be} \approx r_{bb'} + r_{b'e}$,所以有

$$r_{b'e} \approx (\beta+1) \frac{U_T}{I_{EQ}} \tag{4.4.5}$$

从而得到

$$g_m \approx \frac{I_{EQ}}{U_T} \tag{4.4.6}$$

在图 4.4.10 中,C_μ 横跨在输入输出回路间,在分析时会增加很多麻烦,所以可以将 C_μ 等效到左右两边,具体如图 4.4.11 所示。

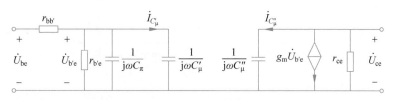

图 4.4.11　简化后的混合 π 模型

由图 4.4.11 可知

$$\dot{I}_{C'_\mu} = \frac{\dot{U}_{b'e}}{\dfrac{1}{j\omega C'_\mu}} = j\omega C'_\mu \dot{U}_{b'e} = \dot{I}_{C_\mu} = j\omega C_\mu (1-\dot{K})\dot{U}_{b'e} \tag{4.4.7}$$

$$\dot{I}_{C''_\mu} = -\frac{\dot{U}_{ce}}{\dfrac{1}{j\omega C''_\mu}} = -j\omega C''_\mu \dot{U}_{ce} = \dot{I}_{C_\mu} = j\omega C_\mu \left(\frac{1}{\dot{K}}-1\right)\dot{U}_{ce} \tag{4.4.8}$$

从而可得

$$C'_\mu = (1-\dot{K})C_\mu \tag{4.4.9}$$

$$C''_\mu = \left(1-\frac{1}{\dot{K}}\right)C_\mu \tag{4.4.10}$$

记 $C'_\pi = C_\pi + C'_\mu = C_\pi + (1-\dot{K})C_\mu$，而 $C''_\mu = \left(1-\dfrac{1}{\dot{K}}\right)C_\mu \approx C_\mu$，有 $C'_\pi \gg C''_\mu$。一般情况下 C''_r 容抗很大，所以通常忽略 C''_μ 中的电流，得到如图 4.4.12 所示的混合 π 模型。

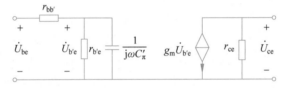

图 4.4.12　省略 C''_μ 后的简化混合 π 模型

4.4.1　共射放大电路

共发射极放大电路是基本晶体管放大电路之一，如图 4.4.13 所示的共射放大电路，发射极终端与地相连，这种电路出现在许多放大器中。

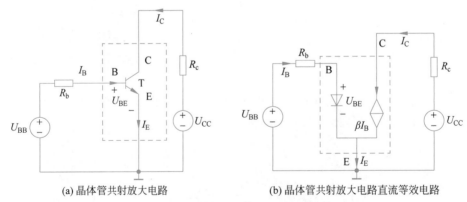

(a) 晶体管共射放大电路　　　　(b) 晶体管共射放大电路直流等效电路

图 4.4.13　NPN 晶体管共射放大电路

图 4.4.13(a) 为 NPN 管共发射极电路，图 4.4.13(b) 为图 4.4.13(a) 所示电路的直流等效电路。此时输入信号为零，B-E 极点之间是正向偏置，处于导通状态，两个极点之

间的电压为 $V_{BE(ON)}$，忽略反向偏置结漏电流，则此状态基极电流为

$$I_B = \frac{U_{BB} - U_{BE}}{R_b} \qquad (4.4.11)$$

式(4.4.11)中，当 $U_{BB} > U_{BE(ON)}$ 时，$I_B > 0$；当 $U_{BB} < U_{BE(ON)}$ 时，晶体管截止且 $I_B = 0$。集电极和发射极回路之间有以下关系：

$$I_C = \beta I_B \qquad (4.4.12)$$

$$U_{CC} = I_C R_c + U_{CE} \qquad (4.4.13)$$

$$U_{CE} = U_{CC} - I_C R_c \qquad (4.4.14)$$

式(4.4.14)可以隐含地假设 $U_{CE} > U_{BE(ON)}$，这表明 C-E 电极之间是反向偏置，此时晶体管处于放大状态。图 4.4.13(b) 可以得到晶体管的功耗为

$$P_T = I_B U_{BE(ON)} + I_C U_{CE} \qquad (4.4.15)$$

在许多情况下，$I_C \gg I_B$，$U_{CE} > U_{BE(ON)}$，所以功耗可以近似为

$$P_T \approx I_C U_{CE} \qquad (4.4.16)$$

当晶体管处于饱和状态时，此近似功耗公式无效。

开发用于确定的数学方法或模型电路来表示电路中电流电压的正弦变化之间的关系，线性放大器可以分别进行直流和交流分析，而为了获得线性放大器，时变或交流电流、交流电压必须够小，以确保交流信号之间的线性关系。下面进一步讨论小信号交流等效电路。

图 4.4.14(a) 是具有时变信号源和基本直流电源的共射放大电路。图 4.4.14(b) 是图 4.4.14(a) 所示电路对应的交流等效电路。

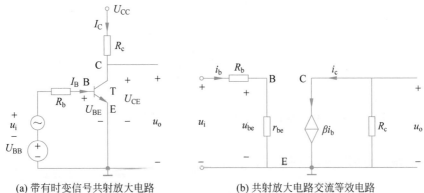

(a) 带有时变信号共射放大电路   (b) 共射放大电路交流等效电路

图 4.4.14　共射放大电路小信号交流电路

从图 4.4.14(b) 中以得到输入回路中：

$$u_{be} = \left(\frac{r_{be}}{r_{be} + R_b} \right) u_i \qquad (4.4.17)$$

电压放大倍数为

$$A_u = \frac{u_o}{u_i} = -\frac{\beta R_c}{R_b + r_{be}} \qquad (4.4.18)$$

4.4.2 共集放大电路

共集放大电路是第二种类型晶体管放大电路,其典型电路如图 4.4.15 所示,输出端一端与发射极连接,另一端与地相连。集电极直接连接到 U_{CC},同时此电路也称为射极跟随器。

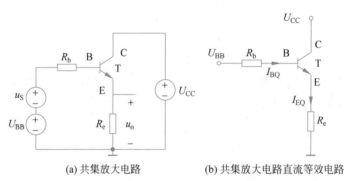

(a) 共集放大电路　　　　(b) 共集放大电路直流等效电路

图 4.4.15　NPN 晶体管共集放大电路

图 4.4.15(b)是图 4.4.15(a)所示电路对应的直流等效电路,根据直流通路图可以得到输入回路方程为

$$U_{BB} = I_{BQ}R_b + U_{BEQ} + I_{EQ}R_e$$
$$= I_{BQ}R_b + U_{BEQ} + (1+\beta)I_{BQ}R_e \tag{4.4.19}$$

基极静态电流、发射极静态电流和管压降分别为

$$I_{BQ} = \frac{U_{BB} - U_{BEQ}}{R_b + (1+\beta)R_e} \tag{4.4.20}$$

$$I_{EQ} = (1+\beta)I_{BQ} \tag{4.4.21}$$

$$U_{CEQ} = U_{CC} - I_{EQ}R_e \tag{4.4.22}$$

考虑小信号电压、电流增益、输入阻抗和输出阻抗,此时假设耦合电容 C_C 短路,图 4.4.16(b)为图 4.4.16(a)所示电路对应的交流等效电路。

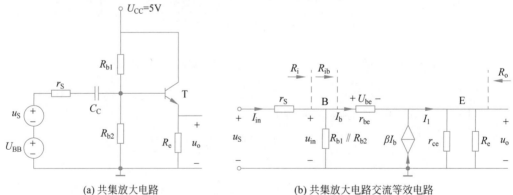

(a) 共集放大电路　　　　(b) 共集放大电路交流等效电路

图 4.4.16　共集放大电路小信号交流电路

由图 4.4.16(b)可得

$$I_1 = (1+\beta)I_b \tag{4.4.23}$$

$$u_o = (1+\beta)I_b(r_{ce} /\!/ R_e) \tag{4.4.24}$$

$$u_{in} = I_b[r_{be} + (1+\beta)(r_{ce} /\!/ R_e)] \tag{4.4.25}$$

$$R_{ib} = \frac{u_{in}}{I_b} = r_{be} + (1+\beta)(r_{ce} /\!/ R_e) \tag{4.4.26}$$

$$u_{in} = \left(\frac{R_i}{R_i + r_S}\right)u_S \tag{4.4.27}$$

当 $R_i = R_{b1} /\!/ R_{b2} /\!/ R_{ib}$ 时,可以得到放大倍数为

$$A_{uS} = \frac{u_o}{u_S} = \frac{(1+\beta)(r_{ce} /\!/ R_e)}{r_\pi + (1+\beta)(r_{ce} /\!/ R_e)}\left(\frac{R_i}{R_i + r_S}\right) \tag{4.4.28}$$

4.4.3 共基放大电路

在共基放大电路中,输入信号是由三极管的发射极与基极两端输入的,再由三极管的集电极与基极两端获得输出信号,因为基极是共同接地端,所以称为共基放大电路。共基极放大电路的输入阻抗很小,会使输入信号严重衰减,不适合作为电压放大器。但它的频带很宽,因此通常用来做宽频或高频放大器。在某些场合,共基放大电路也可以作为电流缓冲器使用。

图 4.4.17(a)显示了基极接地,输入信号作用于基极和发射极之间,经由负载输出信号。图 4.4.17(b)为图 4.4.17(a)所示电路对应直流等效模型。根据直流等效模型得到

$$I_{EQ} = \frac{U_{BB} - U_{BEQ}}{R_e} \tag{4.4.29}$$

$$I_{BQ} = \frac{I_{EQ}}{1+\beta} \tag{4.4.30}$$

$$U_{CEQ} = U_{CQ} - U_{EQ} = U_{CC} - I_{CQ}R_e + U_{BEQ} \tag{4.4.31}$$

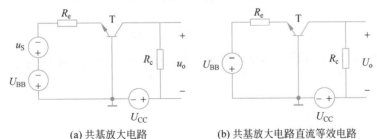

(a) 共基放大电路   (b) 共基放大电路直流等效电路

图 **4.4.17** NPN 晶体管共基放大电路

考虑小信号电压、电流增益、输入阻抗和输出阻抗,图 4.4.18(b)为图 4.4.18(a)所示电路对应的交流等效电路图。输出电阻假定为无穷大,图 4.4.18(b)为小信号共基放大电路的交流等效电路,其中包含混合 π 模型。

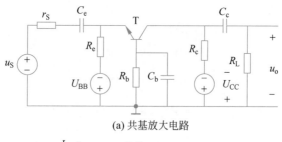

(a) 共基放大电路

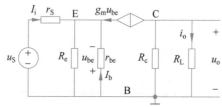

(b) 共基放大电路交流等效电路

图 4.4.18　NPN 晶体管混合 π 模型电路图

小信号的输出电压为

$$u_o = -(g_m u_{be})(R_c \mathbin{/\mkern-5mu/} R_L) \tag{4.4.32}$$

从发射极写 KCL 方程为

$$g_m u_{be} + \frac{u_{be}}{r_{be}} + \frac{u_{be}}{R_e} + \frac{u_S - (-U_{be})}{r_S} = 0 \tag{4.4.33}$$

当 $\beta = g_m r_{be}$ 时，式(4.4.33)可以写为

$$u_{be}\left(\frac{1+\beta}{r_{be}} + \frac{1}{R_e} + \frac{1}{r_S}\right) = -\frac{u_S}{r_S} \tag{4.4.34}$$

则有

$$u_{be} = -\frac{u_S}{r_S}\left[\left(\frac{r_{be}}{1+\beta}\right) \mathbin{/\mkern-5mu/} R_e \mathbin{/\mkern-5mu/} r_S\right] \tag{4.4.35}$$

根据式(4.4.32)和式(4.4.35)可以得到小信号电压放大倍数为

$$A_{uS} = +g_m\left(\frac{R_c \mathbin{/\mkern-5mu/} R_L}{r_S}\right)\left[\left(\frac{r_{be}}{1+\beta}\right) \mathbin{/\mkern-5mu/} R_e \mathbin{/\mkern-5mu/} r_S\right] \tag{4.4.36}$$

可以看出随着 r_S 逼近于 0，电压增益变为

$$A_u = g_m(R_c \mathbin{/\mkern-5mu/} R_L) \tag{4.4.37}$$

图 4.4.18(b)也可以用于确定小信号电流增益，该电流增益 $A_i = I_o / I_i$，在发射极写 KCL 方程为

$$I_i + \frac{u_{be}}{r_{be}} + g_m u_{be} + \frac{u_{be}}{R_e} = 0 \tag{4.4.38}$$

求解 u_{be}，可以得到

$$I_i = -\frac{u_{be}}{\left(\dfrac{r_{be}}{1+\beta}\right) \mathbin{/\mkern-5mu/} R_e} \tag{4.4.39}$$

负载电流为

$$I_o = -(g_m u_{be})\left(\frac{R_c}{R_c + R_L}\right) \tag{4.4.40}$$

联立式(4.4.39)和式(4.4.40)可以得到小信号的电流增益为

$$A_i = \frac{I_o}{I_i} = g_m\left(\frac{R_c}{R_c + R_L}\right)\left[\left(\frac{r_{be}}{1+\beta}\right) /\!/ R_e\right] \tag{4.4.41}$$

考虑极限情况,$R_e \gg R_L$,则电流增益为

$$A_{io} = \frac{g_m r_{be}}{1+\beta} = \frac{\beta}{1+\beta} = \alpha \tag{4.4.42}$$

对于共基放大电路,小信号电压增益常大于 1,小信号电流增益略小于 1,但是仍然具有小信号功率增益。

4.4.4　等效电阻总结

前面介绍了晶体管放大电路的基本结构以及各自在直流、交流下的工作状态。下面给出晶体管工作在交流状态下,在不同连接情况下的等效电阻总结,如表 4.4.1 所示(其中 r_s 为电源内阻)。

表 4.4.1　晶体管等效电阻总结

电 路 结 构	等效电阻表达式
	$r_x = r_{be} + (1+\beta)R_e \approx r_{be}(1+g_m R_e)$ 若 $R_e = 0$,则 $r_x = r_{be}$
	$r_x = r_{ce}\left\{1 + g_m\left[(r_{be}+r_s)/\!/R_e\right]\dfrac{r_{be}}{r_{be}+r_s}\right\}$ 若 $r_3 = 0$ 且 $r_{be} \ll R_e$,则 $r_x = r_{ce}(\beta+1)$ 若 $R_e = 0$,则 $r_x = r_{ce}$
	$r_x = \dfrac{1}{g_m}$
	$r_x = \dfrac{r_s + r_{be}}{1+\beta} /\!/ r_{ce} \approx \dfrac{r_s}{1+\beta} + \dfrac{1}{g_m}$ 若 $r_s = 0$,则 $r_x = \dfrac{1}{g_m}$

续表

电 路 结 构	等 效 电 阻 表 达 式
	$r_x = \dfrac{1}{g_m} \times \dfrac{r_{ce} + R_c}{r_{ce} + \dfrac{R_c}{\beta}}$ 若 $R_c = 0$，则 $r_x = \dfrac{1}{g_m}$

4.5 射极跟随器仿真实验

4.5.1 实验要求与目的

(1) 进一步掌握静态工作点的调试方法，深入理解静态工作点的作用。

(2) 调节电路的跟随范围，使输出信号的跟随范围最大。

(3) 测量电路的电压放大倍数、输入电阻和输出电阻。

(4) 测量电路的频率特性。

4.5.2 射极跟随器电路

1. 实验电路

射极跟随器电路如图 4.5.1 所示。

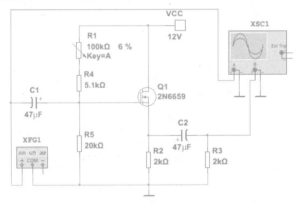

图 4.5.1　射极跟随器电路

2. 实验原理

在射极跟随器电路中，信号由基极和地之间输入，由发射极和地之间输出，集电极交流等效接地，所以集电极是输入信号和输出信号的公共端，故称为共集电极电路。又由于该电路的输出电压是跟随输入电压变化的，所以又称为射极跟随器。

3. 实验步骤

(1) 静态工作点的调整。按 1kHz 连接电路，输入信号由信号发生器产生一个幅度为 100mV、频率为 1kHz 的正弦信号。调节 R_w，使信号不失真输出。

（2）跟随范围调节。增大输入信号直到输出出现失真，观察出现了饱和失真还是截止失真，再增大或减小 R_w，使失真消除。再次增大输入信号，若出现失真，再调节 R_w，使输出波形达到最大不失真输出，此时电路的静态工作点是最佳工作点，输入信号是最大的跟随范围。最后输入信号增加到 3.7V，R_w 调在 6%，电路达到最大不失真输出。最大输入、输出信号波形如图 4.5.2 所示。

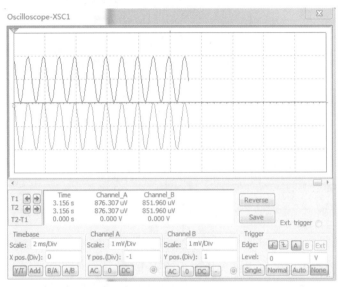

图 4.5.2　最大输入、输出波形图

（3）测量电压放大倍数。观察图 4.5.2 所示输入、输出波形，射极跟随器的输出信号与输入信号同相，幅度基本相等，所以，放大倍数 $A_u = 1$。

（4）测量输入电阻。测量输入电阻电路如图 4.5.3 所示，在输入端接入电阻 $R_6 =$ 1kΩ，XMM1 调到交流电流挡，XMM2 调到交流电压挡，输入端输入频率为 1kHz、电压为 1V 的输入信号，示波器监测输出波形不能失真。打开仿真开关，两台万用表的读数如图 4.5.3 所示。电路的输入电阻为

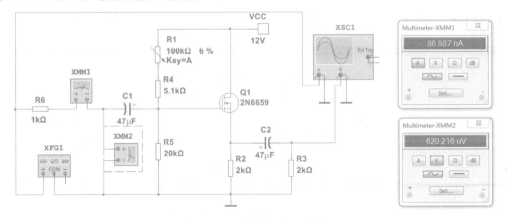

图 4.5.3　测量输入电阻电路图

$$r_i = \frac{U_i}{I_i} = \frac{620.216}{86.887} \approx 7.1(\text{k}\Omega)$$

此时的输入电阻只有 7.1kΩ,而希望输入电阻越大越好,按照教材中的设计,在栅极再引入一个电阻,如图 4.5.4 所示,再测输入电阻,可得

$$r_i = \frac{U_i}{I_i} = \frac{706.727}{367.263} \approx 1.9(\text{M}\Omega)$$

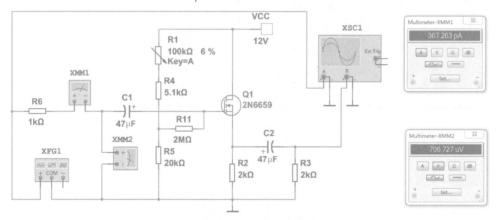

图 4.5.4　栅极再引入一个电阻后测量输入电阻

可见,在栅极引入电阻可以极大地增加输入电阻。

(5) 测量输出电阻。在测量共射极放大电路的输出电阻时,首先不接负载测输出电压,接着接上负载再次测量输出电压,最后通过计算可以得到输出电阻的大小。这里再介绍一种测量输出电阻的方法,即将电路的输入端短路,将负载拆除,在输出端加交流电源,测量输出端的电压和电流,如图 4.5.5 所示。电路的输出电阻为

$$r_o = \frac{U_o}{I_o} = \frac{999.961}{36.747} \approx 27(\Omega)$$

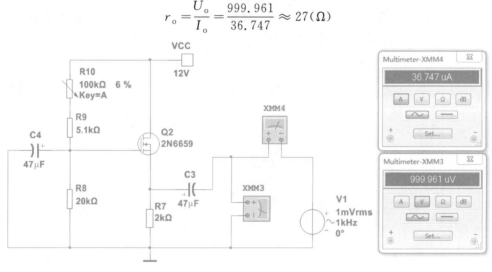

图 4.5.5　测量输出电阻电路图

4．实验结论

射极跟随器具有下列特点：

（1）电压放大倍数接近于 1，输出与输入同相，输出信号跟随输入信号的变化，电路没有电压放大能力。

（2）输入电阻高，输出电阻低，说明电路具有阻抗变换作用，带负载能力强。

习题

4.1 考虑当放大器输入电压是 10mV、输出电压是 1V，输入电流是 1mA、输出电流是 10mA 时，放大器的电压、电流以及功率的增益。

4.2 在如图 P4.2 所示电路图中，已知 $U_{TN}=1V$，$I_{DO}=2mA$，求 NMOS 管的静态工作点，画出直流等效电路。

4.3 在如图 P4.3 所示电路图中，已知 $U_{TN}=2V$，$I_{DO}=2mA$，试估算电路的静态工作点 U_{GSQ}、I_{DQ}、U_{DSQ}。

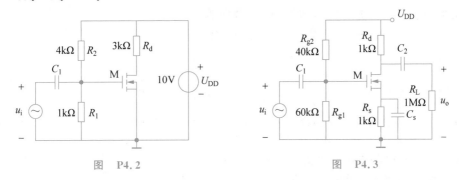

图 P4.2　　　　　　　　　　图 P4.3

4.4 求图 P4.4 所示共源极电路的等效跨导，并画出小信号等效模型。

4.5 在如图 P4.5 所示 MOS 管放大电路中，已知 $U_{DD}=3.3V$，$U_{TN}=0.4V$，$I_{DO}=0.08mA$，$U_A=50V$，$R_d=10k\Omega$，$R_1=140k\Omega$，$R_2=60k\Omega$，$r_S=4k\Omega$，试求电路的输出电阻 R_o、输出电压 u_o 和电压放大倍数 A_u。

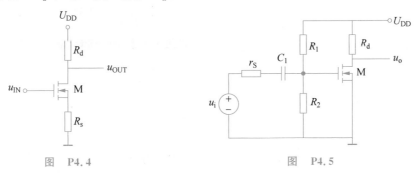

图 P4.4　　　　　　　　　　图 P4.5

4.6 如图 P4.6 所示的 MOS 管放大电路中，已知 $U_{DD}=12V$，$U_{TN}=1V$，$I_{DO}=2mA$，$U_A=\infty$，$R_s=4k\Omega$，$R_1=10k\Omega$，$R_2=50k\Omega$，$r_S=400\Omega$。求：电路的输出电阻 R_o、输出电压 u_o 以及空载电压放大倍数 A_u。

4.7 如图 P4.7 所示的 MOS 管放大电路中,$U_{GSQ}=2.12\text{V},U_{DD}=5\text{V},R_d=2.5\text{k}\Omega$。$U_{TN}=1\text{V},I_{DO}=1\text{mA}$。求解 g_m。

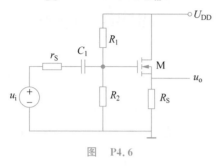

图　P4.6

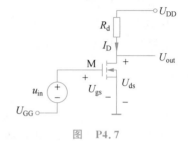

图　P4.7

4.8 在如图 P4.8 所示的等效电路中,$R_s=10\text{k}\Omega,R_p=5\text{k}\Omega,C_s=1\mu\text{F},C_p=0.4\text{pF}$。

(1) 写出时间常数的表达式;

(2) 求出截止频率和带宽。

4.9 有一个 N 沟道耗尽型 MOS 场效应管 $(I_{DSS}=1\text{mA})$,三个电阻(分别为 $1\text{M}\Omega$、$100\text{k}\Omega$、$10\text{k}\Omega$)和两个电容(分别为 $0.1\mu\text{F}$、$10\mu\text{F}$),要求从

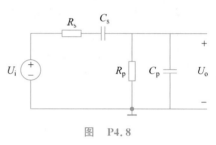

图　P4.8

中选择合适的电阻、电容组装一个如图 P4.9 所示的放大电路(其负载电阻为 $20\text{k}\Omega$),并希望该放大电路有较高的输入电阻和尽量低的下限截止频率。

4.10 某单级共射阻容耦合放大电路的中频电压放大倍数 $\dot{A}_{um}=-100$,下限截止频率 $f_L=20\text{Hz}$,上限截止频率 $f_H=200\text{kHz}$。

(1) 写出该电路电压放大倍数的频率特性表达式;

(2) 画出该放大电路的波特图。

4.11 电路如图 P4.11 所示,确定电容 C 的大小使得电路的截止频率 $f_L=20\text{Hz}$。

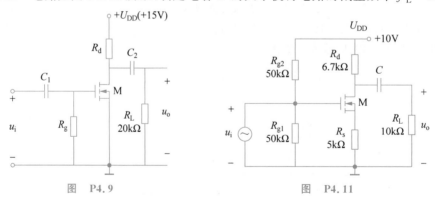

图　P4.9　　　　　　　　　　　图　P4.11

4.12 已知某放大电路电压放大倍数的频率特性为

$$\dot{A}_u=\frac{1000\text{j}\dfrac{f}{10}}{\left(1+\text{j}\dfrac{f}{10}\right)\left(1+\text{j}\dfrac{f}{10^6}\right)}$$

试求该电路的上、下限截止频率以及中频电压增益的分贝数。

4.13 在如图 P4.13 所示的场效应管共源放大电路中,$g_m = 5\text{mS}$,$r_{ds} \to \infty$,$C_{gs} = C_{gd} = C_{ds} = 4\text{pF}$,输入信号内阻 $r_S = 200\Omega$,求上限截止频率 f_H、下限截止频率 f_L、通频带 f_{BW} 和源电压放大倍数 $\dot{A}_{us}$。

4.14 如图 P4.14 所示的共射极放大电路中,$U_{CC} = 5\text{V}$,$U_{BB} = 0.8\text{V}$,$R_c = 2\text{k}\Omega$,$R_e = 200\Omega$,$R_L = 10\text{k}\Omega$,$U_T = 26\text{mV}$,$\beta = 100$,$U_A = 100\text{V}$,$U_{BE} \approx 0.7\text{V}$,$r_{ce} = 202\text{k}\Omega$,交流源内阻 $r_S = 100\Omega$。

(1) 求该电路的静态工作点;

(2) 画出该电路的高频等效电路并求 g_m、$r_{b'e}$。

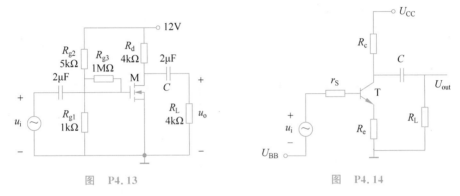

图 P4.13   图 P4.14

4.15 在图 P4.14 所示电路图中,忽略 $r_{bb'}$,求解以下等效电阻。

(1) 若不考虑交流源内阻 r_S,求电路的输入电阻。

(2) 考虑交流源内阻 r_S,求电路的输出电阻。

4.16 在如图 P4.16 所示的共基极放大电路中,已知 $U_{CC} = 5\text{V}$,$U_{BB} = 0.7\text{V}$,交流源内电阻 $r_S = 100\Omega$,$I_E = 0.5\text{mA}$,$R_L = 10\text{k}\Omega$,$U_T = 26\text{mV}$,$\beta = 100$,$U_A = 100\text{V}$,$r_{ce} = 202\text{k}\Omega$。画出电路直流通路、交流通路,并求解该电路的静态工作点以及 g_m、$r_{b'e}$。

4.17 在如图 P4.16 所示电路图中,画出高频等效电路,并求解以下等效电阻。

(1) 忽略 $r_{bb'}$,若不考虑交流源内阻 r_S,求电路的输入电阻。

(2) 忽略 $r_{bb'}$,考虑交流源内阻 r_S,求电路的输出电阻。

4.18 如图 P4.18 所示的共基极放大电路中,已知 $U_{CC} = 5\text{V}$,交流源内电阻 $r_S = 50\Omega$,$I_E = 0.5\text{mA}$,$R_C = 2\text{k}\Omega$,$R_L = 10\text{k}\Omega$,$U_T = 26\text{mV}$,$\beta = 100$,$r_{ce} = 202\text{k}\Omega$,$U_A = 100\text{V}$。画出高频等效电路并求静态工作点以及 g_m、$r_{b'e}$、R_{in}(忽略 $r_{bb'}$)。

4.19 如图 P4.19 所示电路中,已知 $R_1 = 51.2\text{k}\Omega$,$R_2 = 9.6\text{k}\Omega$,$R_c = 2\text{k}\Omega$,$R_e = 0.4\text{k}\Omega$,$r_S = 0.1\text{k}\Omega$,$C = 1\mu\text{F}$,$U_{CC} = 10\text{V}$,晶体管的参数 $U_{BE} = 0.7\text{V}$,$\beta = 100$,求电路的输入电阻和截止频率。

4.20 已知图 P4.20 所示放大电路中,晶体管的 $\beta = 50$,$r_{be} = 1\text{k}\Omega$,要求中频增益为 40dB,下限截止频率 $f_L = 10\text{Hz}$,试确定 R_c 和 C_1 的大小。

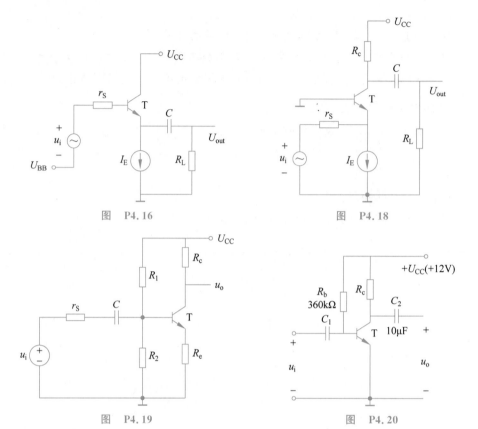

图　P4.16

图　P4.18

图　P4.19

图　P4.20

4.21　共射放大电路如图 P4.21 所示，$r_{be}=1.2k\Omega$，$r_S=300\Omega$，$R_b=100k\Omega$，$R_c=5k\Omega$，$R_L=5k\Omega$，试计算：

（a）$C_1=10\mu F$，C_2 足够大时的下限截止频率 f_L；

（b）$C_1=10\mu F$，$C_2=5\mu F$ 时的下限截止频率 f_L。

4.22　如图 P4.22 所示的电路中，已知 $U_{CC}=12V$，$R_S=2k\Omega$，$R_{b1}=30k\Omega$，$R_{b2}=10k\Omega$，$R_e=2.3k\Omega$，$R_C=3k\Omega$，$R_L=3k\Omega$，晶体管的 $\beta=50$，$r_{be}=1.4k\Omega$。试计算：

（a）$C_1=3\mu F$，C_2 和 C_e 足够大时的下限截止频率 f_L；

（b）$C_1=3\mu F$、$C_2=10\mu F$、$C_e=30\mu F$ 时的 f_L。

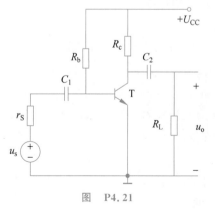

图　P4.21

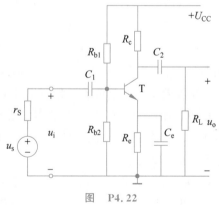

图　P4.22

第5章

多级放大电路与集成运算放大器

多级放大电路是把多个基本放大电路连接起来组成的电路。第一级放大电路一般要求有较高的输入电阻,以减小信号源电流,而末级放大电路通常要求较低的输出电阻,因此多级放大电路中通常在第一级采用场效应管放大电路或者射极跟随器得到高输入电阻,在最后一级采用射极跟随器得到低输出电阻,与低阻的负载相匹配。各级放大电路之间的连接方式则称为耦合,常见的耦合方式有直接耦合、阻容耦合、变压器耦合和光电耦合。

5.1 多级放大电路的耦合方式

5.1.1 直接耦合

直接耦合是将后级电路直接通过导线与前级相连,如图 5.1.1 所示。

图 5.1.1 中电阻 R_{c1} 既是第一级的集电极电阻,又是第二级的基极电阻。

上述电路存在以下两个问题:

(1) 严重的零点漂移现象。当输入信号为零时,前级温度变化所引起的电流、电位变化会被逐级放大。

(2) 前后级的直流电平需要匹配。求解 Q 点应按照各回路列多元一次方程,然后解方程组。

改进方法是设置合适的 Q 点以提高 T_2 管的基极电位,具体方法如下:

(1) 在 T_2 管的发射极加电阻 R_e,如图 5.1.2 所示。加电阻 R_e 后,第二级的 A_{u2} 下降,A_{u2} 为

$$A_{u2} = -\frac{\beta_2 R'_L}{r_{be2} + (1 + \beta_2)R_e}$$

(2) 在 T_2 管的发射极加二极管或者稳压管。

(3) NPN 管和 PNP 管混合使用。

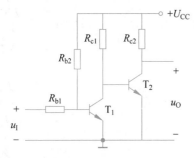

图 5.1.1 直接耦合

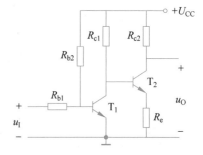

图 5.1.2 带发射极电阻 R_e 直接耦合

若只用 NPN 管,有 $U_{CQ1} = U_{BQ2} > U_{BQ1}$,$U_{CQ2} > U_{BQ2} = U_{CQ1}$。若 N 级共射放大电路全部用 NPN 管,因 $U_{CQi} > U_{BQi}$,所以 $U_{CQi} > U_{CQ(i-1)}$($i = 1 \sim N$),以至于后级集电极电位接近电源电压,Q 点不合适。

如图 5.1.3 所示,NPN 管和 PNP 管混合使用,可得

$$U_{CQ1} = U_{BQ2} > U_{BQ1}$$
$$U_{CQ2} < U_{BQ2} = U_{CQ1}$$

直接耦合具有以下优点：

（1）电路中没有电容和变压器，易于集成；

（2）能放大交流信号，同时也能放大缓变信号甚至直流信号。

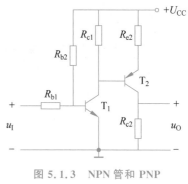

图 5.1.3　NPN 管和 PNP 管混合使用

直接耦合具有以下缺点：

（1）各级静态工作点 Q 相互影响，分析、设计和调试困难；

（2）前后级的直流电平需匹配；

（3）存在着严重的零点漂移现象。

5.1.2　阻容耦合

阻容耦合是将后级电路通过电容器与前级相连。图 5.1.4 为阻容耦合多级放大电路。

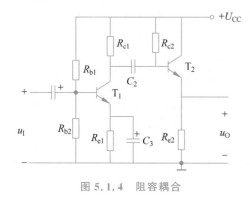

图 5.1.4　阻容耦合

利用电容连接信号源与放大电路、放大电路的前后级、放大电路与负载，为阻容耦合。

阻容耦合具有以下优点：

（1）各级之间直流通路不相通，Q 点相互独立；

（2）设计、应用便于高频交流信号的放大。

阻容耦合具有以下缺点：

（1）耦合电容隔断直流，不能放大直流信号，且当信号频率较低时，放大倍数下降。

（2）耦合电容容量大，不便于电路的集成。

5.1.3　变压器耦合

变压器耦合是将放大电路前级的输出端通过变压器接到后级的输入端或负载电阻上的连接方式。

变压器耦合具有以下优点：

（1）变压器不能传输直流信号，具有隔直流作用，因此各级静态工作点相互独立，互不影响；

（2）在传输信号的同时，可以进行阻抗、电压、电流的变换，因此在分立元件功率放大电路中得到广泛应用设计。

变压器耦合具有以下缺点：

（1）变压器耦合低频特性较差；

（2）体积较大、较为笨重，不利于电路集成化。

5.1.4 光电耦合

光电耦合是以光信号为媒介来实现电信号的耦合和传递。图 5.1.5 为光电耦合多级放大电路。

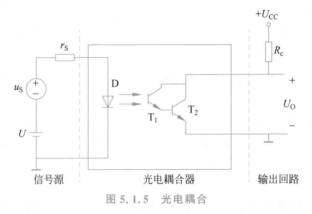

图 5.1.5　光电耦合

光电耦合器是将发光元件(发光二极管)与光敏元件(光电三极管)相互绝缘地组合在一起：发光元件为输入回路,将电能转化成光能,光敏元件为输出回路,将光能再转换成电能,实现输入与输出电路的电气隔离,从而可有效地抑制电干扰。

5.2 阻容耦合多级放大电路

对于单级放大电路而言,在实际应用中常常会受到对电路多种要求的限制而无法进行选用,比如,实际所需的输出电压值可能超过一个单级放大电路所能达到的最大值,而此时可以对多个单级放大电路进行不同的组合,构成多级放大电路。通过对多级放大电路的设计,可以产生更高的增益和指定输入和输出电阻特性。常见的二级放大电路如图 5.2.1 所示。

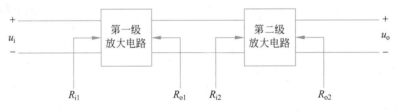

图 5.2.1　常见的二级放大电路

多级放大电路也有着多种不同的耦合方式,常见的有阻容耦合、直接耦合、光电耦合和变压器耦合。

直接耦合是指将前一级的输出端直接连接到后一级的输入端。直接耦合方式通常具有良好的低频特性,可以放大变化缓慢的信号,并且易于构成集成电路;但是采用直接耦合方式时,各级之间的直流通路相连,因而静态工作点相互影响,存在零点漂移现象。阻容耦合方式是指将放大电路的前一级的输出端通过电容接到后一级的输入端。由于耦合电容的隔直流通交流作用,使得阻容耦合放大电路各级之间的直流通路不相通,各级的静态工作点相互独立,可以单独考虑各级放大器的静态工作点。对于交流输入信号,如果信号频率较高,耦合电容容量较大,前级的输出信号可以几乎没有衰减地传递到后级的输入端,但是阻容耦合放大电路不能对直流信号和超低频交流信号进行放大。变压器耦合方式是指将放大电路前级的输出端通过变压器接到后级的输入端或负载电阻上。变压器耦合方式如今已经基本上被集成功率放大电路取代。

本节主要探究阻容耦合方式连接的多级放大电路。图 5.2.2 为典型的两个 N 沟道增强型场效应管阻容耦合放大电路。

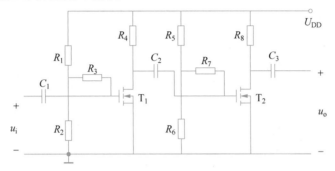

图 5.2.2 两个 N 沟道增强型场效应管阻容耦合放大电路

对多级放大电路进行分析时,通常将对多级电路的分析简化成对多个单级电路的分析,将前一级放大电路的输出电阻作为后一级放大电路的输入信号源内阻,或者将后一级放大电路的输入电阻作为前一级放大电路的负载电阻。由于多级放大电路中前一级放大电路的输出即为后一级电路的输入,因此多级放大电路的总放大倍数为各级电路放大倍数的乘积。

5.2.1 静态工作点

阻容耦合电路中,前一级放大电路的输出端通过电容连接到后一级放大电路的输入端,适用于输入信号频率较高以及输出功率较大的情况。而由于耦合电容对直流电流的阻隔作用,使得阻容耦合电路的前一级放大电路与后一级放大电路之间的直流通路无法互通,各级放大电路的静态工作点可以当作相互独立,因此对各级放大电路的静态工作点的分析较为简单,只需对每一级电路进行单独分析。

当输入信号为零,直流电源单独作用时,放大电路的工作状态称为静态,而此时场效应管的栅极-源极间电压 U_{GSQ}、漏极-源极间电压 U_{DSQ}、漏极电流 I_{DQ} 称为放大电路的静态工作点。静态工作点由直流通路所决定,通过设置合适的静态工作点,可以确保放大电路在不失真的前提下对信号进行放大。

对图 5.2.3 所示的 N 沟道增强型场效应管与晶体管阻容耦合放大电路进行分析。

首先进行静态工作点的估算。只考虑直流分量的影响,将输入信号置为 0,将电容视为开路。将电容视为开路后的等效电路如图 5.2.4 所示。

阻容耦合的连接方式下,由于电容的隔直流作用,各级放大电路的静态工作点相互独立,画出第一级放大电路的等效电路如图 5.2.5 所示。

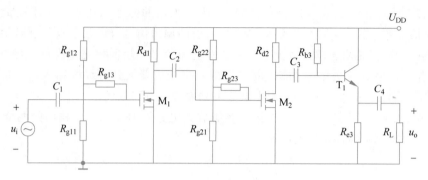

图 5.2.3　N 沟道增强型场效应管与晶体管阻容耦合放大电路

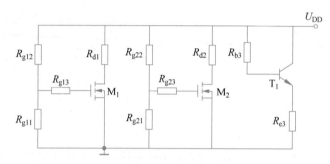

图 5.2.4　将电容视为开路后的等效电路

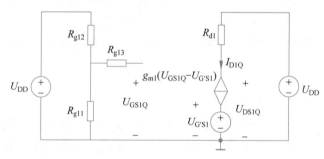

图 5.2.5　第一级放大电路

$$U_{\text{GS1Q}} = U_{\text{G1}} = \frac{R_{\text{g11}}}{R_{\text{g11}} + R_{\text{g12}}} U_{\text{DD}} \qquad (5.2.1)$$

$$I_{\text{D1Q}} = g_{\text{m1}}(U_{\text{GS1Q}} - U_{\text{G'S1}}) \qquad (5.2.2)$$

$$U_{\text{DS1Q}} = U_{\text{DD}} - R_{\text{d1}} I_{\text{D1Q}} \qquad (5.2.3)$$

式中

$$g_{\text{m1}} = \frac{\text{d}i_{\text{D1}}}{\text{d}u_{\text{GS1}}}\bigg|_{Q} = \frac{2I_{\text{DO1}}}{U_{\text{TN1}}}\left(\frac{U_{\text{GS1Q}}}{U_{\text{TN1}}} - 1\right)$$

$$U_{\text{G'S1}} = \frac{U_{\text{GS1Q}} + U_{\text{TN1}}}{2}$$

第二级放大电路等效电路如图 5.2.6 所示。

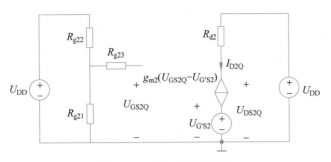

图 5.2.6　第二级放大电路

$$U_{\text{GS2Q}} = U_{\text{G2}} = \frac{R_{\text{g21}}}{R_{\text{g21}} + R_{\text{g22}}} U_{\text{DD}} \tag{5.2.4}$$

$$I_{\text{D2Q}} = g_{\text{m2}} (U_{\text{GS2Q}} - U_{\text{G'S2}}) \tag{5.2.5}$$

$$U_{\text{DS2Q}} = U_{\text{DD}} - R_{\text{d2}} I_{\text{D2Q}} \tag{5.2.6}$$

式中

$$g_{\text{m2}} = \frac{\mathrm{d}i_{\text{D2}}}{\mathrm{d}u_{\text{GS2}}} \bigg|_{Q} = \frac{2I_{\text{DO2}}}{U_{\text{TN2}}} \left(\frac{U_{\text{GS2Q}}}{U_{\text{TN2}}} - 1\right)$$

$$U_{\text{G'S2}} = \frac{U_{\text{GS2Q}} + U_{\text{TN2}}}{2}$$

第三级放大电路等效电路如图 5.2.7 所示。

$$I_{\text{B3Q}} = \frac{U_{\text{DD}} - U_{\text{on}} - U_{\text{T}}}{R_{\text{b3}} + r_{\text{be3}} + (1 + \beta_3) R_{\text{e3}}} \tag{5.2.7}$$

$$r_{\text{be3}} = r_{\text{bb'3}} + \frac{U_{\text{T}}}{I_{\text{B3Q}}} \tag{5.2.8}$$

$$I_{\text{C3Q}} = \beta_3 I_{\text{B3Q}} \tag{5.2.9}$$

$$U_{\text{CE3Q}} = U_{\text{DD}} - R_{\text{e3}} (I_{\text{B3Q}} + I_{\text{C3Q}}) \approx U_{\text{DD}} - R_{\text{e3}} I_{\text{C3Q}} \tag{5.2.10}$$

式中：$r_{\text{bb'3}}$ 为基极电阻。在常温下，$U_{\text{T}} \approx 26\text{mV}$。

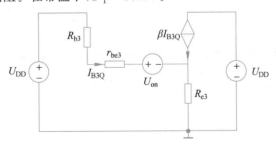

图 5.2.7　第三级放大电路

通过以上步骤对各级放大电路分别进行分析，即可求得静态工作点。

分析了增强型场效应管与晶体管阻容耦合放大电路之后，接下来进行对共源-共源-共漏放大电路的分析，如图 5.2.8 所示，对其静态工作点进行估算。

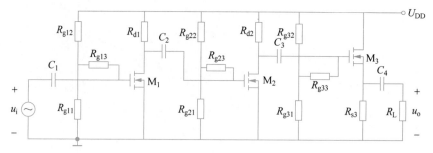

图 5.2.8 共源-共源-共漏放大电路

考虑直流通路,如图 5.2.9 所示,该电路由三级放大电路组成。

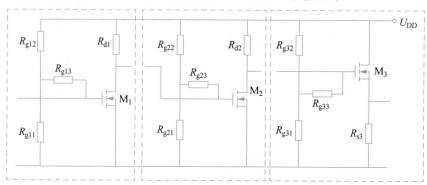

图 5.2.9 共源-共源-共漏放大电路的直流通路

共源-共源-共漏放大电路的第一级电路的小信号等效电路如图 5.2.10 所示。

$$U_{GS1Q} = \frac{R_{g11}}{R_{g11} + R_{g12}} U_{DD} \tag{5.2.11}$$

$$I_{D1Q} = g_{m1}(U_{GS1Q} - U_{G'S1}) \tag{5.2.12}$$

$$U_{DS1Q} = U_{DD} - R_{d1} I_{D1Q} \tag{5.2.13}$$

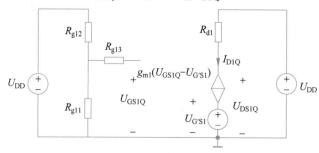

图 5.2.10 共源-共源-共漏放大电路的第一级小信号等效电路

式中

$$g_{m1} = \frac{\mathrm{d}i_{D1}}{\mathrm{d}u_{GS1}}\bigg|_Q = \frac{2I_{DO1}}{U_{TN1}}\left(\frac{U_{GS1Q}}{U_{TN1}} - 1\right)$$

$$U_{G'S1} = \frac{U_{GS1Q} + U_{TN1}}{2}$$

共源-共源-共漏放大电路的第二级电路的小信号等效电路如图 5.2.11 所示。

$$U_{GS2Q} = \frac{R_{g21}}{R_{g21} + R_{g22}} U_{DD} \tag{5.2.14}$$

$$I_{D2Q} = g_{m2}(U_{GS2Q} - U_{G'S2}) \tag{5.2.15}$$

$$U_{DS2Q} = U_{DD} - R_{d2} I_{D2Q} \tag{5.2.16}$$

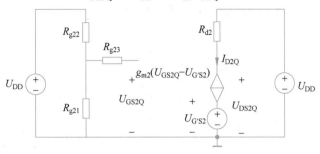

图 5.2.11　共源-共源-共漏放大电路的第二级小信号等效电路

式中

$$g_{m2} = \frac{\mathrm{d}i_{D2}}{\mathrm{d}u_{GS2}}\bigg|_Q = \frac{2I_{DO2}}{U_{TN2}}\left(\frac{U_{GS2Q}}{U_{TN2}} - 1\right)$$

$$U_{G'S2} = \frac{U_{GS2Q} + U_{TN2}}{2}$$

共源-共源-共漏放大电路的第三级电路的小信号等效电路如图 5.2.12 所示。

$$U_{GS3Q} = \frac{R_{g31}}{R_{g31} + R_{g32}} U_{DD} - R_{s3} I_{D3Q} \tag{5.2.17}$$

$$I_{D3Q} = g_{m3}(U_{GS3Q} - U_{G'S3}) = I_{DO3}\left(\frac{U_{GS3Q}}{U_{TN3}} - 1\right)^2 \tag{5.2.18}$$

$$g_{m3} = \frac{\mathrm{d}i_{D3}}{\mathrm{d}u_{GS3}}\bigg|_Q = \frac{2I_{DO3}}{U_{TN3}}\left(\frac{U_{GS3Q}}{U_{TN3}} - 1\right) \tag{5.2.19}$$

$$U_{G'S3} = \frac{U_{GS3Q} + U_{TN3}}{2} \tag{5.2.20}$$

$$U_{DS3Q} = U_{DD} - R_{s3} I_{D3Q} \tag{5.2.21}$$

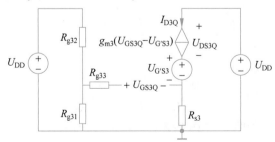

图 5.2.12　共源-共源-共漏放大电路的第三级小信号等效电路

5.2.2　基本性能

在多级放大电路中,输入电阻基本上等于第一级放大电路的输入电阻,而输出电阻约等于末级放大电路的输出电阻。通常情况下,多级放大电路与单级放大电路相比,电压增益会变大,而通频带会变窄。

图 5.2.13 为三级放大电路的小信号等效模型。

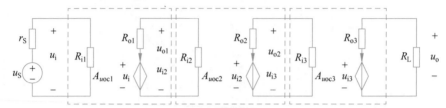

图 5.2.13　三级放大电路的小信号等效模型

对于输入电阻 R_i,如图 5.2.14 所示,有

$$u_i = R_{i1} i_i$$

$$R_i = \frac{u_i}{i_i} = \frac{R_{i1} i_i}{i_i} = R_{i1} \tag{5.2.22}$$

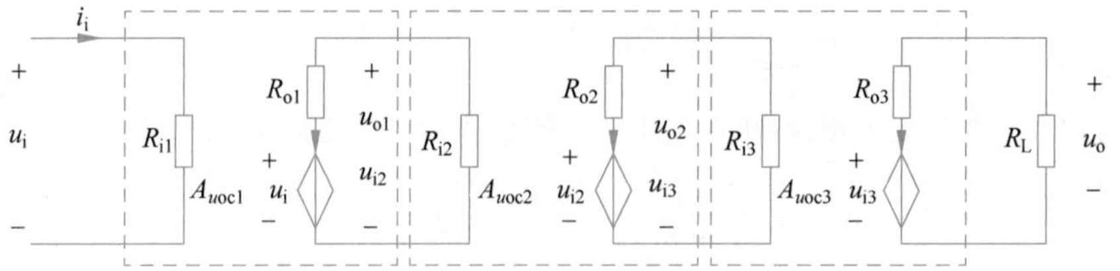

图 5.2.14　三级放大电路的小信号等效模型(1)

对于空载电压放大倍数 A_{uoc},如图 5.1.15 所示,有

$$u_{oc} = A_{uoc3} u_{i3} = A_{uoc3} u_{o2}$$

$$= A_{uoc3} \frac{R_{i3}}{R_{o2} + R_{i3}} A_{uoc2} u_{i2}$$

$$= A_{uoc3} \frac{R_{i3}}{R_{o2} + R_{i3}} A_{uoc2} u_{o1} \tag{5.2.23}$$

$$= A_{uoc3} \frac{R_{i3}}{R_{o2} + R_{i3}} A_{uoc2} \frac{R_{i2}}{R_{o1} + R_{i2}} A_{uoc1} u_i$$

$$= A_{uoc3} A_{u2} A_{u1} u_i$$

$$A_{uoc} = \frac{u_{oc}}{u_i} = A_{uoc3} \frac{R_{i3}}{R_{o2} + R_{i3}} A_{uoc2} \frac{R_{i2}}{R_{o1} + R_{i2}} A_{uoc1} = A_{uoc3} A_{u2} A_{u1} \tag{5.2.24}$$

对于输出电阻 R_o,如图 5.2.16 所示。

当 $u_S = 0$ 时,$u_i = 0$,则有

$$A_{uoc1} u_i = 0 \rightarrow u_{i2} = 0 \rightarrow A_{uoc2} u_{i2} = 0 \rightarrow u_{i3} = 0 \rightarrow A_{uoc3} u_{i3} = 0$$

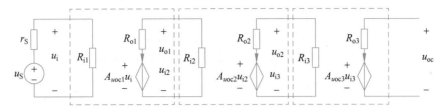

图 5.2.15　三级放大电路的小信号等效模型(2)

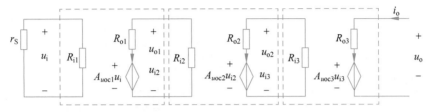

图 5.2.16　三级放大电路的小信号等效模型(3)

所以根据 $u_o = R_{o3} i_o$，若在输出端加入测试信号，必然会产生相应的动态电流，则有

$$R_o = \frac{u_o}{i_o}\bigg|_{u_S=0} = R_{o3} \tag{5.2.25}$$

源电压倍数为

$$
\begin{aligned}
A_{us} &= \frac{R_L}{R_o + R_L} \frac{R_i}{r_S + R_i} \\
&= \frac{R_L}{R_o + R_L} A_{uoc3} \frac{R_{i3}}{R_{o2} + R_{i3}} A_{uoc2} \frac{R_{i2}}{R_{o1} + R_{i2}} A_{uoc1} \frac{R_i}{r_S + R_i} \tag{5.2.26} \\
&= A_{u3} A_{u2} A_{u1} \frac{R_i}{r_S + R_i} \\
&= A_{u3} A_{u2} A_{us1}
\end{aligned}
$$

关于多级放大电路的一些基本性能指标，通过图 5.2.8 所示共源-共源-共漏放大电路来进一步分析。将原电路转化为图 5.2.17 所示等效电路。

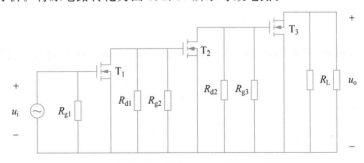

图 5.2.17　多级放大电路的等效电路

图中：

$$R_{g1} = (R_{g11} /\!/ R_{g12}) + R_{g13} \tag{5.2.27}$$

$$R_{g2} = (R_{g21} \; /\!/ \; R_{g22}) + R_{g23} \tag{5.2.28}$$

$$R_{g3} = (R_{g31} \; /\!/ \; R_{g32}) + R_{g33} \tag{5.2.29}$$

共源-共源-共漏放大电路的小信号等效电路如图 5.2.18 所示。

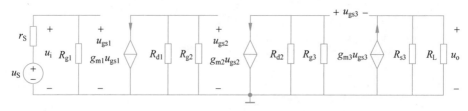

图 5.2.18　共源-共源-共漏放大电路的小信号等效电路

源漏电阻

$$r_{ds1} = \frac{U_{A1}}{I_{D1Q}} \to \infty \tag{5.2.30}$$

$$r_{ds2} = \frac{U_{A2}}{I_{D2Q}} \to \infty \tag{5.2.31}$$

$$r_{ds3} = \frac{U_{A3}}{I_{D3Q}} \to \infty \tag{5.2.32}$$

因此 r_{ds1}、r_{ds2}、r_{ds3} 可视为断路。

第一级小信号等效电路如图 5.2.19 所示。

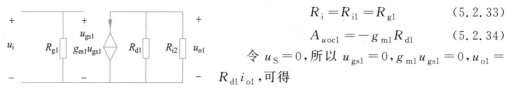

图 5.2.19　第一级小信号等效电路

$$R_i = R_{i1} = R_{g1} \tag{5.2.33}$$

$$A_{uoc1} = -g_{m1}R_{d1} \tag{5.2.34}$$

令 $u_S = 0$，所以 $u_{gs1} = 0$，$g_{m1}u_{gs1} = 0$，$u_{o1} = -R_{d1}i_{o1}$，可得

$$R_{o1} = \frac{u_{o1}}{i_{o1}} \bigg|_{u_S=0} = R_{d1} \tag{5.2.35}$$

第二级小信号等效电路如图 5.2.20 所示。

$$R_{i2} = R_{g2} \tag{5.2.36}$$

$$A_{uoc2} = -g_{m2}R_{d2} \tag{5.2.37}$$

令 $u_S = 0$，所以 $u_{gs1} = 0$，$g_{m1}u_{gs1} = 0$，则 $u_{gs2} = 0$，$g_{m2}u_{gs2} = 0$，$u_{o2} = R_{d2}i_{o2}$，可得

$$R_{o2} = \frac{u_{o2}}{i_{o2}} \bigg|_{u_S=0} = R_{d2} \tag{5.2.38}$$

第三级小信号等效电路如图 5.2.21 所示。

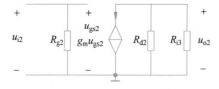

图 5.2.20　第二级小信号等效电路

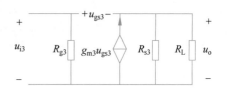

图 5.2.21　第三级小信号等效电路

$$R_{i3} = R_{g3} \tag{5.2.39}$$

$$A_{uoc3} = \frac{g_{m3}R_{s3}}{1 + g_{m3}R_{s3}} \tag{5.2.40}$$

令 $u_S = 0$，得到 $u_{gs1} = 0 \rightarrow g_{m1}u_{gs1} = 0 \rightarrow u_{gs2} = 0 \rightarrow g_{m2}u_{gs2} = 0$。

从图 5.1.21 中可以看出，$u_{gs3} = -u_o$，所以 $g_{m3}u_{gs3} = -g_{m3}u_o$，则有

$$i_o = g_{m3}u_o + \frac{u_o}{R_{s3}} \tag{5.2.41}$$

$$R_o = R_{o3} = \left. \frac{u_o}{i_o} \right|_{u_S = 0} = \frac{1}{g_{m3}} /\!/ R_{s3} \approx \frac{1}{g_{m3}} \tag{5.2.42}$$

空载电压放大倍数为

$$A_{uoc} = A_{uoc3}\frac{R_{i3}}{R_{o2} + R_{i3}}A_{uoc2}\frac{R_{i2}}{R_{o1} + R_{i2}}A_{uoc1}$$

$$= \frac{R_{g3}}{R_{d2} + R_{g3}}\frac{R_{g2}}{R_{d1} + R_{g2}}\frac{g_{m3}g_{m2}g_{m1}R_{s3}R_{d2}R_{d1}}{1 + g_{m3}R_{s3}} \tag{5.2.43}$$

源电压放大倍数为

$$A_{us} = \frac{R_L}{R_o + R_L}\frac{R_i}{R_s + R_i}A_{uoc}$$

$$= \frac{R_L}{\dfrac{1}{g_{m3}} + R_L}\frac{R_{g3}}{R_{d2} + R_{g3}}\frac{R_{g2}}{R_{d1} + R_{g2}}\frac{R_{g1}}{R_s + R_{g1}}\frac{g_{m3}g_{m2}g_{m1}R_{s3}R_{d2}R_{d1}}{1 + g_{m3}R_{s3}}$$

$$\tag{5.2.44}$$

例 5.1 在图 5.2.22 所示共源-共源-共漏放大电路中，$U_{TN1} = U_{TN2} = U_{TN3} = 1\text{V}$，$I_{DO1} = I_{DO2} = I_{DO3} = 2\text{mA}$，$U_{A1} = U_{A2} = U_{A3} \rightarrow \infty$，$R_s = 0.2\text{k}\Omega$。试求：

(1) 静态工作点 Q_1、Q_2、Q_3；

(2) 输入电阻 R_i、空载电压放大倍数 A_{uoc}、输出电阻 R_o 和源电压放大倍数 A_{us}。

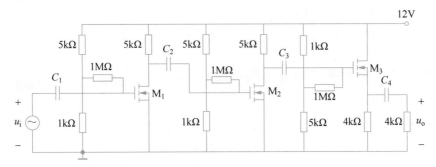

图 5.2.22 共源-共源-共漏放大电路举例

解：画出等效电路图，首先进行静态工作点的分析，对多级放大电路进行逐级单独分析。第一级放大电路等效电路如图 5.2.23 所示。

$$U_{GS1Q} = \frac{R_{g_{11}}}{R_{g_{11}} + R_{g_{12}}} U_{DD} = \frac{1}{1+5} \times 12 = 2(V)$$

$$g_{m1} = \frac{2I_{DO1}}{U_{TN1}} \left(\frac{U_{GS1Q}}{U_{TN1}} - 1 \right) = \frac{2 \times 2}{1} \left(\frac{2}{1} - 1 \right) = 4(mS)$$

$$U_{G'S1} = \frac{U_{GS1Q} + U_{TN1}}{2} = \frac{2+1}{2} = 1.5(V)$$

$$I_{D1Q} = g_m (U_{GS1Q} - U_{G'S1}) = 4 \times (2 - 1.5) = 2(mA)$$

$$U_{DS1Q} = U_{DD} - R_{d1} I_{D1Q} = 12 - 5 \times 2 = 2(V)$$

$$r_{ds1} = \frac{U_{A1}}{I_{D1Q}} = \frac{U_{A1}}{2} \to \infty$$

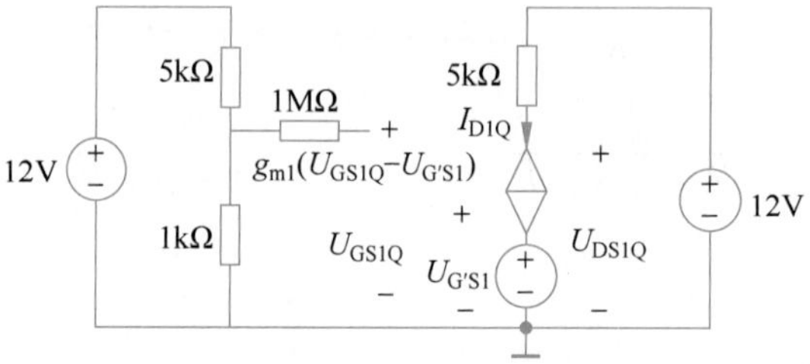

图 5.2.23　第一级放大电路等效电路

第二级放大电路等效电路如图 5.2.24 所示。

$$U_{GS2Q} = \frac{R_{g21}}{R_{g21} + R_{g22}} U_{DD} = \frac{1}{1+5} \times 12 = 2(V)$$

$$g_{m2} = \frac{2I_{DO2}}{U_{TN2}} \left(\frac{U_{GS2Q}}{U_{TN2}} - 1 \right) = \frac{2 \times 2}{1} \left(\frac{2}{1} - 1 \right) = 4(mS)$$

$$U_{G'S2} = \frac{U_{GS2Q} + U_{TN2}}{2} = \frac{2+1}{2} = 1.5(V)$$

$$I_{D2Q} = g_m (U_{GS2Q} - U_{G'S2}) = 4 \times (2 - 1.5) = 2(mA)$$

$$U_{DS2Q} = U_{DD} - R_{d2} I_{D2Q} = 12 - 5 \times 2 = 2(V)$$

$$r_{ds2} = \frac{U_{A2}}{I_{D2Q}} = \frac{U_{A2}}{2} \to \infty$$

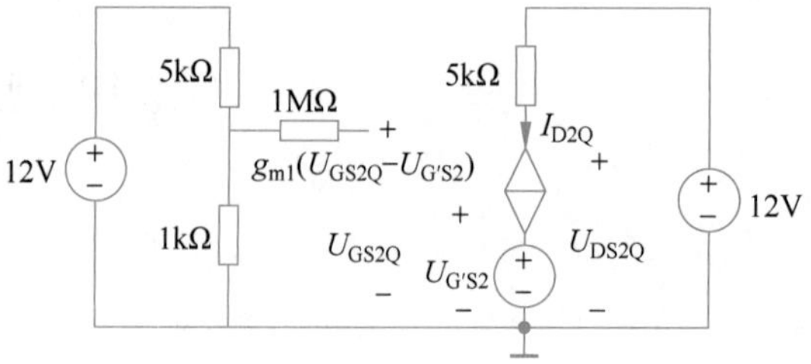

图 5.2.24　第二级放大电路等效电路

第三级放大电路等效电路如图 5.2.25 所示。

$$U_{GS3Q} = \frac{R_{g31}}{R_{g31} + R_{g32}} U_{DD} - R_{S3} I_{D3Q} = \frac{5}{5+1} \times 12 - 4 I_{D3Q} = 10 - 4 I_{D3Q}$$

$$I_{D3Q} = I_{DO3}\left(\frac{U_{GS3Q}}{U_{TN3}} - 1\right)^2 = 2\left(\frac{U_{GS3Q}}{1} - 1\right)^2 = 2U_{GS3Q}^2 - 4U_{GS3Q} + 2$$

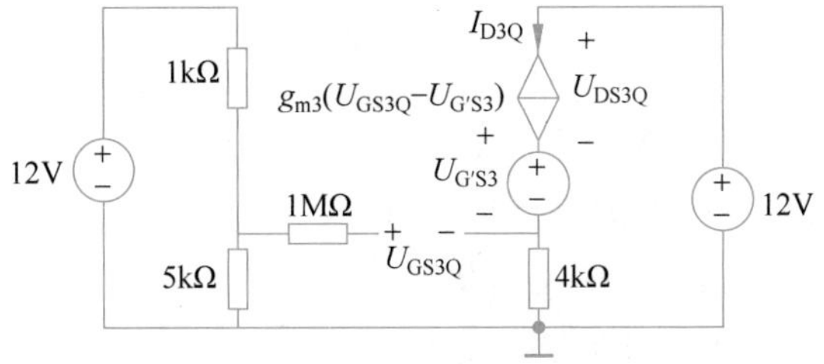

图 5.2.25 第三级放大电路等效电路

则有

$$8U_{GS3Q}^2 - 15U_{GS3Q} - 2 = (U_{GS3Q} - 2)(8_{UGS3Q} + 1) = 0$$

$$U_{GS3Q} = 2V$$

$$g_{m3} = \frac{2I_{DO3}}{U_{TN3}}\left(\frac{U_{GS3Q}}{U_{TN3}} - 1\right) = \frac{2 \times 2}{1}\left(\frac{2}{1} - 1\right) = 4\,(\text{mS})$$

$$U_{G'S3} = \frac{U_{GS3Q} + U_{TN3}}{2} = \frac{2 + 1}{2} = 1.5\,(\text{V})$$

$$I_{D3Q} = g_{m3}(U_{GS3Q} - U_{G'S3}) = 4 \times (2 - 1.5) = 2\,(\text{mA})$$

$$U_{DS3Q} = U_{DD} - R_{S3} I_{D3Q} = 12 - 4 \times 2 = 4\,(\text{V})$$

$$r_{ds3} = \frac{U_{A3}}{I_{DO3}} = \frac{U_{A3}}{2} \to \infty$$

图 5.2.26 为该共源-共源-共漏放大电路的小信号等效电路。

$$R_{g1} = (g_{g11} \ /\!/ \ R_{g22}) + R_{g13} = \frac{1000 \times 5}{1000 + 5} + 1000 \approx 1000\text{k}\Omega = 1\text{M}\Omega$$

$$R_{g2} = (g_{g21} \ /\!/ \ R_{g22}) + R_{g23} = \frac{1000 \times 5}{1000 + 5} + 1000 \approx 1000\text{k}\Omega = 1\text{M}\Omega$$

$$R_{g3} = (g_{g31} \ /\!/ \ R_{g32}) + R_{g33} = \frac{1000 \times 5}{1000 + 5} + 1000 \approx 1000\text{k}\Omega = 1\text{M}\Omega$$

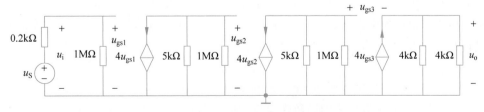

图 5.2.26 共源-共源-共漏放大电路的小信号等效电路

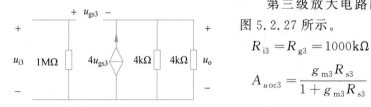

图 5.2.27　第三级放大电路的小信号等效电路

第三级放大电路的小信号等效电路如图 5.2.27 所示。

$$R_{i3} = R_{g3} = 1000\text{k}\Omega$$

$$A_{uoc3} = \frac{g_{m3}R_{s3}}{1 + g_{m3}R_{s3}} = \frac{4 \times 4}{1 + 4 \times 4} \approx 0.94$$

$$R_o = R_{o3} \approx \frac{1}{g_{m3}} = \frac{1}{4} = 0.25(\text{k}\Omega)$$

第二级放大电路的小信号等效电路如图 5.2.28 所示。

$$R_{i2} = R_{g2} = 1000\text{k}\Omega$$

$$A_{uo2} = -g_{m2}R_{d2} = -4 \times 5 = -20$$

$$R_{o2} = R_{d2} = 5\text{k}\Omega$$

第一级放大电路的小信号等效电路如图 5.2.29 所示。

$$R_i = R_{i1} = R_{g1} = 1000\text{k}\Omega$$

$$A_{uoc1} = -g_{m1}R_{d1} = -4 \times 5 = -20$$

$$R_{o1} = R_{d1} = 5\text{k}\Omega$$

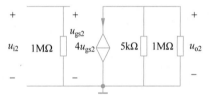
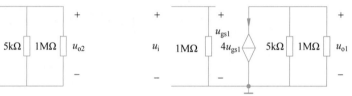

图 5.2.28　第二级放大电路的小信号等效电路　　图 5.2.29　第一级放大电路的小信号等效电路

所以该共源-共源-共漏放大电路的空载电压放大倍数为

$$A_{uoc} = A_{uoc3}\frac{R_{g3}}{R_{d2} + R_{g3}}A_{uoc2}\frac{R_{g2}}{R_{o1} + R_{i1}}A_{uoc1}$$

$$= 0.94 \times \frac{1000}{5 + 1000} \times (-20) \times \frac{1000}{5 + 1000} \times (-20)$$

$$\approx 372.3$$

源电压放大倍数为

$$A_{us} = \frac{R_L}{R_o + R_L}\frac{R_i}{R_s + R_i}A_{uoc} = \frac{4}{0.25 + 4} \times \frac{1000}{0.2 + 1000} \times 372.3 \approx 350.3$$

对多级放大电路进行分析时,应先进行直流分析以求出静态工作点,再对电路进行交流分析以求出电路动态参数。只有各级电路都工作在合适的静态工作点时,才能对信号进行有效放大,并可求出相应的电路动态参数。

5.2.3　频率特性

在实际应用中,多级放大电路所需要放大的信号往往不同于之前章节中所假定的输入信号 U_i 为单一频率的正弦波,由于电路中电抗元件的存在,放大电路对不同频率的输入信号也有着不同的放大能力,同时不同频率分量的信号通过放大电路的放大作用后还会产生不同程度的相移,因此还需要对放大电路的频率特性进行分析和讨论。

电路的频率特性包括幅频特性和相频特性两个部分:幅频特性反映出信号放大倍数与频率之间的关系,通常用 A_u 表示;相频特性反映出输出信号与输入信号的相位差与频率的关系,通常用 φ 表示。

在多级阻容耦合放大电路中,多级放大电路的幅频特性等于各级放大电路幅频特性之积,即

$$A_u = A_{u1} \times A_{u2} \times \cdots \times A_{un} \tag{5.2.45}$$

相频特性等于各级放大电路相频特性之和,即

$$\varphi = \varphi_1 + \varphi_2 + \cdots + \varphi_n \tag{5.2.46}$$

多级阻容耦合放大电路的频率特性可综合表示为

$$20\lg A_u = 20\lg A_{u1} + 20\lg A_{u2} + \cdots + 20\lg A_{un} \tag{5.2.47}$$

$$\dot{A}_{us} = \frac{Z_i}{Z_S + Z_i} \frac{Z_L}{Z_o + Z_L} \dot{A}_{uoc} = \frac{Z_i}{Z_S + Z_i} \frac{Z_L}{Z_o + Z_L} \dot{A}_{uoc3} \dot{A}_{u2} \dot{A}_{u1} = \dot{A}_{u3} \dot{A}_{u2} \dot{A}_{us1}$$

$$\tag{5.2.48}$$

$$\dot{A}_{u3} = \frac{A_{u3}}{\left(1 - j\dfrac{f_{L3}}{f}\right)\left(1 + j\dfrac{f}{f_{H3}}\right)}, \quad f_{L3} = \sqrt{f_{031}^2 + f_{032}^2}$$

$$\dot{A}_{u2} = \frac{A_{u2}}{\left(1 - j\dfrac{f_{L2}}{f}\right)\left(1 + j\dfrac{f}{f_{H2}}\right)}, \quad f_{L2} = \sqrt{f_{021}^2 + f_{022}^2}$$

$$\dot{A}_{u1} = \frac{A_{us1}}{\left(1 - j\dfrac{f_{L1}}{f}\right)\left(1 + j\dfrac{f}{f_{H1}}\right)}, \quad f_{L1} = \sqrt{f_{011}^2 + f_{012}^2}$$

$$\dot{A}_{us} = \dot{A}_{u3} \dot{A}_{u2} \dot{A}_{us1}$$

$$= \frac{A_{u3}}{\left(1 - j\dfrac{f_{L3}}{f}\right)\left(1 + j\dfrac{f}{f_{H3}}\right)} \frac{A_{u2}}{\left(1 - j\dfrac{f_{L2}}{f}\right)\left(1 + j\dfrac{f}{f_{H2}}\right)} \frac{A_{us1}}{\left(1 - j\dfrac{f_{L1}}{f}\right)\left(1 + j\dfrac{f}{f_{H1}}\right)}$$

$$= \frac{A_{us}}{\left(1 - j\dfrac{f_{L1}}{f}\right)\left(1 - j\dfrac{f_{L2}}{f}\right)\left(1 - j\dfrac{f_{L3}}{f}\right)\left(1 + j\dfrac{f}{f_{H3}}\right)\left(1 + j\dfrac{f}{f_{H2}}\right)\left(1 + j\dfrac{f}{f_{H1}}\right)}$$

$$\tag{5.2.49}$$

在多级放大电路中,由于电路中电容的存在,而对不同频率的信号产生不同的响应,对于高频信号的通过只会产生极少损失,对于低频信号则会表现出较大的容抗从而阻碍信号的通过。

对于任意一个放大电路,都可以找到一个确定的通频带,在通频带内放大电路对于

信号的传输放大有着最好的表现。放大电路的通频带就是其上限截止频率 f_H 和下限截止频率 f_L 的差值。上限截止频率是指当频率等于 f_H 时，$|\dot{A}_{us}|$ 下降至 0.707，并且当频率增大，幅值会继续下降，在上限截止频率 f_H 处放大信号相移为 $-45°$；下限截止频率是指当频率等于 f_L 时，$|\dot{A}_{us}|$ 下降至 0.707，并且当频率降低，幅值会继续下降，在下限截止频率 f_L 处放大信号相移为 $+45°$。

多级放大电路，增益等于各级放大电路增益之和，放大信号的相移也等于各级放大电路相移之和。

1. 高频特性

上限截止频率：

$$\dot{A}_{us} = \frac{A_{us}}{\left(1+j\dfrac{f}{f_{H3}}\right)\left(1+j\dfrac{f}{f_{H2}}\right)\left(1+j\dfrac{f}{f_{H1}}\right)}$$

$$|\dot{A}_{us}| = \frac{|A_{us}|}{\sqrt{1+\left(\dfrac{f_H}{f_{H1}}\right)^2}\sqrt{1+\left(\dfrac{f_H}{f_{H2}}\right)^2}\sqrt{1+\left(\dfrac{f_H}{f_{H3}}\right)^2}} \tag{5.2.50}$$

当 $f = f_H$ 时，$|\dot{A}_{us}| = \dfrac{|A_{us}|}{\sqrt{2}}$，可得

$$\sqrt{1+\left(\frac{f_H}{f_{H1}}\right)^2}\sqrt{1+\left(\frac{f_H}{f_{H2}}\right)^2}\sqrt{1+\left(\frac{f_H}{f_{H3}}\right)^2} = \sqrt{2}$$

$$\left[1+\left(\frac{f_H}{f_{H1}}\right)^2\right]\left[1+\left(\frac{f_H}{f_{H2}}\right)^2\right]\left[1+\left(\frac{f_H}{f_{H3}}\right)^2\right] = 1+\left(\frac{f_H}{f_{H1}}\right)^2+\left(\frac{f_H}{f_{H2}}\right)^2+\left(\frac{f_H}{f_{H3}}\right)^2+\cdots$$

$$\approx 1+\left(\frac{f_H}{f_{H1}}\right)^2+\left(\frac{f_H}{f_{H2}}\right)^2+\left(\frac{f_H}{f_{H3}}\right)^2 = 2$$

$$\left(\frac{f_H}{f_{H1}}\right)^2+\left(\frac{f_H}{f_{H2}}\right)^2+\left(\frac{f_H}{f_{H3}}\right)^2 = f_H^2\left(\frac{1}{f_{H1}^2}+\frac{1}{f_{H2}^2}+\frac{1}{f_{H3}^2}\right) = 1$$

则

$$f_H = \frac{1}{\sqrt{\dfrac{1}{f_{H1}^2}+\dfrac{1}{f_{H2}^2}+\dfrac{1}{f_{H3}^2}}}$$

若 $f_{Hi} \ll f_{Hj}$，则 $f_H \approx f_{Hi}$；若 $f_{Hi} = f_{Hj}$，则 $f_H = \dfrac{1}{\sqrt{3}}f_{Hi}$。其中：$i,j = 1,2,3$；$i \neq j$。

2. 低频特性

下限截止频率：

$$\dot{A}_{us} = \frac{A_{us}}{\left(1-j\dfrac{f_{L1}}{f}\right)\left(1-j\dfrac{f_{L2}}{f}\right)\left(1-j\dfrac{f_{L3}}{f}\right)}$$

则
$$|\dot{A}_{us}| = \frac{|A_{us}|}{\sqrt{1+\left(\dfrac{f_{L1}}{f}\right)^2}\sqrt{1+\left(\dfrac{f_{L2}}{f}\right)^2}\sqrt{1+\left(\dfrac{f_{L3}}{f}\right)^2}} \tag{5.2.51}$$

当 $f=f_L$ 时，$|\dot{A}_{us}| = \dfrac{|A_{us}|}{\sqrt{2}}$，可得

$$\sqrt{1+\left(\frac{f_{L1}}{f_L}\right)^2}\sqrt{1+\left(\frac{f_{L2}}{f_L}\right)^2}\sqrt{1+\left(\frac{f_{L3}}{f_L}\right)^2} = \sqrt{2}$$

$$\left[1+\left(\frac{f_{L1}}{f_L}\right)^2\right]\left[1+\left(\frac{f_{L2}}{f_L}\right)^2\right]\left[1+\left(\frac{f_{L3}}{f_L}\right)^2\right] = 1+\left(\frac{f_{L1}}{f_L}\right)^2+\left(\frac{f_{L2}}{f_L}\right)^2+\left(\frac{f_{L3}}{f_L}\right)^2+\cdots$$

$$\approx 1+\left(\frac{f_{L1}}{f_L}\right)^2+\left(\frac{f_{L2}}{f_L}\right)^2+\left(\frac{f_{L3}}{f_L}\right)^2 = 2$$

$$\left(\frac{f_{L1}}{f_L}\right)^2+\left(\frac{f_{L2}}{f_L}\right)^2+\left(\frac{f_{L3}}{f_L}\right)^2 = \frac{1}{f_L^2}(f_{L1}^2+f_{L2}^2+f_{L3}^2) = 1$$

则
$$f_L = \sqrt{f_{L1}^2+f_{L2}^2+f_{L3}^2}$$

若 $f_{Li} \gg f_{Lj}$，则 $f_L \approx f_{Li}$；若 $f_{Li} = f_{Lj}$，则 $f_L = \sqrt{3}f_{Li}$。其中：$i,j=1,2,3$；$i\neq j$。

3. 全频率段频率特性

$$\dot{A}_{us} = \frac{A_{us}}{\left(1-\mathrm{j}\dfrac{f_{L1}}{f}\right)\left(1-\mathrm{j}\dfrac{f_{L2}}{f}\right)\left(1-\mathrm{j}\dfrac{f_{L3}}{f}\right)\left(1+\mathrm{j}\dfrac{f}{f_{H3}}\right)\left(1+\mathrm{j}\dfrac{f}{f_{H2}}\right)\left(1+\mathrm{j}\dfrac{f}{f_{H1}}\right)}$$

$$= \begin{cases} \dfrac{A_{us}}{\left(1-\mathrm{j}\dfrac{f_{L1}}{f}\right)\left(1-\mathrm{j}\dfrac{f_{L2}}{f}\right)\left(1-\mathrm{j}\dfrac{f_{L3}}{f}\right)}, & f \leqslant 10\max\{f_{L1},f_{L2},f_{L3}\} \ll \min\{f_{H1},f_{H2},f_{H3}\} \\[4mm] A_{us}, & \max\{f_{L1},f_{L2},f_{L3}\} \ll 10\max\{f_{L1},f_{L2},f_{L3}\} \leqslant f \\ & \leqslant 0.1\min\{f_{H1},f_{H2},f_{H3}\} \ll \min\{f_{H1},f_{H2},f_{H3}\} \\[4mm] \dfrac{A_{us}}{\left(1+\mathrm{j}\dfrac{f}{f_{H1}}\right)\left(1+\mathrm{j}\dfrac{f}{f_{H2}}\right)\left(1+\mathrm{j}\dfrac{f}{f_{H3}}\right)}, & f \geqslant 0.1\min\{f_{H1},f_{H2},f_{H3}\} \gg \max\{f_{L1},f_{L2},f_{L3}\} \end{cases}$$

$$\tag{5.2.52}$$

上限截止频率：
$$f_H = \frac{1}{\sqrt{\dfrac{1}{f_{H1}^2}+\dfrac{1}{f_{H2}^2}+\dfrac{1}{f_{H3}^2}}} \tag{5.2.53}$$

下限截止频率：
$$f_L = \sqrt{f_{L1}^2+f_{L2}^2+f_{L3}^2} \tag{5.2.54}$$

通频带：
$$f_{BW} = f_H - f_L \approx f_H \tag{5.2.55}$$

阻容耦合场效应管共源-共源-晶体管共集放大电路:

$$f_{H1} = f_{H2}, \quad f_{H3} \rightarrow \infty$$

$$f_H = \frac{1}{\sqrt{\dfrac{1}{f_{H1}^2} + \dfrac{1}{f_{H2}^2}}} = \frac{f_{H1}}{\sqrt{2}} \tag{5.2.56}$$

$$f_{L1} = f_{L2} \approx f_{L3}$$

$$f_L = \sqrt{f_{L1}^2 + f_{L2}^2 + f_{L3}^2} \approx \sqrt{3}\, f_{L1} \tag{5.2.57}$$

$$f_{BW} = f_H - f_L \approx \frac{f_{H1}}{\sqrt{2}} - \sqrt{3}\, f_{L1} \approx \frac{f_{H1}}{\sqrt{2}} \tag{5.2.58}$$

对于多级放大电路,其下限截止频率比组成它的各单级放大电路都要高,上限截止频率比组成它的各单级放大电路都要低,而其通频带比组成它的各单级放大电路都要窄。

5.3 多级放大电路仿真

5.3.1 实验要求与目的

(1) 利用波特图仪测量单级放大电路的波特图。
(2) 利用波特图仪测量多级放大电路的波特图。
(3) 对比它们的不同。

5.3.2 实验电路

单级放大电路和多级放大电路如图 5.3.1 和图 5.3.2 所示。

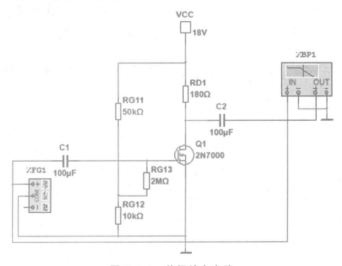

图 5.3.1　单级放大电路

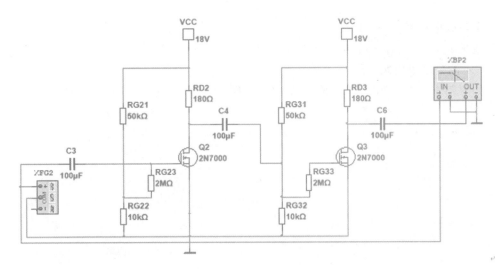

图 5.3.2　多级放大电路

5.3.3　实验步骤

（1）测量单级放大电路。

如图 5.3.3 所示，中频放大倍数 $A_{u0}=25\text{dB}$。

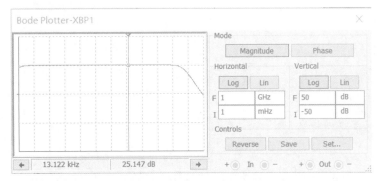

图 5.3.3　测量单级放大电路（1）

如图 5.3.4 所示，上限截止频率 $f_H=41.794\text{MHz}$。

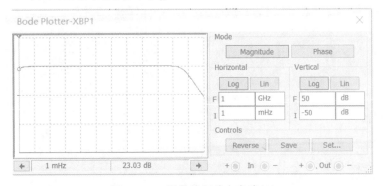

图 5.3.4　测量单级放大电路（2）

下限截止频率 $f_L \approx 0 \mathrm{Hz}$;

通频带 $f_{BW} = f_H - f_L \approx f_H = 41.794(\mathrm{MHz})$。

（2）测量多级放大电路。

如图 5.3.5 所示，中频放大倍数 $A_{u0} = 50\mathrm{dB}$。

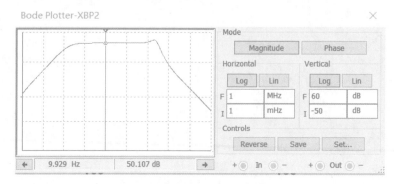

图 5.3.5　测量多级放大电路（1）

如图 5.3.6 所示，上限截止频率 $f_H = 4.209\mathrm{kHz}$。

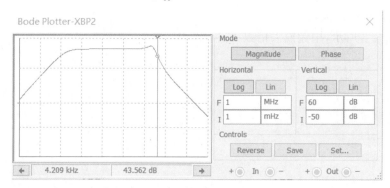

图 5.3.6　图 5.3.5 测量多级放大电路（2）

如图 5.3.7 所示，下限截止频率 $f_L \approx 0.1\mathrm{Hz}$。

通频带 $f_{BW} = f_H - f_L \approx f_H = 4.209(\mathrm{kHz})$。

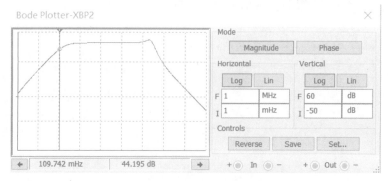

图 5.3.7　图 5.3.5 测量多级放大电路（2）

5.3.4 结论

此处多级放大电路增益是单级放大电路增益的 2 倍,所以多级放大倍数是单级放大倍数的乘积,但多级放大电路频带会变窄。

习题

5.1 多级放大电路的输入电阻基本上等于_____级的输入电阻,而多级放大电路的输出电阻约等于_____级的输出电阻。

5.2 简述阻容耦合多级放大电路的优缺点。

5.3 存在零点漂移现象的是哪一种常见耦合方式?

5.4 为什么变压器耦合电路现在没能得到广泛应用?

5.5 在光电耦合多级放大电路的传输过程中,经历了哪些形式的能量转换?

5.6 在前级均未出现失真的情况下,多级放大电路的最大不失真电压等于_____。

5.7 在图 P5.7 中,用什么元件取代 R_e 既可设置合适的静态工作点 Q 点,又可使第二级放大倍数不至于下降太大?

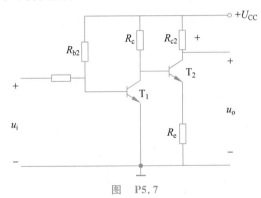

图 **P5.7**

5.8 二级放大电路如图 P5.8 所示,MOS 管阈值电压为 U_{TN},试求放大电路静态工作点。

5.9 当 M_1 和 M_2 均工作在静态工作点时,画出如图 P5.9 所示放大电路的交流小信号等效模型。

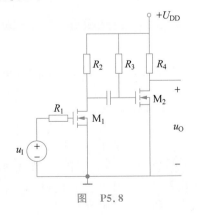

图 **P5.8**

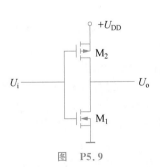

图 **P5.9**

5.10 求出图 P5.9 所示放大电路的电压增益表达式。

5.11 由场效应管和晶体管组成的电路如图 P5.11 所示,已知 M_1 的 g_m 和 T_1 的 β、r_{be}。当放大电路工作在合适的静态工作点时,试画出相应的交流等效模型,并写出电压放大倍数 A_u 的表达式。

5.12 多级放大电路如图 P5.12 所示,试求:

(1) 在 A 点与地之间接入 1kΩ 电阻 R_L(T_2 断开)时的 A_{u1};

(2) R_L 接在 B 点时的输入电阻 R_i 和输出电阻 R_o,设 $r_{be}=1$kΩ,$\beta=100$。假设 C 足够大。

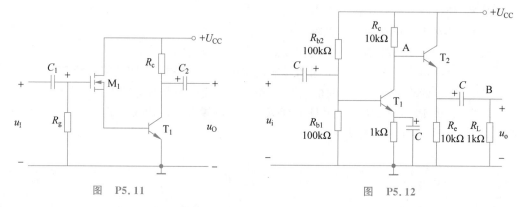

图 P5.11 　　　　　　　　　图 P5.12

5.13 如图 P5.13 所示,放大电路工作在合适的静态工作点,试画出其交流等效模型,并求出放大电路增益以及输入输出电阻表达式。

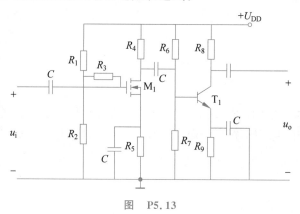

图 P5.13

5.14 二级交流放大电路如图 P5.14 所示,已知场效应晶体管的 $g_m=2$mA/V,晶体管的 $\beta=50$,$r_{be}=600\Omega$。要求:

(1) 画出放大电路的在合适工作点下的交流小信号等效模型;

(2) 计算多级放大电路放大倍数;

(3) 说明前级采用场效应晶体管、后级采用射极输出放大电路的作用。

5.15 场效应管与晶体管组成的多级放大电路如图 P5.15 所示。已知场效应管的 $g_m=0.8$mS,晶体管的 $\beta=40$,$r_{be}=1$kΩ。假设放大电路工作在合适的静态工作点试画出放大电路的交流小信号模型,并求出电压增益 A_u 和输入电阻 R_i。

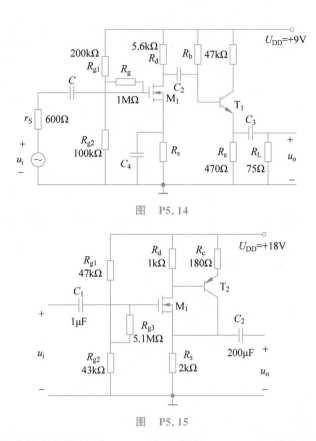

图 **P5.14**

图 **P5.15**

5.16 直接耦合放大电路如图 P5.16 所示,假设 T_1、T_2、T_3 管特性相同,且有 $\beta=50$,$U_{BE}=0.7V$,电源电压 $U_{CC}=12V$,电阻 $R_s=62\Omega$,$R_{e1}=3k\Omega$,$R_{b11}=3.6k\Omega$,$R_{b12}=8.2k\Omega$,$R_{c1}=3.9k\Omega$,$R_{e2}=15k\Omega$,$R_{e3}=2k\Omega$,电容器对交流信号均可视为短路。要求:

(1) T_1、T_2、T_3 管分别组成哪种组态的放大电路?

(2) 估算静态工作点 I_{EQ1}、I_{EQ2}、I_{EQ3}、U_{CEQ1}、U_{CEQ2}、U_{CEQ3}。

(3) 写出输入电阻 R_i 和输出电阻 R_o 的表达式。

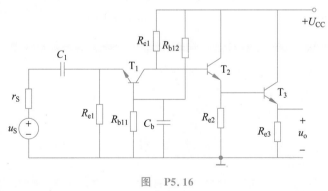

图 **P5.16**

5.17 多级放大电路如图 P5.17 所示,试画出交流分析时该电路的小信号等效模型。

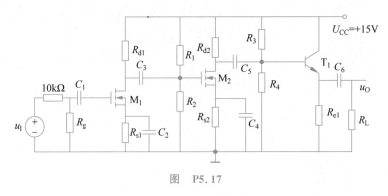

图 P5.17

5.18 根据如图 P5.18 所示电路,不考虑沟道调制长度,试说明图中 7 个 MOSEFT 在电路中的作用。

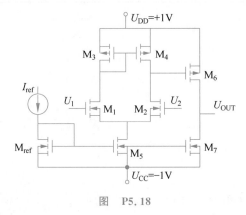

图 P5.18

5.19 多级放大电路的通频带宽度为什么比任意单级电路的通频带要窄?

5.20 二级放大电路中各级放大电路的上、下限截止频率关系为 $f_{H1} \approx 10 f_{H2}$, $f_{L2} \approx 10 f_{L1}$,试估计该多级放大电路总通频带 f_{BW}。

5.21 二级放大电路中各级放大电路幅频特性分别如图 P5.21(a)、(b)所示,试画出该多级放大电路总的幅频特性波特图。

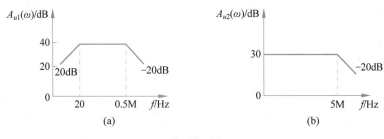

(a)   (b)

图 P5.21

第

6

章

运算放大器

6.1 集成运放

6.1.1 集成运放简介

集成运放可以说是多级放大电路的集成化,它是放大两个输入电压之间的差异并产生单个输出的集成电路。集成运放可以认为是与双极型晶体管或场效应晶体管一样的独立元件,在模拟电子学中具有广泛应用。

6.1.2 集成运放电路结构特点

集成运放电路具有以下结构特点:

(1) 因为硅片上制作大电容、大电阻困难,所以集成运放均采用直接耦合方式。

(2) 因为采用直接耦合,所以各级间的静态工作点相互牵连,采用单一或者双极电压源无法解决各级间静态工作点配合问题;另外,噪声(特别是低频干扰)会直接传输到下一级,被逐级放大。所以,在偏置电路的设计上,各级由一个电压源的电压改为由一个电压源、多个电流源的电流组成,从而解决各级静态工作点的协调问题;在噪声的处理上,采用差分放大电路,利用差分电路的对称性,降低噪声的影响。

(3) 在输出级方面为了提高输出效率,采用互补输出级。

6.1.3 集成运放电路的组成及其各部分的作用

集成运放电路由输入级、中间级、输出级和偏置电路四部分组成,如图 6.1.1 所示,它有两个输入端 u_P、u_N,一个输出端 u_o,图中所标 u_P、u_N、u_o 均以"地"为公共端。

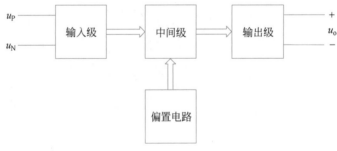

图 6.1.1 集成运放的组成

1. 输入级

输入级又称前置级,它往往是一个双端输入的高性能差分放大电路。一般要求其输入电阻高,差模放大倍数大,抑制共模信号的能力强,静态电流小。输入级的好坏直接影响集成运放的大多数性能参数,因此,在几代产品的更新过程中输入级的变化最大。

2. 中间级

中间级是整个放大电路的主放大器,其作用是使集成运放具有较强的放大能力,多采用共射(或共源)放大电路。而且为了提高电压放大倍数,经常采用复合管作为放大管,以恒流源作为负载。放大倍数可以达到千倍以上。

3. 输出级

输出级应具有输出电压线性范围宽、输出电阻小(即带负载能力强)、非线性失真小等特点。集成运放的输出级多采用互补输出电路。

4. 偏置电路

偏置电路用于设置集成运放各级放大电路的静态工作点。与分立元件不同,集成运放采用电流源电路为各级提供合适的静态工作电流,从而确定合适的静态工作点。

6.1.4 集成运放的电压传输特性

集成运放有同相输入端和反相输入端,这里的"同相"和"反相"是指运放的输入电压与输出电压之间的相位关系,其符号如图 6.1.2(a)所示。从外部看,可以认为集成运放是一个双端输入、单端输出,具有高差模放大倍数、高输入电阻、低输出电阻、能较好地抑制温漂的差分放大电路。

(a) 运算放大器符号   (b) 集成运放的电压传输特性

图 6.1.2 集成运放

集成运放的输出电压 u_o 与输入电压 $u_P - u_N$(同相输入端与反相输入端之间的电位差)之间的关系曲线称为电压传输特性,即

$$u_o = f(u_P - u_N) \tag{6.1.1}$$

对于正、负两路电源供电的集成运放,电压传输特性如图 6.1.2(b)所示。从图示曲线可以看出,集成运放有线性放大区域(称为线性区)和饱和区域(称为非线性区)两部分。在线性区,曲线的斜率为电压放大倍数;在非线性区,输出电压只有 $+U_{OM}$ 或 $-U_{OM}$ 两种情况。

由于集成运放放大的是差模信号,且没有通过外电路引入反馈,故称其电压放大倍数为差模开环放大倍数,记作 A_{od}。集成运放工作在线性区时输出电压为

$$u_o = A_{od}(u_P - u_N) \tag{6.1.2}$$

A_{od} 通常非常高,可达几十万倍,因此集成运放电压传输特性中的线性区非常窄。

6.2 镜像电流源

6.2.1 晶体管镜像电流源

图 6.2.1 是镜像电流源电路,它是由两个相同特性的晶体管构成的。

通过电路分析,注意到晶体管的静态工作点,其中 T_1 集电极零偏,处于临界放大状态(忽略 r_{be}、r_{ce} 的影响)。晶体管镜像电流源等效电路如图 6.2.2 所示。

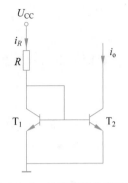

图 6.2.1　晶体管镜像电流源

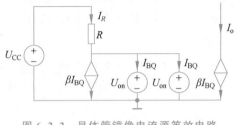

图 6.2.2　晶体管镜像电流源等效电路

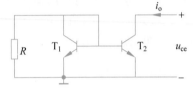

图 6.2.3　晶体管镜像电流源交流通路

通过电阻 R 的基准电流 $I_R=(2+\beta)I_{BQ}$，输出电流 $I_O=\beta I_{BQ}$，又因为 $\beta\gg1$，所以得到

$$I_O = I_R/\left(1+\frac{2}{\beta}\right) \approx I_R = \frac{U_{CC}-U_{on}}{R}$$

接下来对基本电流镜进行交流小信号分析。晶体管镜像电流源交流通路如图 6.2.3 所示。

注意到集电极零偏的 T_1 相当于二极管，此时晶体管镜像电流源小信号模型如图 6.2.4(a)所示，集电极和基极短接晶体管 T_1 如图 6.2.4(b)所示，集电极和基极短接晶体管 T_1 小信号模型如图 6.2.4(c)所示，集电极和基极短接晶体管 T_1 输出电阻如图 6.4.2(d)所示。

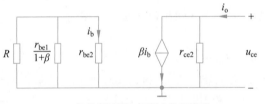

(a) 晶体管镜像电流源小信号模型

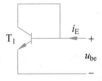

(b) 集电极和基极短接晶体管T_1

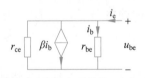

(c) 集电极和基极短接晶体管T_1小信号模型

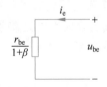

(d) 集电极和基极短接晶体管T_1输出电阻

图 6.2.4　晶体管镜像电流源小信号模型以及集电极和基极短接晶体管 T_1 的分析

图 6.2.4(a)中，因为 $i_b=0$，所以 $\beta i_b=0$，可得

$$u_{ce} = r_{ce2}i_o \tag{6.2.1}$$

输出电阻为

$$R_o = \frac{u_{ce}}{i_o} = r_{ce2} \tag{6.2.2}$$

6.2.2 场效应管镜像电流源

场效应管构成的镜像电流源电路组成如图 6.2.5 所示。

接下来对镜像电流源进行电路分析。首先关注电路的静态工作点,注意到 T_1 管的栅漏短接,此时 $U_{DS1} = U_{GS1}$,T_1 管始终处于放大状态(忽略 r_{ds} 影响)。

由场效应管的构成的镜像电流源等效模型如图 6.2.6 所示。

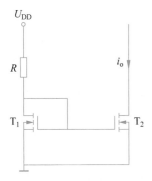

图 6.2.5 场效应管镜像电流源

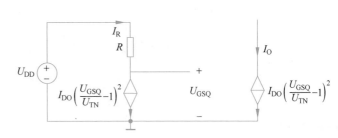

图 6.2.6 晶体管镜像电流源等效模型

流过电阻 R 的基准电流为

$$I_R = I_{DO}\left(\frac{U_{GSQ}}{U_{TN}} - 1\right)^2$$

输出电流为

$$I_O = I_{DO}\left(\frac{U_{GSQ}}{U_{TN}} - 1\right)^2$$

通过表达式可知

$$I_O = I_R = I_{DO}\left(\frac{U_{GSQ}}{U_{TN}} - 1\right)^2 = \frac{U_{DD} - U_{GSQ}}{R}$$

接下来对场效应管的镜像电流源电路进行交流小信号分析。晶体管镜像电流源交流小信号分析如图 6.2.7 所示。

注意到集电极零偏的 T_1 相当于二极管,此时晶体管镜像交流小信号模型如图 6.2.8(a)所示,栅极和漏极短接且集电极零偏的晶体管

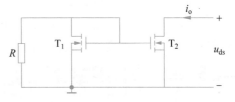

图 6.2.7 晶体管镜像电流源交流小信号分析

T_1 如图 6.2.8(b)所示,栅极和漏极短接且集电极零偏的晶体管 T_1 小信号等效模型如图 6.28(c)所示,栅极和漏极短接且集电极零偏的输出电阻如图 6.2.8 所示。

图 6.2.8(a)中,因为 $u_{gs2} = 0$,所以根据 $g_m u_{gs2} = 0$ 可得

$$u_{ds} = r_{ds2} i_o \tag{6.2.3}$$

输出电阻为

$$R_o = \frac{u_{ds}}{i_o} = r_{ds2} \tag{6.2.4}$$

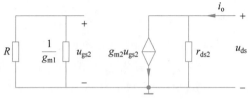

(a) 场效应管镜像电流源小信号模型

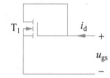

(b) 栅极和漏极短接且集电极零偏的晶体管T_1

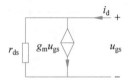

(c) 栅极和漏极短接且集电极零偏的晶体管T_1小信号等效模型

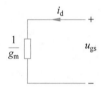

(d) 栅极和漏极短接且集电极零偏的晶体管T_1输出电阻

图 6.2.8 场效应管镜像电流源小信号模型以及栅极和漏极短接且集电极零偏的晶体管 T_1 分析

6.2.3 多路电流源电路

1. 晶体管多路电流源电路

集成运放中需要多路电流源分别给各级提供合适的静态电流,可以利用一个基准电流获得不同的输出电流来适应各级的需求。

图 6.2.9 给出了三路晶体管比例电流源电路。

首先关注电路的静态工作点,注意到 T_0 集电结零偏,处于临界放大状态(忽略 R_{be}、R_{ce} 的影响)。三路晶体管比例电流源等效模型如图 6.2.10 所示。

根据图 6.2.10 可得

$$
\begin{aligned}
R_{e0} I_{E0Q} &= R_{e0}(I_R - I_{B1Q} - I_{B2Q} - I_{B3Q}) \\
&= R_{e0}\left(I_R - \frac{1}{\beta}I_{O1} - \frac{1}{\beta}I_{O2} - \frac{1}{\beta}I_{O3}\right) \\
&= R_{e1} I_{e1Q} = R_{e1}(I_{O1} + I_{B1Q}) \\
&= R_{e1}\left(1 + \frac{1}{\beta}\right)I_{O1}
\end{aligned}
\tag{6.2.5}
$$

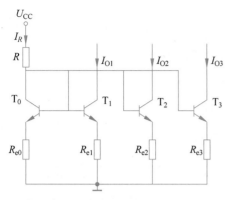

图 6.2.9　三路晶体管比例电流源

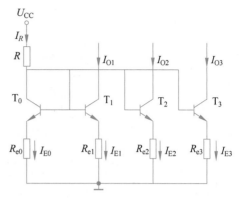

图 6.2.10　三路晶体管比例电流源等效模型

电路的第一路输出电流为

$$I_{O1} = \frac{R_{e0}}{R_{e0}\,\frac{1}{\beta} + R_{e1}\left(1 + \frac{1}{\beta}\right)}\left(I_R - \frac{1}{\beta}I_{O2} - \frac{1}{\beta}I_{O3}\right) \approx \frac{R_{e0}}{R_{e1}}I_R \approx \frac{R_{e0}}{R_{e1}}\frac{U_{CC} - U_{on}}{R + R_{e0}}$$

(6.2.6)

第二路输出电流为

$$I_{O2} = \frac{R_{e0}}{R_{e0}\,\frac{1}{\beta} + R_{e2}\left(1 + \frac{1}{\beta}\right)}\left(I_R - \frac{1}{\beta}I_{O1} - \frac{1}{\beta}I_{O3}\right) \approx \frac{R_{e0}}{R_{e2}}I_R \approx \frac{R_{e0}}{R_{e2}}\frac{U_{CC} - U_{on}}{R + R_{e0}}$$

(6.2.7)

第三路的输出电流为

$$I_{O3} = \frac{R_{e0}}{R_{e0}\,\frac{1}{\beta} + R_{e3}\left(1 + \frac{1}{\beta}\right)}\left(I_R - \frac{1}{\beta}I_{O1} - \frac{1}{\beta}I_{O2}\right) \approx \frac{R_{e0}}{R_{e3}}I_R \approx \frac{R_{e0}}{R_{e3}}\frac{U_{CC} - U_{on}}{R + R_{e0}}$$

(6.2.8)

接下来进行多路电流源电路的交流小信号分析。三路晶体管比例电流源电路的交流等效模型如图 6.2.11 所示。

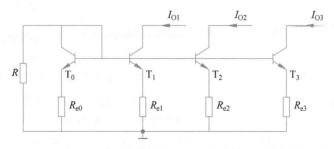

图 6.2.11　三路晶体管比例电流源电路的交流等效模型

注意集电极零偏的 T_0 相当于二极管,三路晶体管比例电流源小信号等效模型如图 6.2.12 所示。

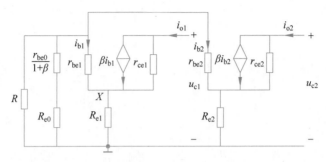

图 6.2.12 三路晶体管比例电流源小信号等效模型

因为

$$R' = \left[R \mathbin{/\!/} \left(\frac{r_{be0}}{1+\beta} + R_{e0} \right) \right] + r_{be1} \approx (R \mathbin{/\!/} R_{e0}) + r_{be1}$$

所以

$$i_{b1} = - \frac{R_{e1}}{R' + R_{e1}} i_{o1} \tag{6.2.9}$$

可以得到

$$u_{c1} = r_{ce1}(i_{o1} - \beta i_{b1}) + (R' \mathbin{/\!/} R_{e1}) i_{o1} = \left[r_{ce1} \left(1 + \beta \frac{R_{e1}}{R' + R_{e1}} \right) + (R' \mathbin{/\!/} R_{e1}) \right] i_{o1} \tag{6.2.10}$$

$$R_{o1} = \frac{u_{c1}}{i_{o1}} = r_{ce1} \left(1 + \beta \frac{R_{e1}}{R' + R_{e1}} \right) + (R' \mathbin{/\!/} R_{e1}) \approx r_{ce1} \left(1 + \beta \frac{R_{e1}}{R' + R_{e1}} \right) > r_{ce1} \tag{6.2.11}$$

同理,可得

$$R_{o2} = \frac{u_{c2}}{i_{o2}} = r_{ce2} \left(1 + \beta \frac{R_{e2}}{R' + R_{e2}} \right) + (R' \mathbin{/\!/} R_{e2}) \approx r_{ce2} \left(1 + \beta \frac{R_{e2}}{R' + R_{e2}} \right) > r_{ce2} \tag{6.2.12}$$

$$R_{o3} = \frac{u_{c3}}{i_{o3}} = r_{ce3} \left(1 + \beta \frac{R_{e3}}{R' + R_{e3}} \right) + (R' \mathbin{/\!/} R_{e3}) \approx r_{ce3} \left(1 + \beta \frac{R_{e3}}{R' + R_{e3}} \right) > r_{ce3} \tag{6.2.13}$$

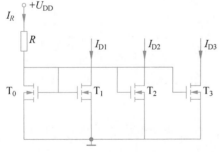

图 6.2.13 场效应管多路电流源电路

2. 场效应管多路电流源电路

场效应管多路电流源电路如图 6.2.13 所示,$T_0 \sim T_3$ 为 N 沟道增强型 MOSFET,它们的阈值电压 U_{TN} 等参数相等,图中 $U_{GS0} = U_{GS1} = U_{GS2} = U_{GS3}$,所以它们的漏极电流 I_D 之比正比于跨导之比。

设 $T_0 \sim T_3$ 的跨导分别为 g_{m0}、g_{m1}、g_{m2}、g_{m3},则有

$$\frac{I_{D1}}{I_{D0}}=\frac{g_{m1}}{g_{m0}}, \quad \frac{I_{D2}}{I_{D0}}=\frac{g_{m2}}{g_{m0}}, \quad \frac{I_{D3}}{I_{D0}}=\frac{g_{m3}}{g_{m0}} \tag{6.2.14}$$

6.2.4 有源负载共射放大电路

有源负载共射放大电路如图 6.2.14 所示。

接下来进行电路分析,电流源电路抽象为电流源(忽略 r_{ce} 的影响)。有源负载共射放大电路静态分析如图 6.2.15 所示。

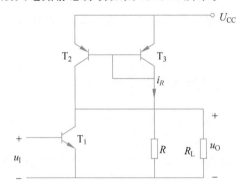

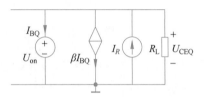

图 6.2.14 有源负载共射放大电路 　　图 6.2.15 有源负载共射放大电路静态分析

可以得到

$$I_{CQ}=\beta I_{BQ}, \quad U_{CEQ}=R_L(I_R-\beta I_{BQ})=R_L\left(\frac{U_{CC}-U_{on}}{R}-\beta I_{BQ}\right) \tag{6.2.15}$$

然后进行交流小信号模型分析,图 6.2.15 的交流等效模型如图 6.2.16 所示。

在交流小信号模型中,电流源电路抽象为电阻。有源负载共射放大电路交流小信号模型如图 6.2.17 所示。

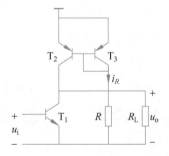

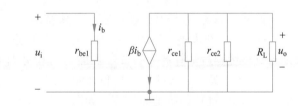

图 6.2.16 有源负载共射放大电路交流分析 　　图 6.2.17 有源负载共射放大电路交流小信号模型

输入电阻:$R_i=r_{be1}$。

$$A_{uoc}=-\frac{\beta(r_{ce1}\,/\!/\,r_{ce2})}{r_{be1}}=-\frac{\beta r_{ce}}{2r_{be1}} \tag{6.2.16}$$

$$A_u=-\frac{\beta(r_{ce1}\,/\!/\,r_{ce2}\,/\!/\,R_L)}{r_{be1}}=-\frac{\beta R_L}{r_{be1}} \tag{6.2.17}$$

输出电阻为

$$R_o = r_{ce1} /\!/ r_{ce2} = \frac{1}{2} r_{ce} \qquad\qquad (6.2.18)$$

6.3 差分电路

实验中发现,在直接耦合放大电路中,即使将输入端短路,用灵敏的直流表测量输出端,也会有变化缓慢的输出电压。这种输入电压(Δu_I)为零,而输出电压的变化(Δu_O)不为零的现象称为零点漂移现象。零点漂移主要由噪声引起。通过采用差分电路,利用参数对称所起的补偿作用,以及源极所接电流源对共模信号所起的反馈作用,可以达到减小噪声影响的目的。

首先介绍以下概念:

(1)双端(差模)输入:两个 MOS 管的栅极均加入输入信号,这两个输入信号的差在两个漏极都有输出。

(2)单端输入:指一个输入端接到输入信号,而另一个输入端接地的情况。然而,由于源极连接在一起,输入信号驱动两个 MOS 管,使得两个漏极都有输出。

(3)双端输出:由于两个 MOS 管同时工作,便有两个漏极输出。双端输出即是两个漏极电流输出之差。

(4)共模输入:两个输入端连接一个相同的输入信号的情况。理想情况下,两个输入信号被同等放大,但是它们产生的输出信号极性相同而相互抵消,导致输出 0V。实际情况中输出为一个小的信号。

(5)共模抑制:当两个输入端分别输入大小相等、极性相反的差模信号时能够获得很高的放大倍数,而当两个输入端分别输入大小相等、极性相同的共模信号却得到很低的放大倍数,这种特性称为放大差模信号而抑制共模信号。由于噪声(任何不需要的输入信号)通常对两个输入端是完全相同的,因此差分电路有利于减弱这些不需要的输入的影响,同时为两个输入端的差信号提供一个放大的输出,这种特性称为共模抑制。共模抑制比 $\mathrm{CMRR} = \left| \dfrac{A_d}{A_{cm}} \right|$,其中 A_d 为差模信号放大倍数,A_{cm} 为共模信号放大倍数。共模抑制比越大,差分对共模抑制能力越强。

(6)差分放大电路对噪声的抑制作用。差分工作与单端工作相比,一个重要的优势是它对环境噪声具有更强的抗干扰能力。参见图 6.3.1(a),电路中的两条相邻的信号线,分别传输易受干扰的小信号和时钟大信号。由于两条线之间存在耦合电容,L_2 上的信号的跃变会损坏 L_1 上的信号。如图 6.3.1(b)所示,假设易受干扰的信号分成两个大小相等、相位相反的信号进行传输。若时钟线 L_1 置于这两条信号线的正中间,则时钟对 L_2 和 L_3 的信号产生的干扰相同,从而使其差值保持不变。这种情况下,虽然这两个信号的共模电平被干扰,但差分输出并没有损坏,所以这种方案"抑制"了共模噪声。

另外一个抑制共模噪声的例子是当电源电压带有噪声时。在图 6.3.2(a)中,若 U_{DD} 变化 ΔV,则 U_{out} 几乎有相同量的变化,即输出信号非常容易受 U_{DD} 中噪声的影响。图 6.3.2(b)所示的电路,若电路对称,则 U_{DD} 中的噪声只影响 U_X 和 U_Y,但不影响 $U_X - U_Y = U_{out}$,因此,电路不易受电源噪声的影响。

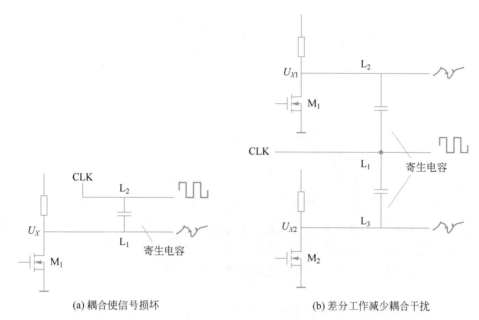

(a) 耦合使信号损坏   (b) 差分工作减少耦合干扰

图 6.3.1 差分电路对噪声的抑制作用

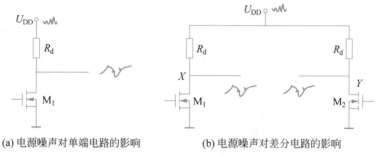

(a) 电源噪声对单端电路的影响   (b) 电源噪声对差分电路的影响

图 6.3.2 电源噪声对单端电路和差分电路的影响

6.3.1 长尾差分放大电路

放大双端信号最直接的方法是设计两个放大器分别放大两个单端电压信号。放大后的两个输出端电压(非地端,即浮地电压)之间的电压就是双端输入 u_{IN} 经放大后的电压信号 u_{OUT}。

图 6.3.3 中的共射放大电路中存在零点漂移。如果使用大小相等极性相同(相反)电源,相互抵消,就能消除温度漂移,如图 6.3.4 所示。

温度漂移消除后,还需要消除零点漂移。如图 6.3.5 所示,电路左右对称,所以外界对两边电路的干扰是一致的。当电路从两集电极之间输出时,其干扰相互抵消,起到消除零点漂移的作用。

典型差分放大电路的演化过程:首先应该考虑使用正、负电源,扩大输出电压的振幅;允许两管基极接地(即可去掉基极偏置电阻 R_b),实现零输入。

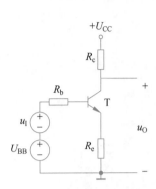

图 6.3.3　长尾差分放大电路

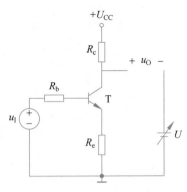

图 6.3.4　抵消温度漂移

如图 6.3.6 所示,分立元件构成的对称差分放大电路的简化就是将两个晶体管的发射极相连,通过电阻 R_e 再与地相连。因为在交流小信号 u_a 和 u_b 为零时,两个晶体管发射极电位相同,所以可以将两个发射极电阻合在一起,只用一个电阻。

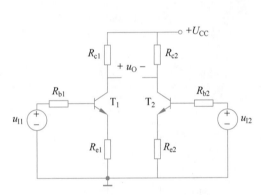

图 6.3.5　差分放大电路

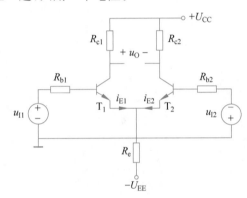

图 6.3.6　差分放大电路

为了进一步扩大输出电压的振幅,将发射极电阻下面的地改为负电源 $-U_{EE}$。实际集成差分放大电路中,R_c 还将被电流源负载代替。

典型的差分电路结构有以下特点:

(1) T_1、T_2 差分对管组成对称电路。

(2) 采用双电源供电 $U_{CC}=U_{EE}$。

(3) T_1、T_2 管的发射极共接长尾电阻 R_e。R_e 的作用是引入共模负反馈,抑制共模信号,但对差模信号没有负反馈作用。不同类型的输入信号,R_e 有不同的影响,因此,对于共模、差模信号应该分别进行分析。给电路加上共模信号(例如温度引起的变化)→i_{B1} 和 i_{B2} 增大→i_{E1} 和 i_{E2} 增大→u_E 增大→u_{BE1} 和 u_{BE2} 减小→i_{B1} 和 i_{B2} 减小。给电路加上差模信号→i_{B1} 增大,i_{B2} 减小→i_{E1} 增大,i_{E2} 减小→u_E 不变。

(4) 差放的结构特点:平衡(理想对称);长尾式差放也能减小每个管子输出端的温度漂移。

(5) 使用正、负电源:扩大输出电压的振幅;允许两管基极接地(即可去掉基极偏置电阻 R_b),实现零输入。

（6）共模信号，发射极电位 u_E 变化；差模信号，发射极电位 u_E 不变。

抑制零点漂移的原理：两管的零点漂移相同，等同于在两个输入端加了共模信号。具体如下：

（1）电路完全对称时，有

$$u_O = u_{O1} - u_{O2} = (u_{C1} + \Delta u_{C1}) - (u_{C2} + \Delta u_{C2}) = 0 \tag{6.3.1}$$

（2）由于 R_e 具有共模负反馈作用，因而零点漂移受到抑制。电路对称性越好，R_e 越大，抑制零点漂移的效果越好。R_e 增大→R_e 上的直流压降增大→若要 Q 点不变，则要求 U_{EE} 增大。而且大电阻在集成电路中不容易实现，所以实际电路中一般用恒流源代替 R_e。

总结为如下两点：

（1）电路的对称性：由于外界对电路的干扰是一致的，而电路又是左右对称的，所以当电路从两集电极之间输出时，其干扰相互抵消，起到消除零点漂移的作用。

（2）R_e 的共模负反馈作用也使每个管子输出端的温度漂移受到抑制。差分放大电路是利用电路结构、元件参数的对称性和发射极电阻 R_e 的共模负反馈作用，有效地抑制共模输出的。差分放大电路的零点漂移很小，常用作集成运放、数据放大器、电压比较器等的输入级。虽然发射极电阻 R_e 稳定了工作点，但是，随着 R_e 增大，R_e 上的直流压降将越来越大。为此，在电路中引入一个负电源 $-U_{EE}$ 来补偿 R_e 上的直流压降，以免输出电压范围变小。另外，R_e 会减少小信号电压增益，因此实际电路中常用电流源代替电阻 R_e。

对长尾式差放进行分析：

（1）分析静态工作点。差分放大电路静态分析如图 6.3.7 所示。

可以得出流过电阻 R_e 的电流为

$$I_{R_e} = I_{EQ1} + I_{EQ2} = 2I_{EQ}$$

晶体管的回路方程为

$$U_{EE} = I_{BQ}R_b + U_{BEQ} + 2I_{EQ}R_e$$

通常 R_b 较小，且 I_{BQ} 很小。$R_{c1} = R_{c2} = R_c$，故

$$I_{EQ} \approx \frac{U_{EE} - U_{BEQ}}{2R_e} \tag{6.3.2}$$

$$I_{BQ} = \frac{I_{EQ}}{1+\beta} \tag{6.3.3}$$

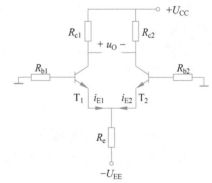

图 6.3.7　差分放大电路静态分析

选择合适的 U_{EE} 和 R_e，就可以得到合适的 Q 点。根据 $U_{CQ} = U_{CC} - I_C R_c$ 可得

$$U_{EQ} = 0 - I_{BQ}R_b - U_{BEQ} \approx -U_{BEQ} \tag{6.3.4}$$

$$U_{CEQ} = U_{CQ} - U_{EQ} \approx U_{CC} - I_{CQ}R_c + U_{BEQ} \tag{6.3.5}$$

（2）抑制共模信号。差分放大电路共模信号分析如图 6.3.8 所示。

在两个晶体管的基极接入相同的信号，可得

$$\Delta i_{B1} = \Delta i_{B2}, \quad \Delta i_{C1} = \Delta i_{C2}, \quad \Delta u_{C1} = \Delta u_{C2} \tag{6.3.6}$$

$$u_O = u_{C1} - u_{C2} = (U_{CQ1} + \Delta u_{C1}) - (U_{CQ2} + \Delta u_{C2}) = 0 \tag{6.3.7}$$

共模输入时,R_e 中电流改变,发射极电位发生改变。故在共模输入下,对于每一边电路 R_e 相当于 $2R_e$。共模放大倍数 $A_c = \dfrac{\Delta u_{Oc}}{\Delta u_{Ic}}$,参数理想对称时,$A_c = 0$。

(3)放大差模信号。差分放大电路差模信号分析如图 6.3.9 所示。

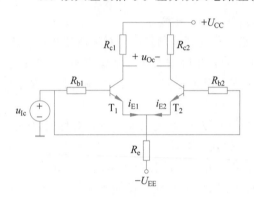 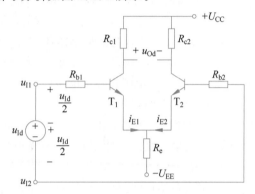

图 6.3.8 差分放大电路共模信号分析　　　　图 6.3.9 差分放大电路差模信号分析

由图可以得出

$$u_{I1} = -u_{I2} = \frac{u_{Id}}{2}, \quad \Delta i_{B1} = -\Delta i_{B2}, \Delta i_{C1} = -\Delta i_{C2} \tag{6.3.8}$$

$$\Delta u_{C1} = -\Delta u_{C2}$$

$$\Delta u_O = 2\Delta u_{C1} \tag{6.3.9}$$

差模输入时,R_e 中电流不变,发射极电位不发生改变。故在差模输入下,对于每一边电路 R_e 相当于 0。差分放大电路对共模信号和差模信号具有完全不同的放大性能,因此,在讨论差分放大电路的性能特点时,必须先区分共模信号和差模信号。

1. 差模放大电路的技术指标

(1)差模电压增益:$A_d = \dfrac{u_{Od}}{u_{Id}}$。

(2)差模输入电阻:差模输入时,从两输入端看进去的等效电阻。

(3)差模输出电阻:差模输入时,从输出端看进去的等效电阻。

(4)共模电压增益:$A_c = \dfrac{u_{Oc}}{u_{Ic}}$。

(5)共模输入电阻 R_{ic}:共模输入时,将两个输入端并联求得等效电阻。

2. 共模抑制比

$$\text{CMRR} = \left| \frac{A_d}{A_c} \right|, \quad 理想情况下 \text{CMRR} = \infty \tag{6.3.10}$$

$$\text{CMRR} = 20\lg \left| \frac{A_d}{A_c} \right| (\text{dB}) \tag{6.3.11}$$

3. 差分放大电路差模特性曲线

差分放大电路差模特性曲线如图 6.3.10 所示。

（1）（小信号条件）差模输入电压有一个限制范围，以保证差放保持线性放大状态。

（2）（限幅特性）差模输入信号 u_{Id} 变得足够大时，电流将全部流回一个晶体管，另一个晶体管将截止。

4. 差分放大电路的接法

根据信号源和负载接地情况，差分放大电路有以下四种接法：

（1）单端输入单端输出，如图 6.3.11 所示。

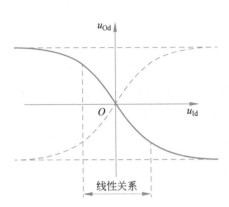

图 6.3.10　差分放大电路差模特性曲线

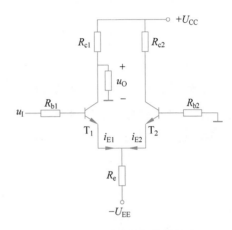

图 6.3.11　单端输入单端输出

（2）双端输入单端输出，如图 6.3.12 所示。

（3）单端输入双端输出，如图 6.3.13 所示。

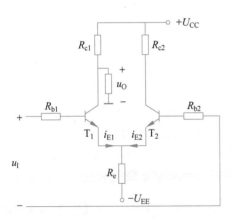

图 6.3.12　双端输入单端输出

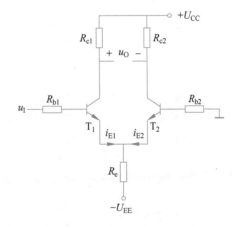

图 6.3.13　单端输入双端输出

（4）双端输入双端输出，如图 6.3.14 所示。

5. 四种接法的动态特性

1）双端输入双端输出

（1）纯差模信号的动态分析，如图 6.3.15 所示。

① 差模输入时，理想对称的差分放大电路在对称位置的交点处都是交流地电位。

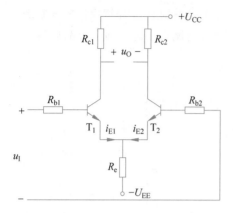

图 6.3.14 双端输入双端输出

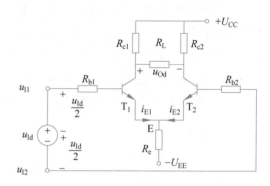

图 6.3.15 双端输入双端输出动态特性分析

② 在差模信号作用下，E 点电位不变，相当于接"地"；负载电阻的中点电位不变，相当于接"地"，并且 $R_{b1}=R_{b2}=R_b$，$r_{be1}=r_{be2}=r_{be}$，$R_{c1}=R_{c2}=R_c$。

$$\Delta u_{Id} = \Delta i_{B1} \cdot 2(R_b + r_{be}) \tag{6.3.12}$$

$$\Delta u_{Od} = -\Delta i_{C1} \cdot 2\left(R_c \mathbin{/\mkern-5mu/} \frac{R_L}{2}\right) \tag{6.3.13}$$

③ 差模放大倍数：

$$A_d = \frac{u_{Od}}{u_{Id}} = -\frac{\beta\left(R_c \mathbin{/\mkern-5mu/} \dfrac{R_L}{2}\right)}{R_b + r_{be}} \tag{6.3.14}$$

$$R_{id} = \frac{u_{id}}{i_{id}} = \frac{u_{Id}}{i_b} = 2(R_b + r_{be}) \tag{6.3.15}$$

$$R_{od} = \frac{u_{Od}}{i_{Od}} = 2R_c \tag{6.3.16}$$

(2) 纯共模信号的动态分析。

① 理想对称差放在共模信号的作用下，$u_{O1}=u_{O2}$，负载相当于开路。

② 共模输入时，理想对称差放的 $i_{e1}=i_{e2}=i_e$，在 R_e 上的总共模信号电流为 $2i_e$。因此，为保证差分管发射极到地之间的电压不变，利用阻抗变换法，可将 R_e 折合到两个差分对管的发射极，得到共模输入时差分放大电路的交流等效电路（$2R_e$）。

③ 共模电压增益：$A_c = \dfrac{u_{Oc}}{u_{Ic}}$，参数理想对称时，$A_c=0$。因此，一般只考虑单端输出时的共模电压增益。

④ 静态时，由于电路的对称性，两集电极电位相等，所以负载电阻 R_L 中无电流流过，R_L 相当于开路，直流分析与无负载时完全一样。

⑤ 共模输入时，两集电极电位变化相等，负载中仍无电流流过，R_L 相当于开路，共模输入时的小信号等效电路与无负载时完全一样。

⑥ 差模输入时，由于一个集电极电位上升的电压值与另一个集电极下降的电压值相

同,所以负载的中点的电位为零,即负载的中点为交流接地点。此时,可将负载一分为二配给差放的两边电路。R_e 是共模负反馈电阻,概念上,共模信号是数值相等、极性相同的输入信号。

⑦ 共模信号有两种输入方式:一是大小相等、极性相同的一对单端信号分别加在差放两个输入端,共模电压是 $(u_{I1}+u_{I2})/2$;二是两个输入端短接后接入单端信号。实际应用中,一般将两输入短路后接入信号源,即两输入共用一个信号源;或者理解为共模电压是 $(u_{I1}+u_{I2})/2$。

⑧ 共模增益:双端输出时,共模电压增益为 0,因此,一般只考虑单端输出时共模电压增益。共模输入电阻是共模输入时将两输入端并联后看进去的等效电阻。共模输出电阻是差分放大电路任一输出端呈现的电阻。双端输出时,求共模输出电阻无意义;单端输出时,共模输出电阻与差模输出电阻相同。

2)双端输入单端输出

(1)静态工作点分析,如图 6.3.16 和图 6.3.17 所示。

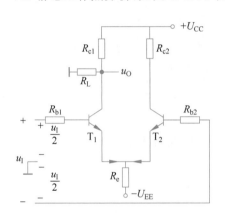

图 6.3.16 双端输入单端输出静态
工作点分析(1)

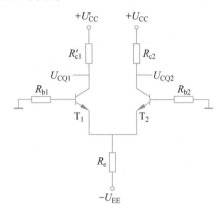

图 6.3.17 双端输入单端输出静态
工作点分析(2)

由于输入回路没有变化,所以 I_{EQ}、I_{BQ}、I_{CQ} 与双端输出时一样。但是 $U_{CQ1} \neq U_{CQ2}$,所以 $U_{CEQ1} \neq U_{CEQ2}$。

$$U_{CQ1} = \frac{R_c}{R_L+R_c}U_{CC} - I_{CQ}(R_c /\!/ R_L), \quad U_{CQ2} = U_{CC} - I_{CQ}R_c \quad (6.3.17)$$

$$U_{CEQ} = U_{CQ} - U_{EQ} \quad (6.3.18)$$

$$U_{EQ} = 0 - I_{BQ}R_b - U_{BEQ} \approx -U_{BEQ} \quad (6.3.19)$$

(2)差模信号作用下分析。

图 6.3.18 为双输入单端输出差分放大电路差模信号作用下的小信号等效模型。

$$A_{d1} = \frac{\Delta u_{Od}}{\Delta u_{Id}} = \frac{-\Delta i_C(R_c /\!/ R_L)}{\Delta i_B \cdot 2(R_b+r_{be})} = -\frac{1}{2} \times \frac{\beta(R_c /\!/ R_L)}{R_b+r_{be}} \quad (6.3.20)$$

$$R_{id} = 2(R_b+r_{be}) \qquad R_{od} = R_c \quad (6.3.21)$$

电路的输入回路没有变,所以输入电阻等于双端输入双端输出模型的输入电阻,等于 2 倍的单管输入电阻,输入电阻与输出方式无关。差模增益与输出方式有关。单端输出的差模增益为双端输出的差模增益的一半(空载情况下)。若输入差模信号极性不变，而从 T_2 管单端输出时，则输出与输入同相，即 A_{d2} 为正，即单端输出可实现输出与输入反相或同相。

(3) 共模信号作用下分析。图 6.3.19 为双端输入单端输出差分放大电路共模信号作用下的小信号等效模型，并且 $R_{b1}=R_{b2}=R_b$，$r_{be1}=r_{be2}=r_{be}$。

$$A_c = -\frac{\beta(R_c \mathbin{/\mkern-5mu/} R_L)}{R_b + r_{be} + 2(1+\beta)R_e} \qquad (6.3.22)$$

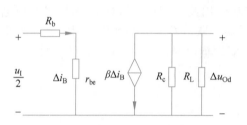

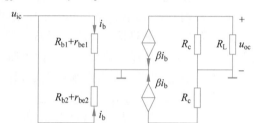

图 6.3.18　双端输入单端输出差模　　　　　图 6.3.19　双端输入单端输出共模
　　　　信号作用下分析　　　　　　　　　　　　　信号作用下分析

A_c 越小，抑制温漂的能力越强。R_e 越大，则 A_c 越小。

$$\text{CMRR} = \left|\frac{A_d}{A_c}\right| = \frac{R_b + r_{be} + 2(1+\beta)R_e}{2(R_b + r_{be})} \qquad (6.3.23)$$

3) 单端输入双端输出

差分放大电路单端输入双端输出分析如图 6.3.20 和图 6.3.21 所示。

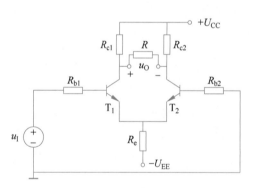

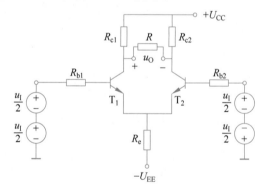

图 6.3.20　单端输入双端输出分析(1)　　　　图 6.3.21　单端输入双端输出分析(2)

输入信号分成共模信号和差模信号。单端输入电路和双端浮地输入电路的区别：输入差模信号的同时总是伴随着共模信号的输入。

$$u_{Id} = u_I, \quad u_{Ic} = \frac{u_I}{2} \qquad (6.3.24)$$

当 $R_{b1}=R_{b2}=R_b$，$r_{be1}=r_{be2}=r_{be}$，$R_{c1}=R_{c2}=R_c$ 时，差模放大倍数为

$$A_d = -\frac{\beta\left(R_c \mathbin{/\mkern-5mu/} \dfrac{R_L}{2}\right)}{R_b + r_{be}} \qquad (6.3.25)$$

共模放大倍数为

$$A_c = 0 \tag{6.3.26}$$

输入电阻为

$$R_{id} = 2(R_b + r_{be}) \tag{6.3.27}$$

输出电阻为

$$R_o = 2R_c \tag{6.3.28}$$

4）单端输入单端输出

差分放大电路单端输入单端输出分析如图 6.3.22 所示。

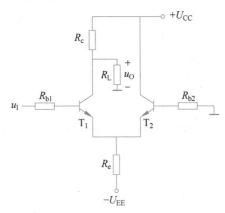

图 6.3.22 单端输入单端输出分析

单端输入单端输出的特点如下：

（1）对于单端输出电路，常省去不输出信号一边的 R_c。

（2）输入信号可以分解为共模信号和差模信号。

当 $R_{b1} = R_{b2} = R_b$，$r_{be1} = r_{be2} = r_{be}$ 时，差模放大倍数为

$$A_d = \pm \frac{\beta(R_c /\!/ R_L)}{2(R_b + r_{be})} \tag{6.3.29}$$

从 T_1 的基极输入信号，从 T_1 集电极输出取负号，从 T_2 集电极输出取正号。通过从 T_1 或 T_2 的集电极输出，可得到输出与输入之间电位反相或同相关系。

共模电压放大倍数为

$$A_c = -\frac{\beta(R_c /\!/ R_L)}{R_b + r_{be} + 2(1+\beta)R_e} \tag{6.3.30}$$

输入电阻为

$$R_{id} = 2(R_b + r_{be}) \tag{6.3.31}$$

输出电阻为

$$R_o = R_c \tag{6.3.32}$$

6.3.2 电流源差分放大电路

电流源差分放大电路如图 6.3.23 所示。

静态工作点的分析(忽略 R_S、r_{be}、r_{ce} 影响)如图 6.3.24 所示。

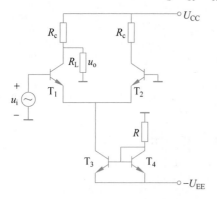
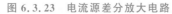

图 6.3.23　电流源差分放大电路

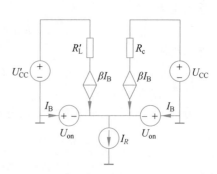

图 6.3.24　电流源差分放大电路静态分析

由图可知

$$U'_{CC} = \frac{R_L}{R_c + R_L} U_{CC}, \quad R'_L = R_c \mathbin{/\mkern-5mu/} R_L$$

可以得到

$$I_R = \frac{U_{EE} - U_{on}}{R} \tag{6.3.33}$$

$$I_{CQ} \approx I_{EQ} = \frac{I_R}{2} = \frac{U_{EE} - U_{on}}{2R}, \quad U_{BEQ} = U_{on} \tag{6.3.34}$$

$$U_{CE1Q} = U'_{CC} + U_{on} - R'_L I_{CQ} \tag{6.3.35}$$

$$U_{CE2Q} = U_{CC} + U_{on} - R_c I_{CQ} \tag{6.3.36}$$

$$I_{BQ} = \frac{I_{EQ}}{1+\beta} \tag{6.3.37}$$

然后进行交流小信号分析。交流小信号等效模型如图 6.3.25 所示。

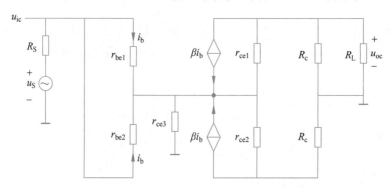

图 6.3.25　电流源差分放大电路交流小信号模型

在共模输入情况下,当 $R_{b1} = R_{b2} = R_b$,$r_{be1} = r_{be2} = r_{be}$,$R_{c1} = R_{c2} = R_c$ 时,有

$$R_{ic} = \frac{u_{ic}}{i_{ic}} = \frac{1}{2}[r_{be} + 2(1+\beta)r_{ce}] \tag{6.3.38}$$

$$A_{\text{uocc}} = \frac{u_{\text{occ}}}{u_{\text{ic}}} = -\frac{\beta R_c}{r_{\text{be}} + 2(1+\beta)r_{\text{ce}}} \tag{6.3.39}$$

$$R_o = \frac{u_o}{i_o}\bigg|_{u_S=0} \approx R_c \tag{6.3.40}$$

电流源差分放大电路差模输入分析如图 6.3.26 所示。

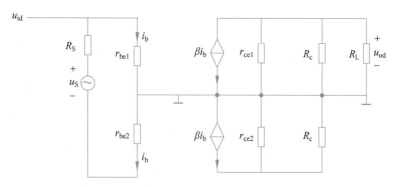

图 6.3.26 电流源差分放大电路差模输入分析

在差模输入情况下,有

$$R_{\text{id}} = \frac{u_{\text{id}}}{i_{\text{id}}} = 2r_{\text{be}} \tag{6.3.41}$$

$$A_{\text{ud}} = \frac{u_{\text{od}}}{u_{\text{id}}} \approx -\frac{\beta R_c}{2r_{\text{be}}} \tag{6.3.42}$$

$$\text{CMRR} = \left|\frac{A_{\text{ud}}}{A_{\text{uc}}}\right| = \frac{r_{\text{be}} + 2(1+\beta)r_{\text{ce}}}{2r_{\text{be}}} \tag{6.3.43}$$

$$R_o = \frac{u_o}{i_o}\bigg|_{u_S=0} \approx R_c \tag{6.3.44}$$

电流源的作用是差分放大电路的电流偏置,在小信号时表现为大的共模负反馈动态电阻。

6.3.3 有源负载电流源差分放大电路

有源负载电流源差分放大电路如图 6.3.27 所示。

静态工作点分析(忽略 R_S、r_{be}、r_{ce} 影响)如图 6.3.28 所示。

$$I_{\text{CQ}} \approx I_{\text{EQ}} = \frac{I_R}{2} = \frac{U_{\text{EE}} - U_{\text{on}}}{2R} \tag{6.3.45}$$

$$U_{\text{BEQ}} = U_{\text{on}} \tag{6.3.46}$$

$$U_{\text{CE1Q}} = U_{\text{on}}, \quad I_{\text{BQ}} = \frac{I_{\text{EQ}}}{1+\beta} \tag{6.3.47}$$

然后进行交流小信号分析。交流等效电路如图 6.3.29 所示。

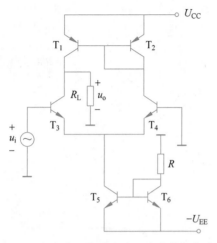

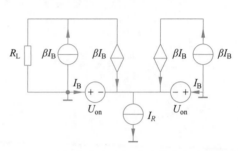

图 6.3.27 有源负载电流源差分放大电路　　图 6.3.28 有源负载电流源差分放大电路静态分析

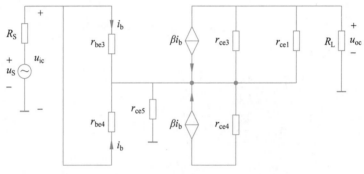

图 6.3.29 有源负载电流源差分放大电路共模输入分析

在共模输入情况下,当 $r_{be1}=r_{be2}=r_{be}$,$r_{ce1}=r_{ce3}=r_{ce4}=r_{ce}$ 时,有

$$R_{ic}=\frac{u_{ic}}{i_{ic}}=\frac{1}{2}[r_{be}+2(1+\beta)r_{ce}] \tag{6.3.48}$$

$$A_{uc}=\frac{u_{oc}}{u_{ic}}=0 \tag{6.3.49}$$

$$R_o=\frac{u_o}{i_o}\bigg|_{u_S=0}\approx\frac{1}{2}r_{ce} \tag{6.3.50}$$

有源负载电流源差分放大电路共模输入分析如图 6.3.30 所示。

在差模输入情况下,当 $r_{be1}=r_{be2}=r_{be}$,$r_{ce1}=r_{ce3}=r_{ce4}=r_{ce}$ 时,有

$$R_{id}=\frac{u_{id}}{i_{id}}=2r_{be} \tag{6.3.51}$$

$$A_{ud}=\frac{u_{od}}{u_{id}}\approx-\frac{\beta R_L}{r_{be}} \quad CMRR=\left|\frac{A_{uocd}}{A_{uocc}}\right|\to\infty \tag{6.3.52}$$

$$R_o=\frac{u_o}{i_o}\bigg|_{u_S=0}=\frac{1}{2}r_{ce} \tag{6.3.53}$$

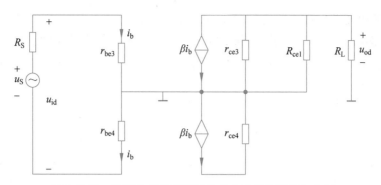

图 6.3.30　有源负载电流源差分放大电路共模输入分析

交流小信号时,三极管输出电阻表现为大的动态电阻。共模输入时负载电流为 0,负载共模电压放大倍数为 0。差模输入时负载电流为 $2i_c$,负载差模电压放大倍数加倍。有源负载电流源差分放大电路如图 6.3.31 所示。

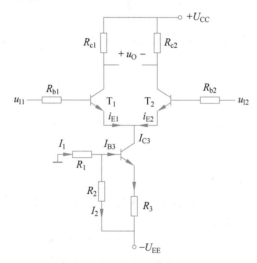

图 6.3.31　有源负载电流源差分放大电路

下方的三极管近似为恒流源,内阻近似无限大:

$$I_2 \gg I_{B3}$$

则

$$I_1 \approx I_2 \tag{6.3.54}$$

$$U_{B3} \approx -\frac{R_1}{R_1 + R_2}U_{EE}$$

则

$$I_{C3} \approx I_{E3} \approx \frac{U_{B3} - (-U_{EE}) - U_{BEQ}}{R_3} \tag{6.3.55}$$

$$I_{EQ1} = I_{EQ2} = \frac{I_{C3}}{2} \tag{6.3.56}$$

将晶体管电流源用恒流源代替,如图 6.3.32 所示。

改进电路如图 6.3.33 所示,加调零电位器 R_w(改善对称性,阻值小)。

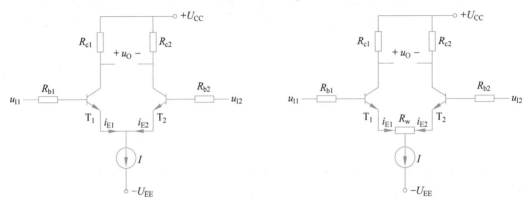

图 6.3.32　将晶体管电流源用
恒流源代替的电路

图 6.3.33　有源负载电流源差分
放大电路改进电路

若 R_w 滑动在中点,且 $R_{b1}=R_{b2}=R_b$,$r_{be1}=r_{be2}=r_{be}$,$R_{c1}=R_{c2}=R_c$ 时,有

$$A_d = -\cfrac{\beta R_c}{R_b + r_{be} + (1+\beta)\dfrac{R_w}{2}} \tag{6.3.57}$$

$$R_{id} = 2(R_b + r_{be}) + (1+\beta)R_w \tag{6.3.58}$$

6.3.4　MOSFET 电压差分放大电路

1. 基本 MOSFET 差分电路

如图 6.3.34 所示,把一个差分输入电压均分为两个大小相等、方向相反的电压,并加到差分放大电路的两个输入端。

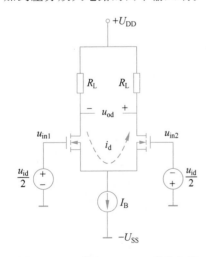

图 6.3.34　基本 MOSFET 差分电路

假设左边 MOSFET 的栅极电压增加 $u_{id}/2$,则其流过的电流也将增加。因为总的电流为 I_B,所以流过右边 MOSFET 的电流将减小相同的量,等效为一个交流电流 i_d。流过左边 MOSFET 的电流是 $I_B/2$ 加上这个交流电流,流过右边 MOSFET 的电流是 $I_B/2$ 减去这个交流电流。交流电流将在输出端变为差分输出电压 u_{od}。实际上,交流电流流过两个负载电阻,产生电压 u_{od},其中 $g_{m1}=g_{m2}=g_m$。

差分输入电压为

$$u_{id} = u_{in1} - u_{in2} \tag{6.3.59}$$

交流电流为

$$i_d = g_m \frac{u_{id}}{2} \tag{6.3.60}$$

差分输出电压为

$$u_{od} = 2R_L i_d \qquad (6.3.61)$$

所以有

$$A_{ud} = \frac{u_{od}}{u_{id}} = g_m R_L \qquad (6.3.62)$$

2. 有源负载 MOSFET 差分电路

有源负载 MOSFET 差分电路与双极型晶体管类似,将有源负载和 MOSFET 差分对连接,如图 6.3.35 所示。

T_1 和 T_2 为 N 沟道 MOSFET,共同组成差分对。负载电路由 T_3 和 T_4 组成,是 P 沟道 MOSFET,共同构成电流镜。当加上共模电压 $u_1 = u_2 = u_{cm}$ 后,I_Q 均匀地分布在 T_1 和 T_2 之上,$i_{D1} = i_{D2} = I_B/2$。因为栅极没有电流,所以 $i_{D3} = i_{D1}$,$i_{D4} = i_{D2}$。

当加上差分输入电压 $u_{id} = u_{in1} - u_{in2}$ 之后,可得

$$i_{D1} = \frac{I_B}{2} + i_d \qquad (6.3.63)$$

$$i_{D2} = \frac{I_B}{2} - i_d \qquad (6.3.64)$$

当 i_d 是小信号(交流)电流时,可得

$$i_{D3} = i_{D1} = \frac{I_B}{2} + i_d \qquad (6.3.65)$$

因为 T_3 和 T_4 构成电流镜,所以可得

$$i_{D4} = i_{D3} = \frac{I_B}{2} + i_d \qquad (6.3.66)$$

图 6.3.36 是有源负载 MOSFET 差分电路的等效交流通路,电流信号已在图中标出。图 6.3.37(a) 为 T_2、T_4 管漏端的小信号等效电路,假设输出端连接到另一 MOSFET 的栅极,那么输出端可以等效开路。将图 6.3.37(a)画成图 6.3.37(b)所示的小信号等效模型,其中 $g_{m1} = g_{m2} = g_{m3} = g_{m4} = g_m$,可得

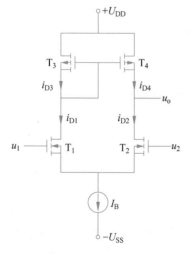

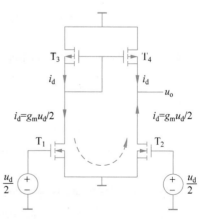

图 6.3.35　有源负载 MOSFET 差分电路　　图 6.3.36　有源负载 MOSFET 差分电路的等效交流通路

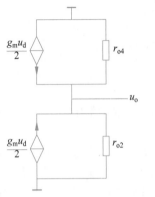
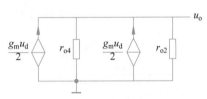

(a) 有源负载MOSFET差分电路的小信号等效模型   (b) 对小信号等效模型重画

图 6.3.37 小信号等效电路

$$u_o = 2\left(\frac{g_m u_d}{2}\right)(r_{o2} /\!/ r_{o4}) \tag{6.3.67}$$

小信号差模电压增益为

$$A_{ud} = \frac{u_o}{u_d} = g_m(r_{o2} /\!/ r_{o4}) \tag{6.3.68}$$

也可以写为

$$A_{ud} = \frac{g_m}{\dfrac{1}{r_{o2}} + \dfrac{1}{r_{o4}}} = \frac{g_m}{g_{o2} + g_{o4}} \tag{6.3.69}$$

6.4 互补输出电路

6.4.1 基本电路

输出电路(多级放大电路输出级)需要考虑以下问题:

(1) 其他性能指标:最大输出电压有效值 U_o 或峰-峰值 U_{opp},最大输出功率 P_{om} 和效率 η。

(2) 分析方法:小信号分析不适用,需要结合图解进行估算。

负载直接耦合共集放大电路的电路如图 6.4.1 所示。

1. 静态性能分析

负载直接耦合共集放大电路如图 6.4.2 所示。

$$u_o \approx u_i \tag{6.4.1}$$

$$i_e \approx i_c = \beta i_b \tag{6.4.2}$$

当输入信号超过一定值时,晶体管工作范围超出放大区,进入截止区或/和饱和区,输出信号的波形出现削波现象,产生削波失真。削波失真包括截止失真和饱和失真。削波失真由晶体管的非线性特性引起,属于非线性失真。

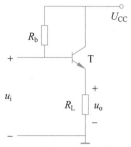

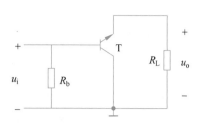

图 6.4.1　负载直接耦合共集放大电路　　图 6.4.2　负载直接耦合共集放大电路

如图 6.4.3 所示,结合图解分析,u_{CE}-i_C 同时满足晶体管输出特性是非线性的,负载方程 $u_{CE} = U_{CC} - R_L i_C$ 是线性的。画出负载线(两点式)。分析时注意,$i_C = I_{CQ} + i_c$,$u_{CE} = U_{CEQ} + u_{ce}$。

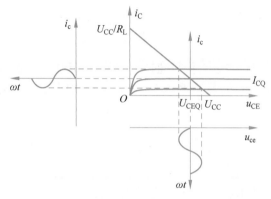

图 6.4.3　图解法

当静态工作点设置偏低,输入信号超过一定值时,晶体管工作范围超出放大区,进入截止区,产生截止失真。此时,输出电压 u_{ce} 的波形出现削顶现象,输出电流 i_c 的波形出现削底现象,如图 6.4.4 所示。

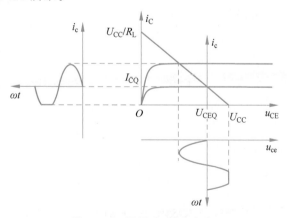

图 6.4.4　图解法(截止失真)

最大输出电压有效值(图 6.4.5)为

$$U_o = \frac{U_{CC} - U_{CEQ}}{\sqrt{2}} \qquad (6.4.3)$$

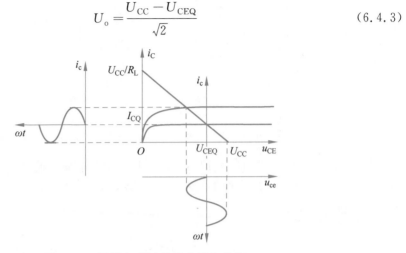

图 6.4.5　图解法(最大输出电压有效值)

　　静态工作点设置偏高,当输入信号超过一定值时,晶体管工作范围超出放大区,进入饱和区,产生饱和失真。此时,输出电压 u_{ce} 的波形出现削底现象,输出电流 i_c 的波形出现削顶现象,如图 6.4.6 所示。

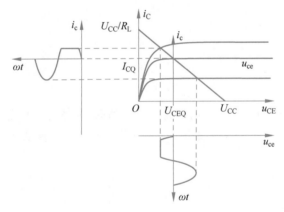

图 6.4.6　图解法(饱和失真)

最大输出电压有效值(图 6.4.7)为

$$U_o = \frac{U_{CEQ} - U_{CES}}{\sqrt{2}} \qquad (6.4.4)$$

综合最大输出电压有效值为

$$U_o = \frac{1}{\sqrt{2}}\min\{U_{CEQ} - U_{CES}, \quad U_{CC} - U_{CEQ}\} \qquad (6.4.5)$$

当静态工作点设置于负载线放大区内的中点,即

$$U_{CEQ} = \frac{1}{2}(U_{CC} + U_{CES}) \qquad (6.4.6)$$

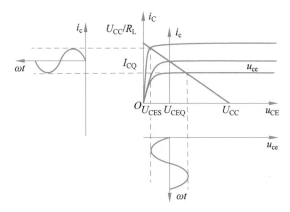

图 6.4.7 图解法(最大输出电压有效值)

输出电压有效值达到最大,即

$$U_o = \frac{1}{2\sqrt{2}}(U_{CC} - U_{CES}) \approx \frac{U_{CC}}{2\sqrt{2}} \tag{6.4.7}$$

最大输出功率和效率是指静态工作点的设置使输出电压达到最大。满激励,忽略饱和压降条件下,最大输出功率为

$$P_{om} = \frac{U_o^2}{R_L} = \frac{\left(\dfrac{U_{CC}}{2\sqrt{2}}\right)^2}{R_L} = \frac{U_{CC}^2}{8R_L} \tag{6.4.8}$$

满激励,忽略 R_B 功率和信号源功率条件下,电源提供的功率为

$$P_U = U_{CC}\bar{i}_C = U_{CC} \frac{1}{2\pi}\int_0^{2\pi}\left[\frac{U_{CC}}{2R_L} + \frac{U_{CC}}{2R_L}\sin(\omega t)\right]d(\omega t) = \frac{U_{CC}^2}{2R_L} \tag{6.4.9}$$

效率为

$$\eta = \frac{P_{om}}{P_U} = \frac{U_{CC}^2}{8R_L} \bigg/ \frac{U_{CC}^2}{2R_L} = \frac{1}{4} = 25\% \tag{6.4.10}$$

图 6.4.8 为互补输出电路,其具有以下结构特征:

(1) 由 NPN 型、PNP 型三极管构成两个对称的射极输出器(带载能力强)对接而成。

(2) 双电源供电。

(3) 输入和输出端不加隔直电容。

因为 $u_i = 0$V,所以 T_1、T_2 均不工作,静态工作电流为零。因为 $u_o = 0$V,所以不需要隔直电容。电路的特点是静态工作电流为零。输出特性曲线如图 6.4.9 所示。

2. 动态性能分析

互补输出电路的动态性能分析如图 6.4.10 所示。

进行动态性能分析时忽略导通电压,输入信号正半周,T_1 导通、T_2 截止;输入信号负半周,T_1 截止、T_2 导通。

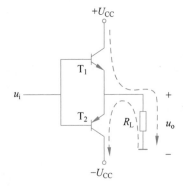

图 6.4.8　互补输出电路

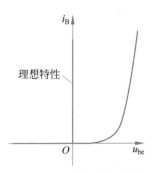

图 6.4.9　输出特性曲线

电路的动态性能分析如图 6.4.11 所示。

$$u_o \approx u_i \tag{6.4.11}$$

$$i_e \approx i_c = \beta i_b \tag{6.4.12}$$

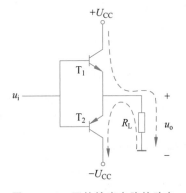

图 6.4.10　互补输出电路的动态
性能分析（1）

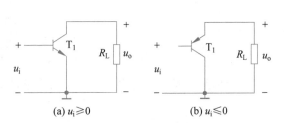

图 6.4.11　互补输出电路的动态
性能分析（2）

当晶体管 T_1 和 T_2 特性和参数相同，静态工作点处于负载线放大区内的中点，输出电压有效值达到最大，即

$$U_o = \frac{U_{CC} - U_{CES}}{\sqrt{2}} \approx \frac{U_{CC}}{\sqrt{2}} \tag{6.4.13}$$

满激励，忽略饱和压降条件下，最大输出功率为

$$P_{om} = \frac{U_o^2}{R_L} = \frac{\left(\dfrac{U_{CC}}{\sqrt{2}}\right)^2}{R_L} = \frac{U_{CC}^2}{2R_L} \tag{6.4.14}$$

满激励，忽略信号源功率条件下，有

$$P_U = U_{CC}\,\overline{i_C} = U_{CC}\,\frac{1}{2\pi}\int_0^\pi \left[\frac{U_{CC}}{R_L}\sin(\omega t)\right]\mathrm{d}(\omega t) = \frac{2U_{CC}^2}{\pi R_L} \tag{6.4.15}$$

$$\eta = \frac{P_{om}}{P_U} = \frac{U_{CC}^2}{2R_L}\,\bigg/\,\frac{2U_{CC}^2}{\pi R_L} = \frac{\pi}{4} \approx 78.5\% \tag{6.4.16}$$

满激励,考虑饱和压降、忽略信号源功率条件下,有

$$P_{om} = \frac{U_o^2}{R_L} = \frac{\left(\dfrac{U_{CC} - U_{CES}}{\sqrt{2}}\right)^2}{R_L} = \frac{(U_{CC} - U_{CES})^2}{2R_L} \tag{6.4.17}$$

$$P_U = U_{CC} \bar{i}_C = U_{CC} \frac{1}{2\pi} \int_0^\pi \left[\frac{U_{CC} - U_{CES}}{R_L} \sin(\omega t)\right] \mathrm{d}(\omega t) = \frac{2U_{CC}(U_{CC} - U_{CES})}{\pi R_L}$$
$$\tag{6.4.18}$$

$$\eta = \frac{P_{om}}{P_U} = \frac{(U_{CC} - U_{CES})^2}{2R_L} \left| \frac{2U_{CC}(U_{CC} - U_{CES})}{\pi R_L} = \frac{\pi}{4} \frac{(U_{CC} - U_{CES})}{U_{CC}} \right. \tag{6.4.19}$$

电压放大电路的输出级一般有两个基本要求:一是输出电阻低;二是最大不失真输出电压尽可能大。为了满足上述要求,并且做到输入电压为零时输出电压为零,便产生了双向跟随的互补输出级。

6.4.2 消除交越失真的互补输出电路

输入信号幅度低于导通电压,互补输出电路的两个晶体管同时处于截止区,输出信号出现为零,产生交越失真,如图 6.4.12 所示。交越失真是晶体管的非线性特性引起,所以属于非线性失真。

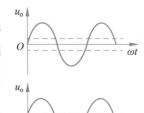

当 $u_i \geqslant U_{on1}$ 时,T_1 导通、T_2 截止,$u_o = u_i$;当 $u_i \leqslant U_{on2}$ 时,T_1 截止、T_2 导通,$u_o = u_i$;当 $U_{on2} \leqslant u_i \leqslant U_{on1}$ 时,T_1 和 T_2 均截止,$u_o = 0$,产生交越失真。

图 6.4.12 交越失真

采用二极管偏置电路来消除交越失真,如图 6.4.13 所示。

在 D_1、D_2 导通时,设 D_1、D_2 的导通电压分别为 U_{on1}、U_{on2},可得

$$U_{BE1Q} - U_{BE2Q} = U_{on1} - U_{on2} = U_{D1Q} + U_{D2Q} \tag{6.4.20}$$

当 $u_i \geqslant 0$,$u_{B1} \geqslant U_{on1}$ 时,T_1 导通、T_2 截止,$u_o = u_i$;当 $u_i \leqslant 0$,$u_{B2} \geqslant U_{on2}$ 时,T_1 截止、T_2 导通,$u_o = u_i$。

除了二极管偏置,还可以采用 U_{BE} 倍增偏置电路,如图 6.4.14 所示。

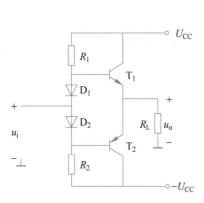

图 6.4.13 二极管偏置消除交越失真

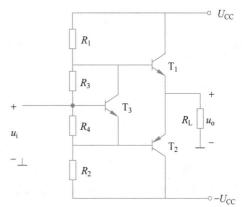

图 6.4.14 U_{BE} 倍增偏置电路

分析如下：

当 T_3 导通时,设 I_{R3}、$I_{R4} \gg I_{B3}$,则有

$$U_{BE3Q} = \frac{R_4}{R_3 + R_4} U_{CE3Q}$$

$$U_{CE3Q} = \left(1 + \frac{R_3}{R_4}\right) U_{BE3Q} = \left(1 + \frac{R_3}{R_4}\right) U_{on3} \tag{6.4.21}$$

$$U_{BE1Q} - U_{BE2Q} = U_{on1} - U_{on2} = U_{CE3Q} = \left(1 + \frac{R_3}{R_4}\right) U_{on3} \tag{6.4.22}$$

当 $u_i \geqslant 0$, $u_{B1} \geqslant U_{on1}$ 时, T_1 导通、T_2 截止, $u_o = u_i$;当 $u_i \leqslant 0$, $u_{B2} \geqslant U_{on2}$ 时, T_1 截止、T_2 导通, $u_o = u_i$。

继续分析电路其他性能指标。

最大输出电压为

$$U_o = \frac{1}{\sqrt{2}}(U_{CC} - U_{CES}) \approx \frac{U_{CC}}{\sqrt{2}} \tag{6.4.23}$$

在满激励,忽略 R_1、R_2、D_1、D_2 或 R_1、R_2、R_3、R_4、T_3 功率,在忽略信号源功率条件下可得

$$P_{om} = \frac{(U_{CC} - U_{CES})^2}{2R_L} \approx \frac{U_{CC}^2}{2R_L} \tag{6.4.24}$$

$$P_U = \frac{2U_{CC}(U_{CC} - U_{CES})}{\pi R_L} \approx \frac{2U_{CC}^2}{\pi R_L} \tag{6.4.25}$$

$$\eta = \frac{\pi}{4} \frac{(U_{CC} - U_{CES})}{U_{CC}} \approx \frac{\pi}{4} \tag{6.4.26}$$

6.4.3 MOSFET AB 类输出级电路

MOSFET AB 类输出级电路如图 6.4.15 所示。T_N 管和 T_P 管完全匹配,若 $u_i = 0$,则电压 $\frac{U_{BB}}{2}$ 就分别施加在 T_N 和 T_P 的栅源端,静态漏电流 $i_{DN} = i_{DP} = I_{DQ}$。

当 u_i 增加时, T_N 管栅极电压增加, u_o 增加, T_N 管是源极跟随器,为 R_L 提供负载电流。因为必须增大 i_{DN} 来提供负载电流,所以 U_{GSN} 也会增大。u_{GSN} 增大将会导致 u_{GSP} 减小, i_{DP} 也随之减小。当 u_i 从零开始减小时, T_P 管栅极电压减小, u_o 减小,此时 T_P 管是源极跟随器,从负载吸收电流。

这个双源极跟随器的主要缺点是其输出电压始终小于电源电压。对于电源电压大的电路,如音频

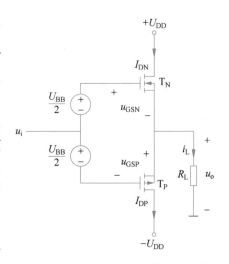

图 6.4.15 MOSFET AB 类输出级电路

放大器这不是问题,但对于电源电压只有几伏的电路是无法接受的。因此,大多数电源电压低的 AB 类输出级采用了两个漏极到漏极连接形式的输出晶体管,正是一个 CMOS 反相器电路。

6.5 集成运算放大器

6.5.1 三级 CMOS 运算放大器

图 6.5.1 为三级 CMOS 运算放大器电路。差分输入级由具有有源负载晶体管 M_3 和 M_4 的差分对 M_1 和 M_2 组成。输入级用恒流源 M_{10} 和 M_{11} 偏置。输入级的输出端连接到由 M_5 组成的共源放大器。晶体管 M_9 建立偏置电流 I_{Q2},并且用作共源放大器的有源负载。晶体管 M_6 和 M_7 形成互补的输出级。晶体管 M_8 充当电阻,并在输出晶体管的栅极之间提供电位差,以最小化输出信号中的交越失真。

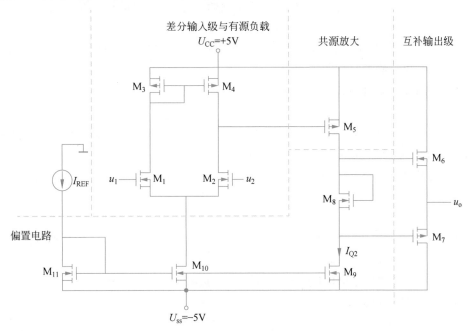

图 6.5.1　三级 CMOS 运算放大器

6.5.2 集成运算放大器的主要性能指标

在考察集成运算放大器的性能时,常用下列参数来描述:

(1) 开环差模增益 A_{od}:在集成运放无外加反馈时的差模放大倍数,记为 A_{od},$A_{od}=\Delta u_O/\Delta(u_P-u_N)$,常用分贝(dB)表示,其分贝数为 $20\lg|A_{od}|$。通用型集成运放的 A_{od} 通常在 10^5 左右,即 100dB 左右。

(2) 差模输入电阻:集成运放对输入差模信号的输入电阻,记为 r_{id}。差模输入电阻越大,从信号源索取的电流越小。

(3) 共模抑制比:差模放大倍数与共模放大倍数之比的绝对值,$\text{CMRR} = \left| \dfrac{A_{od}}{A_{oc}} \right|$,也常用分贝表示,其数值为 $20\lg\text{CMRR}$。

(4) 输出电阻:从运放输出端向运放看入的等效信号源内阻,记为 R_o。集成运放的输出电阻越小越好,理想运放的输出电阻 R_o 趋于 0。

(5) 最大共模输入电压:输入级能正常放大差模信号情况下允许输入的最大共模信号,记为 U_{Icmax}。若共模输入电压高于此值,则运放不能对差模信号进行放大。因此,在实际应用时,要特别注意输入信号中共模信号的大小。

(6) 最大差模输入电压:当集成运放所加差模信号大到一定程度时,输入级至少有一个 PN 结承受反向电压,是不至于使 PN 结反向击穿所允许的最大差模输入电压,记为 U_{Idmax}。当输入电压大于此值时,输入级将损坏。

(7) -3dB 带宽:使 A_{od} 下降 3dB(下降到约 0.707 倍)时的信号频率,记为 f_H。由于集成运放中晶体管(或场效应管)数目众多且制作在一小块硅片上,导致极间电容、分布电容和寄生电容不可忽略,因此,当信号频率升高时,这些电容的容抗变小,使信号受到损失,导致 A_{od} 值下降且产生相移。

应当指出,在实用电路中,因为引入负反馈,展宽了频带,所以上限频率可达数百千赫。

(8) 单位增益带宽:使 A_{od} 下降到 $0\text{dB}(A_{od} = 1$,失去电压放大能力)时的信号频率,记为 f_c。它与晶体管的特征频率 f_T 相类似。

(9) 转换速率:在大信号作用下输出电压在单位时间变化量的最大值,即

$$\text{SR} = \left| \dfrac{\mathrm{d}u_O}{\mathrm{d}t} \right|_{\max} \tag{6.5.1}$$

转换速率表示集成运放对信号变化速度的适应能力,是衡量运放在大幅值信号作用时工作速度的参数,常用每微秒输出电压变化多少伏来表示。当输入信号变化斜率的绝对值小于转换速率时,输出电压才能按线性规律变化。信号幅值越大、频率越高,要求集成运放的转换速率也就越大。

(10) 输入失调电压及其温度系数:由于集成运放的输入级电路参数不可能绝对对称,所以当输入电压为零时,u_O 并不为零。输入失调电压是使输出电压为零时在输入端所加的补偿电压,若运放工作在线性区,则 U_{IO} 是 u_I 为零时输出电压折合到输入端的电压,即

$$U_{IO} = -\dfrac{U_O|_{u_I=0}}{A_{od}} \tag{6.5.2}$$

U_{IO} 越小,表明电路参数对称性越好。对于有外接调零电位器的运放,可以通过改变电位器滑动端的位置使得输入为零时输出为零。

$\mathrm{d}U_{IO}/\mathrm{d}T$ 是 U_{IO} 的温度系数,是衡量运放温度漂移的重要参数,其值越小,表明运放的温度漂移越小。

(11) 输入失调电流及其温度系数：输入失调电流为

$$I_{IO} = | I_{B1} - I_{B2} | \qquad (6.5.3)$$

I_{IO} 反映输入级差放管输入电流的不对称程度。dI_{IO}/dT 与 dU_{IO}/dT 的含义相似，只不过研究的对象为 I_{IO}。I_{IO} 和 dI_{IO}/dT 越小，运放的性能越好。

(12) 输入偏置电流：输入级差放管的基极(栅极)偏置电流的平均值，即

$$I_{IB} = \frac{1}{2}(I_{B1} + I_{B2}) \qquad (6.5.4)$$

I_{IB} 越小，信号源内阻对集成运放静态工作点的影响也就越小。而通常 I_{IB} 越小，往往 I_{IO} 也越小。

在近似分析时，常把集成运放的参数理想化，即认为 A_{od}、K_{CMR}、r_{id}、f_H 等参数值均为无穷大，而 R_o、U_{IO} 和 dU_{IO}/dT、I_{IO} 和 dI_{IO}/dT、I_{IB} 等参数值均为零。

6.5.3 集成运放的低频等效电路

在分立元件放大电路的交流通路中，若用晶体管、场效应管的交流等效模型取代管子，则电路的分析与一般线性电路完全相同。同理，如果在集成运放应用电路中用运放的等效模型取代运放，那么电路的分析也将与线性电路完全相同。但是，如果在运放电路中将所有管子都用其等效模型取代去构造运放的模型，那么势必使等效电路非常复杂。例如，集成运放 F007 电路中有 19 只晶体管，在计算机辅助分析中，若采用 EM2 模型，每只管子均由 11 个元件构成，则 19 只管子共有 $11 \times 19 = 209$ 个元件，可以想象电路的复杂程度。因此，人们常构造集成运放的宏模型，即在一定的精度范围内构造一个等效电路，使之与运放(或其他复杂电路)的输入端口和输出端口的特性相同或相似。分析的问题不同，所构造的宏模型也有所不同。

图 6.5.2 为集成运放的低频等效电路，对于输入回路，考虑了差模输入电阻 R_{id}、偏置电流 I_{IB}、失调电压 U_{IO} 和失调电流 I_{IO} 四个参数；对于输出回路，考虑了差模输出电压 U_{od}，共模输出电压 U_{oc} 和输出电阻 R_o 三个参数。

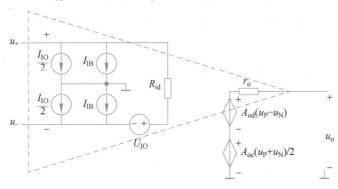

图 6.5.2　一般模型

如果仅研究对输入信号(差模信号)的放大问题，而不考虑失调因素对电路的影响，那么可用简化的集成运放低频等效电路，如图 6.5.3 所示。这时，从运放输入端看进去，

等效为一个电阻 R_{id}；从输出端看进去，等效为一个电压 u_1（即 $u_P - u_N$）控制的电压源 $A_{od}u_1$，内阻为 r_o。

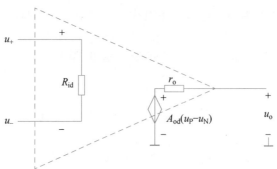

图 6.5.3　简化模型

若将集成运放理想化，则 $R_{id} = \infty$，$R_o = 0$，如图 6.5.4 所示。

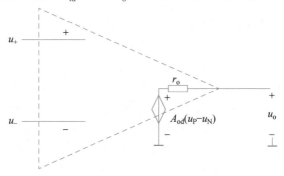

图 6.5.4　理想模型

习题

6.1　在图 P6.1 所示电路中，假设 U_S 或者 R 可能改变，试求 I 的范围使得 MOS 管始终都工作在饱和区，假设两个 MOS 管有着同样的 I_{DO} 和 U_{TN}。

6.2　计算如图 P6.2 所示的输出集电极电压以及集电极电流，已知三极管的 $U_{on} = 0.7\text{V}$。

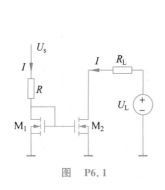

图　P6.1

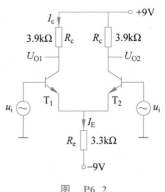

图　P6.2

6.3 具体说明差分放大器有哪几种输入与输出方式。

6.4 图 P6.4 是双端输入双端输出的差分电路,根据电路图画出输出端电压随着输入端电压差变化的曲线。

6.5 如果差分电路的左右两端输入电压相同,此时两端输出电压相等,画出图 P6.5 电路输出随输入变化的曲线。

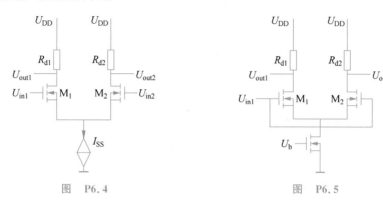

图 P6.4　　　　　　图 P6.5

6.6 考虑图 P6.6 中的电流镜,假设两个 MOS 管都工作在饱和区,并有着同样的 I_{DO} 和 U_{TN}。U_L 改变时 I_L 改变吗? 什么条件下 $I_L = I$?

6.7 计算如图 P6.7 所示电路的单端输出电压 U_O,已知 $\beta = 75$,$r_{be} = 20\text{k}\Omega$,$u_i = 2\text{mV}$。

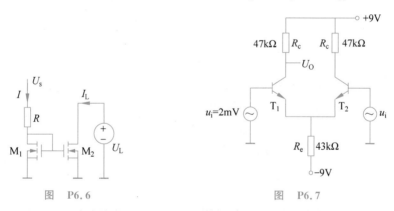

图 P6.6　　　　　　图 P6.7

6.8 比较实际运算放大器与理想运算放大器的特点。

6.9 如图 P6.9 所示电路,假定 BJT 管有很大的 β 以及 $U_{BE} = 0.8\text{V}$,在 $I_{REF} = 1\text{mA}$ 时,确定电阻 R 的值使输出电流 $I_{OUT} = 10\mu\text{A}$。

6.10 计算如图 P6.10 所示电路的共模电压增益,已知 $\beta = 75$,$r_{be} = 20\text{k}\Omega$。

6.11 根据如图 P6.11 所示电路,确定 R_2 的阻值,已知 $I_{OUT} = 5\mu\text{A}$,$U_{CC} = 5\text{V}$,$R_1 = 4.3\text{k}\Omega$,$U_{BEO} = 0.7\text{V}$,$\beta \to \infty$。

6.12 计算如图 P6.12 所示差分放大电路的共模输入电压的最大值。已知 $R_d = 16\text{k}\Omega$,$R_1 = 30\text{k}\Omega$,$U_{DD} = 10\text{V}$,$U_{SS} = -10\text{V}$,$I_{DO1} = I_{DO2} = 0.1\text{mA}$,$U_{TN} = 1\text{V}$,$I_{DO3} = I_{DO4} = 0.3\text{mA}$。

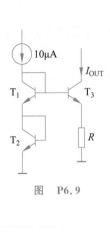

图 P6.9

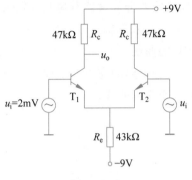

图 P6.10

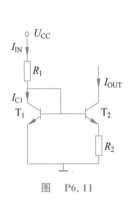

图 P6.11

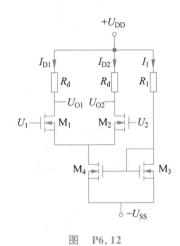

图 P6.12

6.13 计算如图 P6.13 所示电路的静态工作点 U_C, I_B。已知 $U_{CC}=U_{EE}=15\text{V}$, $U_{BEO}=0.7\text{V}$, $U_A=\infty$, $R_{ee}=R_c=75\text{k}\Omega$, $\beta=100$。

6.14 画出如图 P6.14 所示电路的小信号等效模型。

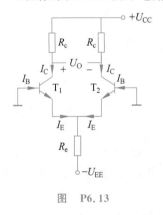

图 P6.13

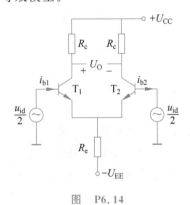

图 P6.14

6.15 画出如图 P6.15 所示电路的小信号等效模型。

6.16 画出如图 P6.16 所示电路的小信号等效模型。

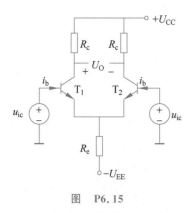

图　**P6.15**

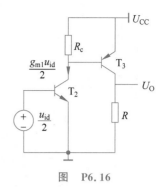

图　**P6.16**

6.17 计算如图 P6.17 所示共源共栅电流镜输出电阻。已知所有的 MOS 管的 $I_D = 10\mu A, U_A = 50V, g_m r_o = 50$。

6.18 画出图 P6.18 所示晶体管电流镜的等效小信号模型。

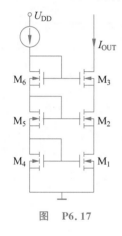

图　**P6.17**

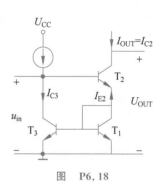

图　**P6.18**

第 7 章

负反馈放大电路

反馈在电子电路中应用相当广泛,工程应用中的放大电路往往都需要引入负反馈来改善放大电路的各项性能。引入负反馈后,可以改善放大电路的输入电阻和输出电阻、展宽频带等,因此几乎所有的实用放大电路都是带反馈的电路。

7.1 负反馈放大电路的概念

在电子电路中将输出量(输出电压或输出电流)的一部分或全部通过一定的电路形式作用到输入回路,用来影响其输入量(放大电路的输入电压或输入电流)的措施称为反馈。

反馈放大电路按照主要功能分为基本放大电路和反馈网络。基本放大电路主要是放大净输入信号。净输入信号取决于输入信号和反馈信号叠加的结果;反馈网络主要是传输反馈信号,将放大电路的输出信号的一部分或者全部通过一定的方式作用到输入回路,从而影响输入量。基本放大电路和反馈网络正好构成一个环路,因此称有反馈的电路处于闭环状态,无反馈的电路处于开环状态。

如图 7.1.1 所示,可以抽象出表示任何反馈放大电路的框图。

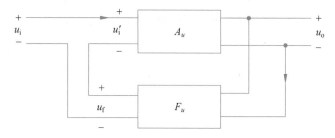

图 7.1.1　反馈放大电路的框图

输入电压用 u_i 表示,反馈电压用 u_f 表示,净输入电压用 u_i' 表示。输出信号用 u_o 表示。图中连线的箭头表示信号流通的方向,说明框图中的信号是单向流通的。也就是说,输入信号 u_i 仅通过基本放大电路传递到输出,而输出信号 u_o 仅通过反馈网络传递到输入。

$$u_i' = u_i \pm u_f \tag{7.1.1}$$

基本放大电路的放大倍数(开环放大倍数)为

$$A = \frac{u_o}{u_i'} \tag{7.1.2}$$

反馈系数为

$$F = \frac{u_f}{u_o} \tag{7.1.3}$$

因为

$$u_o = Au_i' = A(u_i \pm u_f) = A(u_i \pm Fu_o) = Au_i \pm AFu_o$$

所以反馈放大电路的放大倍数(闭环放大倍数)为

$$A_f = \frac{u_o}{u_i} = \frac{A}{1 \pm AF} \tag{7.1.4}$$

当 $F=0$ 时，$A_{\mathrm{f}}=A$。

7.1.1 反馈的判断

判断反馈的性质包括有无反馈，是正反馈还是负反馈，是直流反馈还是交流反馈。正确判断反馈的性质是研究反馈放大电路的基础。

1. 有无反馈的判断

如果放大电路中存在将输出回路与输入回路相连接的通路，并因此影响放大电路的净输入信号，那么表明电路中引入了反馈；否则，电路中没有反馈。

在图 7.1.2(a)所示电路中，集成运放的输出端和同相输入端、反相输入端均无通路，故电路中没有引入反馈。在图 7.1.2(b)所示电路中，电阻 R_2 将集成运放的输出端与反相输入端相连接，因此集成运放的净输入量不仅取决于输入信号，还与输出信号有关，所以该电路引入了反馈。在图 7.1.2(c)所示电路中，虽然电阻 R 连接在集成运放的输出端和同相输入端之间，但是因为同相输入端接地，R 只不过是集成运放的负载，不会使输出电压 u_{o} 作用于输入回路，所以电路中并没有引入反馈。

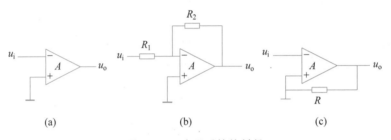

图 7.1.2　有无反馈的判断

分析以上三个实例，可以总结出判断有无反馈的方法，通过分析电路中有无反馈通路，即可判断电路中是否引入了反馈。

2. 反馈极性判断

如图 7.1.1 所示，依据反馈的效果，反馈信号与输入信号叠加后，使放大电路净输入量减小的反馈称为负反馈；反之，放大电路净输入量增大的反馈称为正反馈。

瞬时极性法是判断反馈极性的常用方法：先假设输入信号对地的瞬时极性，再按照信号传输方向依次判断放大电路各相关点信号的瞬时极性，从而得到输出信号的瞬时极性；然后依据输出信号的瞬时极性判断反馈信号的极性。如果反馈信号的瞬时极性使得净输入信号减小，那么电路引入了负反馈；反之，则电路引入了正反馈。

在图 7.1.3(a)中，设输入信号 u_{i} 对地瞬时极性为正，则输出信号 u_{o} 对地的瞬时极性也为正。u_{o} 作用于反馈电阻 R_{f} 上的反馈电流方向如图所示，使得净输入电流 i_{n} 增加，因此该电路引入了正反馈。在图 7.1.3(b)中，设输入信号 u_{i} 对地瞬时极性为正，则输出信号 u_{o} 对地的瞬时极性为负。u_{o} 作用于反馈电阻 R_{f} 上的反馈电流方向如图所示，使得净输入电流 i_{n} 减小，因此该电路引入了负反馈。

在集成运放组成的反馈放大电路中,可以通过净输入电压或者净输入电流因为反馈信号是增大还是减小来判断反馈的极性。凡是使净输入信号增大的反馈就是正反馈,使净输入信号减小的反馈就是负反馈。

例 7.1 判断图 7.1.4 电路中引入的反馈的极性。

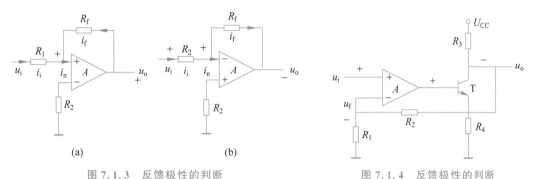

图 7.1.3 反馈极性的判断   图 7.1.4 反馈极性的判断

解:根据瞬时极性法,设输入电压 u_i 的瞬时极性对地为正,即集成运放的同相输入端电位为正,因此集成运放的输出电压瞬时极性对地为正,三极管的基极电位为正。又因为共射电路输出电压与输入电压反相,故 T 管输出电压 u_o 瞬时电位对地为负。u_o 作用于 R_1 和 R_2 回路产生电流,从而在 R_1 上得到反馈电压 u_f,u_f 作用的结果使得净输入电压增大,即 $u_i' = u_i - (-u_f) > u_i$,故引入了正反馈。

3. 直流反馈与交流反馈

反馈存在于放大电路的直流通路中,反馈信号只有直流成分时称为直流反馈。反馈存在于放大电路的交流通路中,反馈信号只有交流成分时称为交流反馈。反馈信号既存在于直流通路中又存在于交流通路中称为交直流反馈。

在图 7.1.5(a)所示电路中,已知电容 C 对交流信号可视为短路,相应的直流通路和交流通路如图 7.1.5(b)、(c)所示。由图 7.1.2(b)、(c)可知,图 7.1.5(a)中电路只引入了直流反馈,没有引入交流反馈。

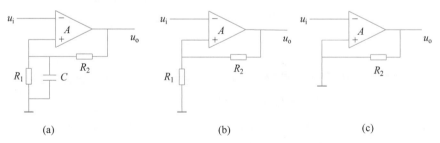

图 7.1.5 直流反馈与交流反馈

在图 7.1.6 所示电路中,已知电容 C 对交流信号可视为短路。对于直流量,电容 C 相当于开路,即在直流通路中不存在将输出回路与输入回路相连接的通路,故电路中没有引入直流反馈。对于交流量,C 相当于短路,故电路中引入了交流反馈。

在图 7.1.7 所示电路中,既引入直流反馈也引入了交流反馈。

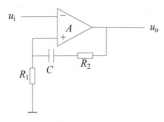 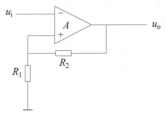

图 7.1.6　交流反馈　　　　　　　　图 7.1.7　交直流反馈

7.1.2　负反馈放大电路的四种组态

1. 输出信号的引回

电压反馈和电流反馈由反馈网络在放大电路输出端的取样对象决定,把输出电压的一部分或者全部作用到输入回路称为电压反馈,把输出电流的一部分或者全部作用到输入回路称为电流反馈。

2. 输入信号的叠加

反馈组态是串联反馈还是并联反馈取决于反馈信号和输入信号在输入端的叠加方式,反馈信号和输入信号以电压形式相叠加称为串联反馈,反馈信号和输入信号以电流形式相叠加称为并联反馈。

3. 四种组态

反馈信号在输出端取样方式有电压反馈和电流反馈两种,反馈信号与输入信号在输入端的叠加方式有串联和并联两种,因此负反馈放大电路有电压串联负反馈、电流串联负反馈、电压并联负反馈和电流并联负反馈四种组态。

1）电压串联负反馈——电压放大电路

电压串联负反馈框图如图 7.1.8 所示。

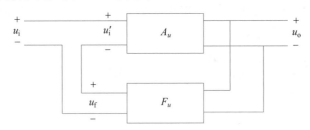

图 7.1.8　电压串联负反馈框图

基本放大电路的输出信号 u_o 作为反馈网络的输入信号,反馈网络的输出信号 u_f 为电压信号,输入信号 u_i 和反馈信号 u_f 以电压形式叠加。电压串联负反馈放大电路是电压放大电路,A_u 无量纲。由反馈方程可以得到电路的闭环电压放大倍数为

$$A_{uf} = \frac{u_o}{u_i} = \frac{A_u}{1 + A_u F_u} \tag{7.1.5}$$

2）电流串联负反馈——跨导放大电路

电流串联负反馈框图如图 7.1.9 所示。

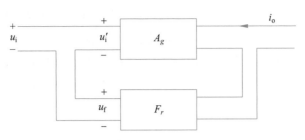

图 7.1.9　电流串联负反馈框图

　　基本放大电路的输出信号 i_o 作为反馈网络的输入信号,反馈网络的输出信号 u_f 为电压信号,输入信号 u_i 和反馈信号 u_f 以电压形式叠加。电流串联负反馈放大电路是跨导放大电路,A_g 量纲是电导。由反馈方程可以得到电路的闭环互导增益为

$$A_{gf} = \frac{i_o}{u_i} = \frac{A_g}{1 + A_g F_r} \qquad (7.1.6)$$

　　3) 电压并联负反馈——互阻放大电路

　　电压并联负反馈框图如图 7.1.10 所示。

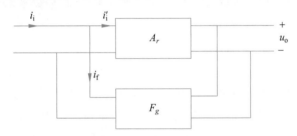

图 7.1.10　电压并联负反馈框图

　　基本放大电路的输出信号 u_o 作为反馈网络的输入信号,反馈网络的输出信号 i_f 为电流信号,输入信号 i_i 和反馈信号 i_f 以电流形式叠加。电压并联负反馈放大电路是互阻放大电路,A_r 量纲是电阻。由反馈方程可以得到电路的闭环互阻增益为

$$A_{rf} = \frac{u_o}{i_i} = \frac{A_r}{1 + A_r F_g} \qquad (7.1.7)$$

　　4) 电流并联负反馈——电流放大电路

　　电流并联负反馈框图如图 7.1.11 所示。

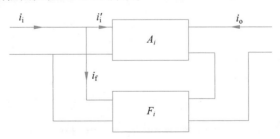

图 7.1.11　电流并联负反馈框图

基本放大电路的输出信号 i_o 作为反馈网络的输入信号,反馈网络的输出信号 i_f 为电流信号,输入信号 i_i 和反馈信号 i_f 以电流形式叠加。电流并联负反馈放大电路是电流放大电路,A_i 无量纲。由反馈方程可以得到电路的闭环电流放大倍数为

$$A_{if} = \frac{i_o}{i_i} = \frac{A_i}{1 + A_i F_i} \tag{7.1.8}$$

4. 反馈组态判断

1) 反馈网络的识别

反馈网络连接着放大电路的输出回路和输入回路,并且影响着反馈量。识别出负反馈放大电路的反馈网络对于反馈组态的判断至关重要。只需要识别出负反馈放大电路的三个端,分别是输出信号的引回端、输入信号的叠加端、公共端(也就是接地端)。

2) 电压反馈与电流反馈判断

通过识别出负反馈放大电路的三个端,从而识别出反馈网络,得到反馈网络后,通过基本放大电路输出端和反馈网络输入端的连接方式来判断电压反馈与电流反馈。如果基本放大电路输出端与反馈网络输入端并联就是电压反馈,如果基本放大电路输出端与反馈网络输入端串联就是电流反馈。

3) 串联反馈与并联反馈的判断

通过识别出负反馈放大电路的三个端,从而识别出反馈网络,得到反馈网络后,通过基本放大电路输入端和反馈网络输出端的连接方式来判断串联反馈与并联反馈。若放大电路的输入端与反馈网络输出端串联,即输入电压与反馈电压叠加为净输入电压,例如晶体管基极和射极间净输入电压、场效应管栅源极间净输入电压、集成运算放大器同相反相端间净输入电压,这样的连接输入信号叠加方式称为串联反馈。若放大电路的输入端与反馈网络输出端并联,输入电流与反馈电流叠加为净输入电流,在同一个结点叠加直接通过导线相连接,这样的输入信号叠加方式称为并联反馈。

例 7.2 判断图 7.1.12 中电路引入的反馈组态。

通过识别分析出负反馈放大电路的三个端,得到反馈网络如图 7.1.13 所示。

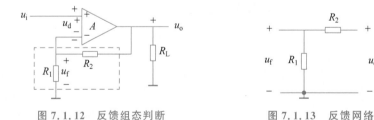

图 7.1.12　反馈组态判断　　　　图 7.1.13　反馈网络

根据反馈网络得到放大电路的输出端和反馈网络的输入端并联,判断出输出信号的引回方式是电压反馈;放大电路的输入端和反馈网络的输出端串联,以电压形式在集成运放的同相反相端叠加,改变净输入电压。因此,图 7.1.12 中电路引入了电压串联负反馈。

例 7.3 判断图 7.1.14 中电路引入的反馈组态。

通过识别分析出负反馈放大电路的三个端,得到反馈网络如图 7.1.15 所示。

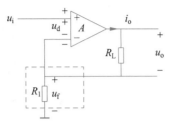 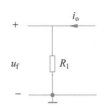

图 7.1.14 反馈组态判断   图 7.1.15 反馈网络

根据反馈网络得到放大电路的输出端和反馈网络的输入端串联,判断出输出信号的引回方式是电流反馈;放大电路的输入端和反馈网络的输出端串联,以电压形式在集成运放的同相反相端叠加,改变净输入电压。因此,图 7.1.14 中电路引入了电流串联负反馈。

例 7.4 判断图 7.1.16 中电路引入的反馈组态。

通过识别分析出负反馈放大电路的三个端,得到反馈网络如图 7.1.17 所示。

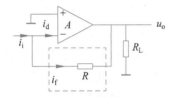 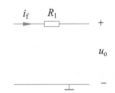

图 7.1.16 反馈组态判断   图 7.1.17 反馈网络

根据反馈网络,得到放大电路的输出端和反馈网络的输入端并联,判断出输出信号的引回方式是电压反馈;放大电路的输入端和反馈网络的输出端并联,以电流形式在集成运放的反相端叠加,改变净输入电流。因此,图 7.1.16 中电路引入了电压并联负反馈。

例 7.5 判断图 7.1.18 中电路引入的反馈组态。

通过识别分析出负反馈放大电路的三个端,得到反馈网络如图 7.1.19 所示。

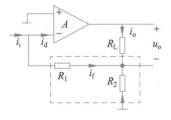 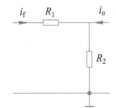

图 7.1.18 反馈组态判断   图 7.1.19 反馈网络

根据反馈网络得到放大电路的输出端和反馈网络的输入端串联,判断出输出信号的引回方式是电流反馈;放大电路的输入端和反馈网络的输出端并联,以电流形式在集成运放的反相端叠加,改变净输入电流。因此,图 7.1.18 中电路引入了电流并联负反馈。

7.2 深度负反馈

根据反馈方程 $A_f = \dfrac{u_o}{u_i} = \dfrac{A}{1+AF}$，若 $AF > 0$，说明引入负反馈后，反馈放大电路的放大倍数变成了基本放大电路的 $\dfrac{1}{1+AF}$。若 $AF < 0$，即 $1+AF < 1$，$|A_f| > |A|$，表明电路中引入了正反馈。若 $AF = -1$，说明电路在输入量为零时就有输出，则称电路产生了自激振荡。

若电路引入深度负反馈，即 $1+AF \gg 1$，则有

$$A_f \approx \frac{1}{F} \tag{7.2.1}$$

上式表明了深度负反馈放大电路的闭环放大倍数仅取决于反馈网络，而与基本放大电路无关。

7.2.1 反馈网络的模型以及反馈系数

反馈网络的框图的输出端口如何等效取决于负反馈的类型。由于在输入回路中基本放大电路和反馈网络端口的电压能够进行叠加，若负反馈环路输入端口采用串联连接方式，为了方便分析，则可以利用戴维南等效来等效反馈网络的输出端口，即等效成电压源和电阻串联的形式。同理，由于在输入回路中基本放大电路和反馈网络端口的电流能够进行叠加，若输入端口采用并联连接方式，可以利用诺顿等效来等效反馈网络的输出端口，即等效成电流源和电阻并联的形式。

1. 电压串联负反馈放大电路反馈网络模型（图 7.2.1）

由图 7.2.1 可以得到以下的关系式：

$$u_f' = i_f R_1 + F_{uoc} u_o \tag{7.2.2}$$

$$i_o' = G_2 u_o \tag{7.2.3}$$

根据定义得到反馈系数

$$F_{uoc} = \left.\frac{u_f'}{u_o}\right|_{i_f=0} \approx \left.\frac{u_f}{u_o}\right|_{i_f=0} \tag{7.2.4}$$

与之对应的反馈网络如图 7.2.2 所示。

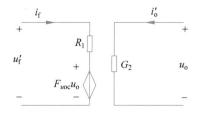

图 7.2.1 电压串联负反馈放大电路反馈网络等效模型

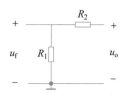

图 7.2.2 电压串联负反馈网络

根据式(7.2.4)得到反馈系数为

$$F_{uoc} = \frac{u_f}{u_o}\bigg|_{i_f=0} = \frac{R_1}{R_1+R_2} \tag{7.2.5}$$

2. 电流串联负反馈放大电路反馈网络模型(图 7.2.3)

由图 7.2.3 可以得到以下关系式:

$$u'_f = i_f R_1 + F_{roc} i_o \tag{7.2.6}$$

$$u'_o = i_o R_2 \tag{7.2.7}$$

根据定义得到反馈系数

$$F_{roc} = \frac{u'_f}{i_o}\bigg|_{i_f=0} \approx \frac{u_f}{i_o}\bigg|_{i_f=0} \tag{7.2.8}$$

对应的反馈网络如图 7.2.4 所示。

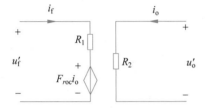 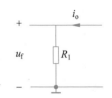

图 7.2.3　电流串联负反馈放大电路反馈网络等效模型　　图 7.2.4　电流串联负反馈网络

根据式(7.2.8)得到反馈系数:

$$F_{roc} = \frac{u_f}{i_o}\bigg|_{i_f=0} = R_1 \tag{7.2.9}$$

3. 电压并联负反馈放大电路反馈网络模型(图 7.2.5)

由图 7.2.5 可以得到以下的关系式:

$$i'_f = u_f G_1 + F_{gsc} u_o \tag{7.2.10}$$

$$i'_o = u_o G_2 \tag{7.2.11}$$

根据定义得到反馈系数:

$$F_{gsc} = \frac{i'_f}{u_o}\bigg|_{u_f=0} \approx \frac{i_f}{u_o}\bigg|_{u_f=0} \tag{7.2.12}$$

对应的反馈网络如图 7.2.6 所示。

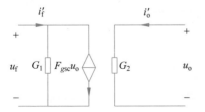 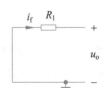

图 7.2.5　电压并联负反馈放大电路反馈网络等效模型　　图 7.2.6　电压并联负反馈网络

根据式（7.2.12），得到反馈系数：

$$F_{gsc} = \frac{i_f}{u_o}\bigg|_{u_f=0} = -\frac{1}{R_1} \qquad (7.2.13)$$

4. 电流并联负反馈放大电路反馈网络模型（图7.2.7）

由图7.2.7可以得到以下的关系式：

$$i'_f = u_f G_1 + F_{isc} i_o \qquad (7.2.14)$$

$$u'_o = i_o R_2 \qquad (7.2.15)$$

根据定义得到反馈系数

$$F_{isc} = \frac{i'_f}{i_o}\bigg|_{u_f=0} \approx \frac{i_f}{i_o}\bigg|_{u_f=0} \qquad (7.2.16)$$

对应的反馈网络如图7.2.8所示。

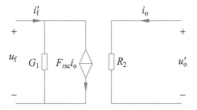
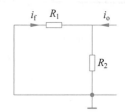

图7.2.7 电压并联负反馈放大电路反馈网络等效模型　　图7.2.8 电流并联负反馈网络

根据式（7.2.16）得到反馈系数：

$$F_{isc} = \frac{i_f}{i_o}\bigg|_{u_f=0} = -\frac{R_2}{R_1 + R_2} \qquad (7.2.17)$$

7.2.2 深度负反馈电路的放大倍数

1. 电压串联负反馈放大电路（图7.2.9）

已知图7.2.9电路的反馈系数为

$$F_{uoc} = \frac{u_f}{u_o}\bigg|_{i_f=0} = \frac{R_1}{R_1 + R_2}$$

又因为深度负反馈条件下满足 $A_f \approx \frac{1}{F}$，所以引入深度负反馈后电路的闭环电压放大倍数为

$$A_{uf} \approx \frac{1}{F_{uoc}} = \frac{R_1 + R_2}{R_1} = 1 + \frac{R_2}{R_1} \qquad (7.2.18)$$

2. 电流串联负反馈放大电路（图7.2.10）

如图7.2.10所示电路的反馈系数为

$$F_{roc} = \frac{u_f}{i_o}\bigg|_{i_f=0} = R_1$$

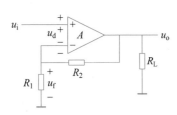

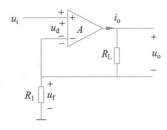

图 7.2.9　电压串联负反馈放大电路　　　图 7.2.10　电流串联负反馈放大电路

引入深度负反馈后电路的闭环互导增益为

$$A_{ug} \approx \frac{1}{F_{roc}} = \frac{1}{R_1} \tag{7.2.19}$$

3. 电压并联负反馈放大电路(图 7.2.11)

图 7.2.11 所示电路的反馈系数为

$$F_{gsc} = \frac{i_f}{u_o}\bigg|_{u_f=0} = -\frac{1}{R_1}$$

引入深度负反馈后电路的闭环互阻增益为

$$A_{rf} \approx \frac{1}{F_{gsc}} = -R_1 \tag{7.2.20}$$

4. 电流并联负反馈放大电路(图 7.2.12)

图 7.2.12 所示电路的反馈系数为

$$F_{isc} = \frac{i_f}{i_o}\bigg|_{u_f=0} = -\frac{R_2}{R_1+R_2}$$

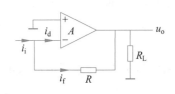
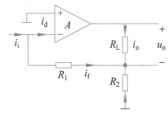

图 7.2.11　电压并联负反馈放大电路　　　图 7.2.12　电流并联负反馈放大电路

引入深度负反馈后电路的闭环电流放大倍数为

$$A_{if} \approx \frac{1}{F_{isc}} = -\frac{R_1+R_2}{R_2} = -\left(1+\frac{R_1}{R_2}\right) \tag{7.2.21}$$

例 7.6　求图 7.2.13 中电路在深度负反馈条件下的跨导放大倍数 A_{gf}。其中,$R_1 = R_3 = 5\text{k}\Omega, R_2 = 440\text{k}\Omega$。

解:识别出图中负反馈放大电路的三个端,然后识别出反馈网络,如图 7.2.14 所示。

由图 7.2.14 可知

$$u_f = R_1 \frac{R_3}{R_1+R_2+R_3} i_o \tag{7.2.22}$$

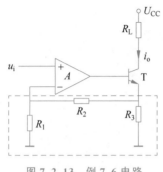
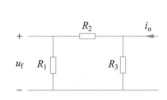

图 7.2.13 例 7.6 电路 　　　　　图 7.2.14 例 7.6 电路反馈网络

代入数据,可得

$$F_{roc} = \frac{u_f}{i_o}\bigg|_{i_f=0} = 5 \times \frac{5}{(5+440)+5} = \frac{1}{18} \qquad (7.2.23)$$

因此可得

$$A_{gf} \approx \frac{1}{F_{roc}} = 18 \qquad (7.2.24)$$

7.3　负反馈对放大电路其他性能的影响

　　放大电路引入交流负反馈后,电路的性能会得到多方面的改善,例如可以改变输入和输出电阻,展宽频带,稳定放大倍数,减小非线性失真等。

7.3.1　改变输入电阻

　　输入电阻是从放大电路的输入端看进去的等效电阻,考虑负反馈对输入电阻的影响,取决于基本放大电路与反馈网络在电路输入端的连接方式,即取决于电路引入的是串联反馈还是并联反馈。

　　1. 串联负反馈(图 7.3.1)

　　图 7.3.1 是串联负反馈放大电路框图。根据输入电阻的定义,得到基本放大电路的输入电阻

$$R_i = \frac{u_i'}{i_i} \qquad (7.3.1)$$

　　根据图 7.3.1,串联负反馈有 $u_i = u_i' + u_f$,反馈电压 $u_f = Fx_o = AFu_i'$。由定义得到整个串联负反馈放大电路的输入电阻

$$R_{if} = \frac{u_i}{i_i} = \frac{u_i'+u_f}{i_i} = \frac{u_i'+AFu_i'}{i_i} = (1+AF)R_i \qquad (7.3.2)$$

　　由式(7.3.2)可知,引入串联负反馈后放大电路的输入电阻 R_i 增大为原来的$(1+AF)$倍。在深度负反馈下有 $1+AF \gg 1$,所以有 $R_{if} \gg R_i$。

　　2. 并联负反馈

　　图 7.3.2 是并联负反馈放大电路框图。根据输入电阻的定义,得到基本放大电路的

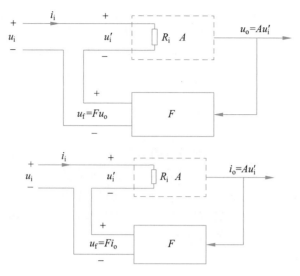

图 7.3.1 串联负反馈放大电路框图

输入电阻为

$$\frac{1}{R_i} = \frac{i'_i}{u_i} \tag{7.3.3}$$

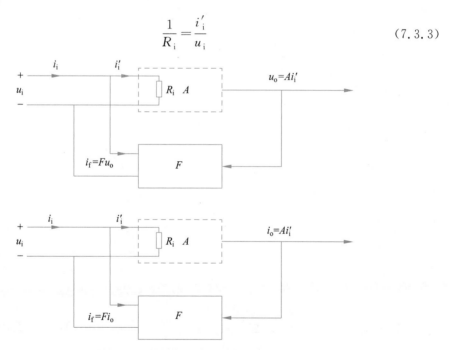

图 7.3.2 并联负反馈放大电路框图

根据图 7.3.2，串联负反馈有 $i_i = i'_i + i_f$，反馈电压 $i_f = Fx_o = AFi'_i$。由定义得到整个并联负反馈放大电路的输入电阻

$$\frac{1}{R_{if}} = \frac{i_i}{u_i} = \frac{i'_i + AFi'_i}{u_i} = (1+AF)\frac{1}{R_i} \tag{7.3.4}$$

$$R_{if} = \frac{1}{1+AF}R_i \qquad (7.3.5)$$

式(7.3.5)表明引入并联交流负反馈后放大电路的输入电阻 R_i 减小为原来的 $\frac{1}{1+AF}$。在深度负反馈下有 $1+AF \gg 1$,所以有 $R_{if} \ll R_i$。

7.3.2 改变输出电阻

输出电阻是从放大电路输出端看进去的等效电阻,因此负反馈对输出电阻的影响取决于基本放大电路与反馈网络在输出端的连接方式,也就是取决于电路引入的是电压反馈还是电流反馈。若电路引入了电压负反馈,则电路是稳定输出电压,输出可以看作恒压源,因此输出电阻必然减小。若电路引入了电流负反馈,则电路是稳定输出电流,输出可以看作恒流源,因此输出电阻必然增大。

1. 引入电压负反馈

电压负反馈放大电路框图如图7.3.3所示。

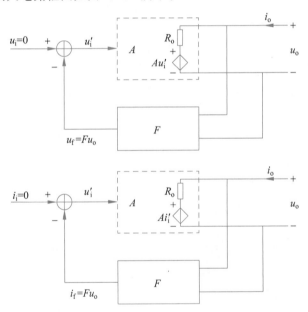

图 7.3.3   电压负反馈放大电路框图

令输入量 $x_i = 0$,在输出端加交流电压 u_o,产生电流 i_o,根据定义电路的输出电阻为

$$R_{of} = \frac{u_o}{i_o} \qquad (7.3.6)$$

输出端电压为 u_o,通过反馈网络 F,可以得到 $x_f = Fu_o$。因为输入 $x_i = 0$,所以放大电路的输入信号 $x_i' = -Fu_o$,产生输出电压 $-AFu_o$。根据图7.3.3可得

$$i_o = \frac{u_o - Ax_i'}{R_o} = \frac{u_o + Ax_f}{R_o} = \frac{u_o + AFu_o}{R_o} = \frac{(1+AF)u_o}{R_o} \qquad (7.3.7)$$

$$R_{of} = \frac{u_o}{i_o} = \frac{1}{1+AF}R_o \qquad (7.3.8)$$

由式(7.3.8)可知,引入电压负反馈后输出电阻 R_o,R_o 降低为原来的 $\frac{1}{1+AF}$,在深度负反馈下有 $1+AF \gg 1$,所以有 $R_{of} \ll R_o$。

2. 引入电流负反馈

电压负反馈放大电路框图如图 7.3.4 所示。

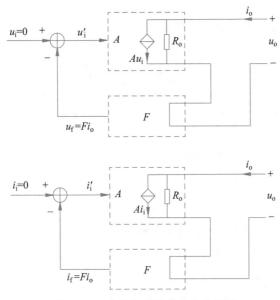

图 7.3.4　电流负反馈放大电路框图

令输入信号 $x_i = 0$,在输出端加电压信号 u_o,产生电流 i_o。反馈网络输出信号 $x_f = Fi_o$,因为输入 $x_i = 0$,所以放大电路的输入信号 $x_o' = -Fi_o$,产生输出电压 $-AFi_o$。由于在基本放大电路中已经考虑了反馈网络的负载效应,因此可以认为作用在反馈网络的输入电压为零,也就是说 R_o 端电压为 u_o。根据图 7.3.4 可得

$$u_o = R_o(i_o - Ax_i') = R_o(i_o + Ax_f) = R_o(i_o + AFi_o) = (1+AF)R_o i_o \qquad (7.3.9)$$

$$R_{of} = \frac{u_o}{i_o} = (1+AF)R_o \qquad (7.3.10)$$

由式(7.3.10)可知,引入电流负反馈后输出电阻 R_o 增大为原来的 $1+AF$ 倍,在深度负反馈下有 $1+AF \gg 1$,所以有 $R_{of} \gg R_o$。

7.3.3　展宽频带

由于放大电路对不同频率的输入信号有着不同的放大倍数,使得放大电路有着通频带,因此可以引入负反馈来展宽频带。

假设反馈系数 F 是固定常数,因为反馈网络由电阻性电路构成,所以反馈系数与频率无关。在输入信号幅度不变时,随着输入信号频率的升高,输出信号幅度会减小,从而

开环增益降低；同时，作用到输入端的反馈信号的幅度也会按比例减小，使得净输入信号的幅度增大，闭环放大倍数随之增大，这样就会使放大电路输出信号的相对减小量比无反馈时小，因此使得放大电路的频带展宽。

设放大电路的中频放大倍数为 A，上限截止频率为 f_H，下限截止频率为 f_L。低频开环放大倍数为

$$\dot{A} = \frac{A}{1 - j\dfrac{f_L}{f}} \tag{7.3.11}$$

引入负反馈后，低频闭环放大倍数为

$$\dot{A}_f = \frac{\dot{A}}{1 + \dot{A}F} = \frac{\dfrac{A}{1 - j\dfrac{f_L}{f}}}{1 + \dfrac{AF}{1 - j\dfrac{f_L}{f}}} = \frac{\dfrac{A}{1 + AF}}{1 - j\dfrac{f_L}{(1 + AF)f}} = \frac{A_f}{1 - j\dfrac{f_{Lf}}{f}} \tag{7.3.12}$$

闭环下限截止频率为

$$f_{Lf} = \frac{1}{1 + AF}f_L \tag{7.3.13}$$

可以得出：引入交流负反馈后，下限截止频率 f_{Lf} 变为原来的 $\dfrac{1}{1 + AF}$。在深度负反馈下 $1 + AF \gg 1$，所以 $f_{Lf} \ll f_L$。

高频开环放大倍数为

$$\dot{A} = \frac{A}{1 + j\dfrac{f}{f_H}} \tag{7.3.14}$$

引入负反馈后，高频闭环放大倍数为

$$\dot{A}_f = \frac{\dot{A}}{1 + \dot{A}F} = \frac{\dfrac{A}{1 + j\dfrac{f}{f_H}}}{1 + \dfrac{AF}{1 + j\dfrac{f}{f_H}}} = \frac{\dfrac{A}{1 + AF}}{1 + j\dfrac{f}{(1 + AF)f_H}} = \frac{A_f}{1 + j\dfrac{f}{f_{Hf}}} \tag{7.3.15}$$

闭环上限截止频率为

$$f_{Hf} = (1 + AF)f_H \tag{7.3.16}$$

可以得出：引入交流负反馈后，上限截止频率 f_{Hf} 变为原来的 $1 + AF$ 倍。在深度负反馈下 $1 + AF \gg 1$，所以 $f_{Hf} \gg f_H$。

一般情况下，放大电路中 $f_H \gg f_L$，$f_{Hf} \gg f_{Lf}$，因此基本放大电路和负反馈放大电路的通频带可以表示成

$$f_{BW} = f_H - f_L \approx f_H \tag{7.3.17}$$

$$f_{\mathrm{BWf}} = f_{\mathrm{Hf}} - f_{\mathrm{Lf}} \approx f_{\mathrm{Hf}} \tag{7.3.18}$$

引入交流负反馈后,通频带展宽为基本放大电路的 $1+AF$ 倍。

为了方便比较分析四种组态负反馈放大电路对放大电路的闭环放大倍数 A_{f}、输入电阻 R_{if}、输出电阻 R_{of}、通频带 f_{Hf} 的影响,分别总结在表 7.3.1 和表 7.3.2 中。

表 7.3.1 负反馈电路对放大电路的影响定量分析

反 馈 电 路	闭环放大倍数 A_{f}	输 入 电 阻 R_{if}	输出电阻 R_{of}	通频带 f_{Hf}
电压串联负反馈 (电压放大电路)	$\dfrac{A}{1+AF}$	$(1+AF)R_{\mathrm{i}}$	$\dfrac{R_{\mathrm{o}}}{1+AF}$	$(1+AF)f_{\mathrm{H}}$
电流串联负反馈 (跨导放大电路)	$\dfrac{A}{1+AF}$	$(1+AF)R_{\mathrm{i}}$	$(1+AF)R_{\mathrm{o}}$	$(1+AF)f_{\mathrm{H}}$
电压并联负反馈 (跨阻放大电路)	$\dfrac{A}{1+AF}$	$\dfrac{R_{\mathrm{i}}}{1+AF}$	$\dfrac{R_{\mathrm{o}}}{1+AF}$	$(1+AF)f_{\mathrm{H}}$
电流并联负反馈 (电流放大电路)	$\dfrac{A}{1+AF}$	$\dfrac{R_{\mathrm{i}}}{1+AF}$	$(1+AF)R_{\mathrm{o}}$	$(1+AF)f_{\mathrm{H}}$

表 7.3.2 负反馈电路对放大电路的影响定性分析

反 馈 电 路	闭环放大倍数 A_{f}	输 入 电 阻 R_{if}	输出电阻 R_{of}	通频带 f_{Hf}
电压串联负反馈 (电压放大电路)	减小	增大	减小	增大
电流串联负反馈 (跨导放大电路)	减小	增大	增大	增大
电压并联负反馈 (电阻放大电路)	减小	减小	减小	增大
电流并联负反馈 (电流放大电路)	减小	减小	增大	增大

7.4 负反馈放大电路仿真实验

7.4.1 实验要求与目的

(1) 构建负反馈放大器,掌握电路引入负反馈的方法。
(2) 研究负反馈对放大电路性能的影响。

7.4.2 实验原理

根据引入反馈方式的不同,可以分为电压串联负反馈、电压并联负反馈、电流串联负反馈和电流并联负反馈。在放大电路中引入负反馈,可以改善放大电路的性能指标,如提高增益的稳定性、减小非线性失真、展宽通频带、改变输入电阻和输出电阻等。

7.4.3 实验电路

实验电路如图 7.4.1 所示。按 A 键控制 S1 闭合或断开来决定是否接入负反馈电路;当 S1 闭合时,电路中引入电压串联负反馈。按 B 键控制 S2 来选择接入负载大小。

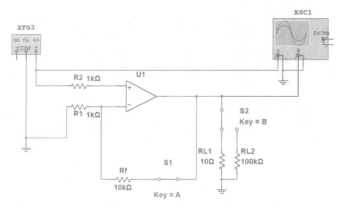

图 7.4.1   负反馈实验电路

7.4.4   实验步骤

（1）测量电压放大倍数。按图 7.4.1 连接电路，设置信号源为幅值 0.1mV、频率为 1kHz 的正弦交流信号。按 A 键选择是否接入负反馈，按 B 键选择不同的负载，示波器监测输出波形，在输出波形不失真情况下，用万用表交流电压挡测量输出电压的大小，将数据填入表 7.4.1 中。

表 7.4.1   测试数据

测 试 电 路	负载/Ω	输入电压峰值 U_{ipp}/mV	输出电压峰值 U_{opp}/mV	增益 K_V
不加负反馈（S1 断开）	$R_{L1}=10$	0.1	3498	34980
	$R_{L2}=100k$	0.1	5463	54630
引入负反馈（S1 闭合）	$R_{L1}=10$	0.1	1.079	10.79
	$R_{L2}=100k$	0.1	1.086	10.86

分析表 7.4.1 中数据可知，在放大电路引入负反馈后，降低了放大倍数，但降低了负载变化对放大倍数的影响。

（2）观察负反馈对非线性失真的改善。将输入的正弦信号幅值仍设为 10mV，负载接 R_{L2}，按 A 键断开 S1，不接负反馈，打开仿真开关，用示波器观察输入、输出信号波形，如图 7.4.2 所示，由图可看出输出波形出现严重失真。按 A 键闭合 S1，引入负反馈，打开仿真开关，观察到的输入、输出波形如图 7.4.3 所示，可看出非线性失真已基本消除。

（3）观察负反馈对放大电路频率特性的影响。将图 7.4.1 中的示波器换成波特图仪（注意波特图仪的连接），具体设置可参考前面的相关内容。按 A 键断开和闭合负反馈支路，分别测试电路的频率特性。图 7.4.4 为没有负反馈时电路的幅频特性曲线，图 7.4.5 为引入负反馈时电路的幅频特性曲线。

移动数轴可读取数据。无负反馈时电路的上限截止频率 $f_H = 8.919$MHz，通频带 $f_{BW} \approx 8.919$MHz，通频带内增益约为 20.817dB。

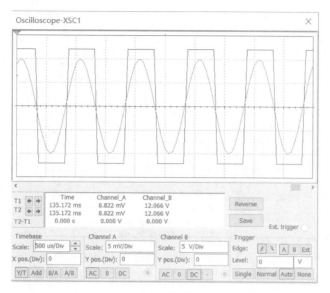

图 7.4.2 失真的输出信号波形

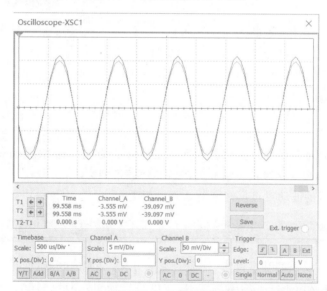

图 7.4.3 消除失真的输入输出信号波形

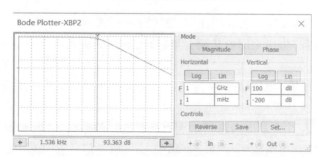

图 7.4.4 没有负反馈时电路的幅频特性曲线

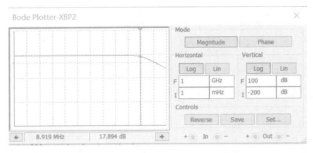

图 7.4.5　引入负反馈时电路的幅频特性曲线

引入负反馈时电路的上限截止频率 $f_H = 1.536\text{kHz}$,通频带 $f_{BW} \approx 1.536\text{kHz}$,通频带内增益约为 96.477dB。

由此可见,引入负反馈后,电路的通频带展宽了 5807 倍,但同时增益也下降了 75.66dB,即增益下降为原来的 1/6067。负反馈放大电路能展宽通频带,但是以牺牲放大倍数为代价。

7.4.5　结论

引入负反馈可以改善电路的交流性能:

(1) 减小放大倍数,提高放大倍数的稳定性。

(2) 减小电路的非线性失真。

(3) 展宽通频带。

7.4.6　问题探讨

(1) 反馈电阻对负反馈放大倍数和通频带有什么影响? 在 Multisim 中如何快速地观察反馈电阻的参数变化对负反馈放大倍数和通频带的影响?

(2) 电源电压的波动对负反馈增益是否有影响?

7.5　本章小结

本章主要讲述反馈的基本概念、反馈的基本方程、反馈的判断、四种组态负反馈放大电路的分析、深度反馈条件下的闭环增益、深度负反馈引入对电路的影响等。主要内容总结如下:

(1) 在电子电路中,将输出量(输出电压或输出电流)的一部分或全部通过一定的电路形式作用到输入回路,用来影响其输入量(放大电路的输入电压或输入电流)的措施称为反馈。

(2) 正确判断反馈的性质是研究反馈放大电路的基础。反馈的性质判断包括判断反馈有无、反馈极性、直流反馈还是交流反馈。

若放大电路中存在将输出回路与输入回路相连接的通路,并因此影响放大电路的净输入信号,则表明电路中引入了反馈。反馈信号与输入信号叠加后,使放大电路净输入量减小的反馈称为负反馈;反之,放大电路净输入量增大的反馈称为正反馈。判断反馈极性,一般用瞬时极性法。反馈存在于放大电路的直流通路中,反馈信号只有直流成分时称为直流反馈;反馈存在于放大电路的交流通路中,反馈信号只有交流成分时称为交流反馈;若反馈信号既存在于直流通路中又存在于交流通路中,则称为交直流反馈。

（3）反馈信号在输出端取样方式有电压反馈和电流反馈两种,反馈信号与输入信号在输入端的叠加方式有串联和并联两种,因此负反馈放大电路共有电压串联、电流串联、电压并联、电流并联四种组态。

（4）电路引入深度负反馈,即 $1+AF\gg1$,则有 $A_\mathrm{f}\approx\dfrac{1}{F}$。表明引入了深度负反馈的放大电路的闭环放大倍数仅取决于反馈网络,而与基本放大电路无关。

（5）放大电路引入交流负反馈后,电路的性能会得到多方面的改善,例如,可以改变输入和输出电阻,展宽通频带,稳定放大倍数,减小非线性失真等。引入串联负反馈后放大电路的输入电阻 R_i 增大为原来的 $1+AF$ 倍,引入并联交流负反馈后放大电路的输入电阻 R_i 减小为原来的 $\dfrac{1}{1+AF}$。引入电压负反馈后输出电阻 R_o 降低为原来的 $\dfrac{1}{1+AF}$,引入电流负反馈后输出电阻 R_o 增大为原来的 $1+AF$ 倍。引入交流负反馈后,通频带展宽为基本放大电路的 $1+AF$ 倍。

习题

7.1　对于有负反馈的运算放大器,输出端反馈连接到哪里?

7.2　对于图 P7.2 所示的负反馈环路,若闭环电压放大倍数相对开环电压放大倍数的灵敏度 $20\lg\dfrac{\mathrm{d}A_\mathrm{f}/A_\mathrm{f}}{\mathrm{d}A/A}=-20\mathrm{dB}$,计算环路电压放大倍数 AF。若灵敏度变为 $\dfrac{1}{2}$,求 AF。

7.3　使用一个放大倍数变化是 $\pm10\%$ 的基本的放大器去设计闭环放大倍数为 $25(1\pm1\%)$ 的放大器,求 A 和 F 的理论值。

7.4　图 P7.4 所示的反馈电压放大器,假设运算放大器输入电阻无限大,输出电阻为零,开环电压放大倍数为 10^4。若 $R_1=1\mathrm{k}\Omega$,计算闭环结果电压放大倍数为 100 时,R_2 的值。若移除 R_1,电压放大倍数为多少?

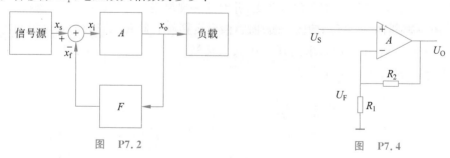

图　P7.2　　　　　　图　P7.4

7.5　判断如图 P7.5 所示电路反馈类型。

7.6　判断如图 P7.6 所示电路的级间反馈的极性和组态,并计算深度负反馈条件下电路的闭环电压放大倍数。

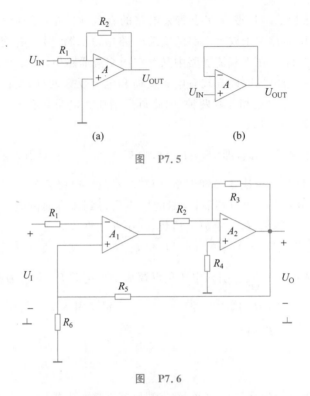

图 P7.5

图 P7.6

7.7 从反馈的效果来看,为什么说串联负反馈电路中信号源内阻越小越好?

7.8 负反馈放大器具有闭环电压放大倍数 $A_f = 100$,开环电压放大倍数 $A = 10^5$,求反馈系数 F。若制造失误导致 A 减小到 10^3,闭环电压放大倍数将会变为多少?变化的百分比是多少?

7.9 考虑如图 P7.9 所示的运算放大器电路,运算放大器具有无穷大的输入电阻和零输出电阻,但开环电压放大倍数 A 为有限值。要求:

(1) 证明 $F = R_1 / (R_1 + R_2)$。

(2) 若 $R_1 = 10\text{k}\Omega$,$A_f = 10$,计算 A 分别为 1000、100 和 12 时的 R_2,对于三种情况,找出当 A 降低 20% 时 A_f 变化的百分比,并对这一现象进行总结。

7.10 如图 P7.10 所示的同相缓冲器,假设运算放大器有无限的输入电阻和零输出电阻,求 F 值。若 $A = 100$,求闭环电压放大倍数。对于 $U_S = 1\text{V}$,求 U_O。若 A 减少 10%,A_f 相应地减少多少百分比?

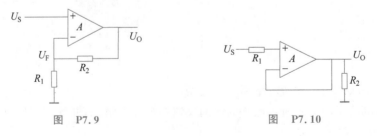

图 P7.9   图 P7.10

7.11 自己假设开环放大倍数数值,当$\frac{1}{F}$和A_f比例为(a)1%,(b)5%,(c)10%,(d)50%时,计算反馈系数F。

7.12 在一个特定的放大器设计中,F 网络由线性电位器构成,滑到电位器的一端$F=0.00$,滑到电位器的另一端$F=1.00$,滑到电位器的中间,$F=0.50$。当电位器在这三个点滑动,放大器的开环电压放大倍数为 1、10、100 和 1000 时,分别计算电路的闭环放大倍数。由此可以得出什么结论?

7.13 电容耦合放大器的中频带电压放大倍数为 100,单高频极点为 10kHz,单低频极点为 100Hz。引入负反馈后,中频带电压放大倍数降低到 10。试求中频带电压放大倍数下降 3dB 对应的上、下截止频率。

7.14 放大器被设计为使用一个反馈回路连接在一个两级放大器周围。第一级是一个直接耦合的小信号放大器,具有很高的截止频率。第二级是功率输出级中频电压放大倍数为 10,上、下截止频率分别为 8kHz 和 80Hz。要使反馈放大器的中频电压放大倍数为 100,上限截止频率为 40kHz,则第一级小信号放大器所需的电压放大倍数是多少?F 应该用什么值? 整个放大电路的下限截止频率是多少?

7.15 放大器输入电阻和输出电阻为 $2k\Omega$,$A=1000$,将其用为电压串联负反馈电路中,反馈因子 $F=0.1$。试计算闭环电压放大倍数 A_f、输入电阻 R_{if} 和输出电阻 R_{of}。

7.16 对于负反馈放大电路,若开环电压放大倍数是闭环电压放大倍数的 80 倍,输出电阻 $R_{of}=100\Omega$,则在没有反馈时输出电阻 R_o 是多少?

7.17 互补 BJT 跟随器的电路和输入输出特性如图 P7.17(a)所示,可以看出当 $-0.7V\leqslant V_I\leqslant +0.7V$ 时,输出电压为零。这个"死亡带"形成的失真称为交越失真。假设这个跟随器和电压放大倍数为 100 的差分放大器连接如图 7.17(b)所示,则新的输出曲线又是什么样的?

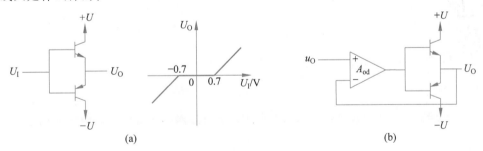

(a)   (b)

图　**P7.17**

第 8 章

运算电路与滤波电路

8.1 运算电路

运算放大器(放大器)是放大两个输入电压之间的电压差并产生一个输出值的集成电路。在模拟电路中,运算放大器的应用非常普遍,并且可以看作与二极管、场效应管类似的另一种电子器件。

"运算放大器"一词起源于 20 世纪 60 年代早期设备的最初应用。运算放大器与电阻和电容相连接,用于模拟计算机执行数学运算解微分和积分方程。近年来运算放大器的应用范围也有了显著扩大。

8.1.1 电路组成

自从第一个双极集成电路得到开发后,集成电路运算放大器开始迅速地进化,电路示例如图 8.1.1 所示。就像所有晶体管电路一样,放大器还需要直流电源。同时,大多数运算放大器偏置有一个正电压和负电压供应,如图 8.1.2 所示。U_+ 表示正电压,U_- 表示负电压。

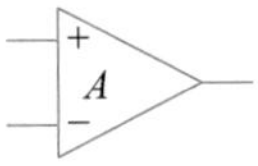

图 8.1.1　小信号电路运算放大器模型 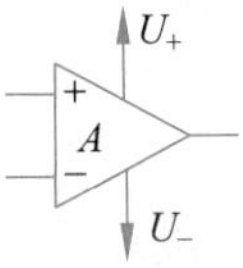　　　图 8.1.2　常见运算放大器模型

理想集成运放的基本性能指标:差模电压增益 $A_{ud} \rightarrow \infty$;共模抑制比 CMRR$\rightarrow \infty$;差模输入电阻 $R_{id} \rightarrow \infty$;输出电阻 $R_o = 0$。

集成运放工作线性区的特点:输入端的"虚短路"$u_o = A_{ud} u_{id} = A_{ud}(u_+ - u_-)$,其中因为 $A_{ud} \rightarrow \infty$,所以有 $u_+ - u_- = 0$,即 $u_+ = u_-$;输入端的"虚开路",因为输入电阻 $R_{id} \rightarrow \infty$,所以有 $i_+ = i_- = 0$。

运算电路主要采用"虚短路虚开路"法:假设集成运放的输入端"虚短路"和"虚开路";然后在节点利用 KCL,可以判断出不同运算电路的具体功能。

8.1.2 加减运算电路

实现多个输入信号按照不同比例求和与求差的电路称为加减运算电路。若所有输入信号都作用于集成运放的同一个输入端,则实现加法运算;若一部分输入信号作用于同相输入端,而另一部分输入信号作用于反相输入端,则实现加减法运算。

1. 加法运算电路

1) 反相输入

如图 8.1.3 所示,反相求和运算电路的多个输入信号均作用于集成运放的反相输入端。

根据集成运放的输入端"虚短路"和"虚开路",有 $u_+ = u_-$,$i_+ = 0$。

由电路结构可知

$$i_{i1} = \frac{u_{i1} - u_-}{R_1} = \frac{u_{i1} - u_+}{R_1} = \frac{u_{i1} - R_3 i_+}{R_1} = \frac{u_{i1}}{R_1}$$

$$i_{i2} = \frac{u_{i2} - u_-}{R_2} = \frac{u_{i2} - u_+}{R_2} = \frac{u_{i2} - R_3 i_+}{R_2} = \frac{u_{i2}}{R_2}$$

$$i_f = \frac{u_- - u_o}{R_f} = \frac{u_+ - u_o}{R_f} = \frac{R_3 i_+ - u_o}{R_f} = -\frac{u_o}{R_f}$$

根据集成运放的输入端"虚开路",有 $i_- = 0$。

节点电流满足

$$i_f = i_{i1} + i_{i2}$$

$$-\frac{u_o}{R_f} = \frac{u_{i1}}{R_1} + \frac{u_{i2}}{R_2}$$

输出电压为

$$u_o = -\frac{R_f}{R_1} u_{i1} - \frac{R_f}{R_2} u_{i2} \tag{8.1.1}$$

其中平衡电阻用来保证差分放大电路的对称性,当输入电压为零时,两输入端外接电阻相同。

$$R_3 = R_1 \mathbin{/\mkern-5mu/} R_2 \mathbin{/\mkern-5mu/} R_f \tag{8.1.2}$$

2) 同相输入

同相输入模型如图 8.1.4 所示。

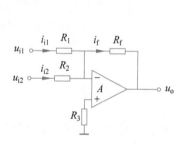

图 8.1.3 反相输入模型

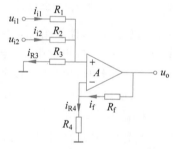

图 8.1.4 同相输入模型

根据集成运放的输入端"虚开路",有 $i_+ = 0$。

由电路结构可知

$$i_{i1} = \frac{u_{i1} - u_+}{R_1}, \quad i_{i2} = \frac{u_{i2} - u_+}{R_2}, \quad i_{R3} = \frac{u_+}{R_3}$$

节点电流满足

$$i_{R3} = i_{i1} + i_{i2} \to \frac{u_+}{R_3} = \frac{u_{i1} - u_+}{R_1} + \frac{u_{i2} - u_+}{R_2}$$

$$\left(\frac{1}{R_1} + \frac{1}{R_2} + \frac{1}{R_3} \right) u_+ = \frac{1}{R_1} u_{i1} + \frac{1}{R_2} u_{i2}$$

输入端"虚开路",有 $i_- = 0$。

由电路结构可知

$$i_f = \frac{u_o - u_-}{R_f}, i_{R4} = \frac{u_-}{R_4}$$

节点电流满足

$$i_{R4} = i_f$$

$$\frac{u_-}{R_4} = \frac{u_o - u_-}{R_f}$$

$$\left(\frac{1}{R_4} + \frac{1}{R_f}\right) u_- = \frac{1}{R_f} u_o$$

输入端"虚短路",有 $u_+ = u_-$,其中电阻满足 $R_1 /\!/ R_2 /\!/ R_3 = R_4 /\!/ R_f$。
所以

$$\left(\frac{1}{R_1} + \frac{1}{R_2} + \frac{1}{R_3}\right) u_+ = \frac{1}{R_1} u_{i1} + \frac{1}{R_2} u_{i2}$$

$$\left(\frac{1}{R_4} + \frac{1}{R_f}\right) u_- = \frac{1}{R_f} u_o$$

输出电压为

$$u_o = \frac{R_f}{R_1} u_{i1} + \frac{R_f}{R_2} u_{i2} \tag{8.1.3}$$

2. 加减运算电路

加减运算电路如图 8.1.5 所示。

根据集成运放的输入端"虚短路"和"虚开路",有 $i_- = 0$。

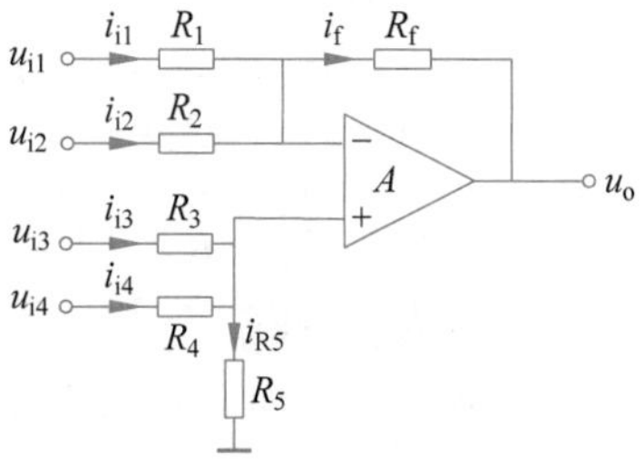

图 8.1.5 加减运算电路

根据电路结构可知

$$i_{i1} = \frac{u_{i1} - u_-}{R_1}, \quad i_{i2} = \frac{u_{i2} - u_-}{R_2}, \quad i_f = \frac{u_- - u_o}{R_f}$$

节点电流满足

$$i_f = i_{i1} + i_{i2}$$

$$\frac{u_- - u_o}{R_f} = \frac{u_{i1} - u_-}{R_1} + \frac{u_{i2} - u_-}{R_2}$$

$$\left(\frac{1}{R_1} + \frac{1}{R_2} + \frac{1}{R_f}\right) u_- = \frac{1}{R_f} u_o + \frac{1}{R_1} u_{i1} + \frac{1}{R_2} u_{i2}$$

输入端"虚开路",有 $i_+ = 0$。由电路结构可知

$$i_{i3} = \frac{u_{i3} - u_+}{R_3}, \quad i_{i4} = \frac{u_{i4} - u_+}{R_4}, \quad i_{R5} = \frac{u_+}{R_5}$$

节点电流满足

$$i_{R5} = i_{i3} + i_{i4}$$

$$\frac{u_+}{R_5} = \frac{u_{i3} - u_+}{R_3} + \frac{u_{i4} - u_+}{R_4}$$

$$\left(\frac{1}{R_3} + \frac{1}{R_4} + \frac{1}{R_5}\right) u_+ = \frac{1}{R_3} u_{i3} + \frac{1}{R_4} u_{i4}$$

输入端"虚短路",有 $u_+ = u_-$,其中电阻间满足 $R_1 /\!/ R_2 /\!/ R_f = R_3 /\!/ R_4 /\!/ R_5$。

可得到如下关系式:

$$\left(\frac{1}{R_1} + \frac{1}{R_2} + \frac{1}{R_f}\right) u_- = \frac{1}{R_f} u_o + \frac{1}{R_1} u_{i1} + \frac{1}{R_2} u_{i2}$$

$$\left(\frac{1}{R_3} + \frac{1}{R_4} + \frac{1}{R_5}\right) u_+ = \frac{1}{R_3} u_{i3} + \frac{1}{R_4} u_{i4}$$

通过以上关系式得到输出电压为

$$u_o = -\frac{R_f}{R_1} u_{i1} - \frac{R_f}{R_2} u_{i2} + \frac{R_f}{R_3} u_{i3} + \frac{R_f}{R_4} u_{i4} \tag{8.1.4}$$

例 8.1 设计由一个集成运放构成的加减运算电路(图 8.1.6),使其满足运算关系 $u_o = -u_{i1} - 3u_{i2} + 2u_{i3}$。

解:

$$u_o = -\frac{R_f}{R_1} u_{i1} - \frac{R_f}{R_2} u_{i2} + \frac{R_f}{R_3} u_{i3} = -u_{i1} - 3u_{i2} + 2u_{i3}$$

$$\frac{R_f}{R_1} = 1, \quad \frac{R_f}{R_2} = 3, \quad \frac{R_f}{R_3} = 2$$

选取 $R_f = 6\text{k}\Omega$,有

$$R_1 = \frac{R_f}{1} = 6(\text{k}\Omega), \quad R_2 = \frac{R_f}{3} = 2(\text{k}\Omega), \quad R_3 = \frac{R_f}{2} = 3(\text{k}\Omega)$$

$$\frac{1}{R_4} = \frac{1}{R_1} + \frac{1}{R_2} + \frac{1}{R_f} - \frac{1}{R_3} = \frac{1}{6} + \frac{1}{2} + \frac{1}{6} - \frac{1}{3} = \frac{1}{2}$$

可得 $R_4 = 2\text{k}\Omega$。

例 8.1 图解如图 8.1.7 所示。

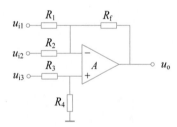
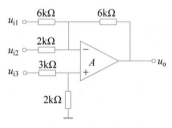

图 8.1.6 例 8.1 电路   图 8.1.7 例 8.1 图解

8.1.3 乘除运算电路

利用 PN 结的伏安特性具有的指数规律,将二极管或者三极管分别接入集成运放的反馈回路和输入回路,可以实现对数运算和指数运算电路。再利用对数运算以及指数运算和加减运算电路,可以得到乘法、除法等运算电路。

1. 对数、指数运算电路

1) 对数运算电路

对数运算电路如图 8.1.8 所示。

反相输入端的电流 $i_- = 0$，所以有以下关系成立：

$$i_i = \frac{u_i}{R} = i_c = I_S e^{\frac{u_D}{U_T}} = I_S e^{-\frac{u_o}{U_T}}$$

$$\frac{u_i}{RI_S} = e^{-\frac{u_o}{U_T}} \tag{8.1.5}$$

$$u_o = -U_T \ln\left(\frac{u_i}{RI_S}\right)$$

2）指数运算电路

指数运算电路如图 8.1.9 所示。

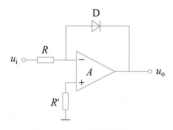

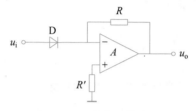

图 8.1.8　对数运算电路　　　　　图 8.1.9　指数运算电路

反相输入端的电流 $i_- = 0$，所以有以下关系成立：

$$i_e = I_S e^{\frac{u_D}{U_T}} = I_S e^{\frac{u_i}{U_T}} = i_f = -\frac{u_o}{R} \tag{8.1.6}$$

$$u_o = -RI_S e^{\frac{u_i}{U_T}}$$

2. 乘法运算电路和模拟乘法器

1）乘法运算电路

乘法运算电路如图 8.1.10 所示，包括两个对数运算电路、反相输入加法运算电路和指数运算电路。

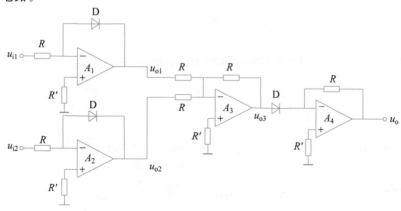

图 8.1.10　乘法运算电路

根据对数运算电路输出电压 u_{o1}、u_{o2} 分别为

$$u_{o1} = -U_T \ln\left(\frac{u_{i1}}{RI_S}\right), \quad u_{o2} = -U_T \ln\left(\frac{u_{i2}}{RI_S}\right)$$

反相输入加法运算电路结合指数运算电路可得

$$u_{o3} = -\frac{R}{R} u_{o1} - \frac{R}{R} u_{o2} = -u_{o1} - u_{o2} = U_T \ln\left[\frac{u_{i1} u_{i2}}{(RI_S)^2}\right]$$

所以得到输出电压为

$$u_o = -RI_S e^{\frac{u_{o3}}{U_T}} = -\frac{u_{i1} u_{i2}}{RI_S} = k u_{i1} u_{i2} \tag{8.1.7}$$

2）模拟乘法器

模拟乘法器如图 8.1.11 所示。

$$u_o = k u_{i1} u_{i2} \tag{8.1.8}$$

式中：k 为乘积系数。

3）除法运算电路

除法运算电路如图 8.1.12 所示。

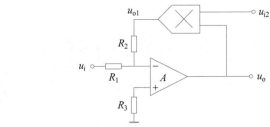

图 8.1.11　模拟乘法器　　　　图 8.1.12　除法运算电路

由模拟乘法器可以得到电压为

$$u_{o1} = k u_{i2} u_o$$

再根据集成运放输入端的"虚开路"，节点电流满足

$$\frac{u_{i1}}{R_1} = -\frac{u_{o1}}{R_2} = -\frac{k u_{i2} u_o}{R_2} \tag{8.1.9}$$

最后得到输出电压为

$$u_o = -\frac{R_2}{kR_1}\frac{u_{i1}}{u_{i2}} \tag{8.1.10}$$

8.1.4　积分运算电路和微分运算电路

积分运算电路和微分运算电路互为逆运算电路。常用积分运算电路和微分运算电路作为调节环节，此外还广泛用于波形的产生和变换电路。使用集成运放作为放大电路，以及电阻电容作为反馈网络，可以实现这两种运算电路。

1. 积分运算电路

积分运算电路如图 8.1.13 所示。

反相输入端的电流 $i_- = 0$,所以有以下关系成立:

$$i_i = \frac{u_i}{R} = i_f = C\frac{\mathrm{d}}{\mathrm{d}t}(-u_o) = -C\frac{\mathrm{d}u_o}{\mathrm{d}t}$$

$$(8.1.11)$$

得到输出电压为

$$u_o = -\frac{1}{RC}\int_{-\infty}^{t}u_i\mathrm{d}\tau = u_o(0) - \frac{1}{RC}\int_{0}^{t}u_i\mathrm{d}\tau$$

$$(8.1.12)$$

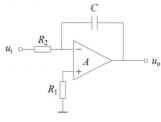

图 8.1.13 积分运算电路

2. 微分运算电路

1)微分运算电路

微分运算电路如图 8.1.14 所示。

反相输入端的电流 $i_- = 0$,所以有以下关系成立:

$$i_i = C\frac{\mathrm{d}}{\mathrm{d}t}u_i = i_f = -\frac{u_o}{R}$$

得到输出电压为

$$u_o = -RC\frac{\mathrm{d}u_i}{\mathrm{d}t}$$

$$(8.1.13)$$

2)逆函数型电路

逆函数型电路如图 8.1.15 所示。

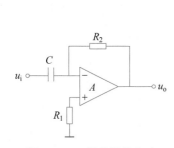

图 8.1.14 微分运算电路

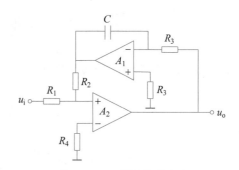

图 8.1.15 逆函数型电路

A_1 集成运放为一个积分运算电路,故其输出电压为

$$u_{o1} = -\frac{1}{R_3 C}\int_{-\infty}^{t}u_o\mathrm{d}\tau$$

$$(8.1.14)$$

A_2 集成运放的反相输入端的电流 $i_- = 0$,所以有以下关系成立:

$$\frac{u_i}{R_1} = -\frac{u_{o1}}{R_2} = \frac{1}{R_2 R_3 C}\int_{-\infty}^{t}u_o\mathrm{d}\tau$$

$$(8.1.15)$$

$$R_4 = R_1 /\!/ R_2$$

$$(8.1.16)$$

得到输出电压为

$$u_o = \frac{R_2 R_3 C}{R_1}\frac{\mathrm{d}u_i}{\mathrm{d}t}$$

$$(8.1.17)$$

例 8.2 如图 8.1.16 所示运算电路，$k=-0.1\text{V}^{-1}$，求电路的运算关系。

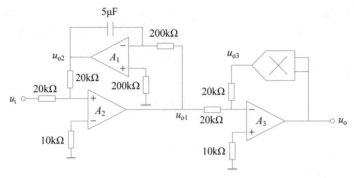

图 8.1.16 例 8.2 电路

解：A_1、A_2 构成逆函数运算电路，由式(8.1.14)得

$$u_{o2}=-\frac{1}{200\times10^3\times5\times10^{-6}}\int_{-\infty}^{t}u_{o1}\mathrm{d}\tau=-\int_{-\infty}^{t}u_{o1}\mathrm{d}\tau$$

输入端"虚开路"，由电路结构可得

$$\frac{u_i}{20}=-\frac{u_{o2}}{20}$$

$$u_i=-u_{o2}=\int_{-\infty}^{t}u_{o1}\mathrm{d}\tau$$

$$u_{o1}=-\frac{\mathrm{d}u_i}{\mathrm{d}t}$$

$$u_{o3}=-0.1u_o^2$$

输入端"虚开路"，则可求输出电压：

$$\frac{u_{o1}}{20}=-\frac{u_{o3}}{20}$$

$$u_{o1}=-u_{o3}$$

$$-\frac{\mathrm{d}u_i}{\mathrm{d}t}=-0.1u_o^2$$

$$u_o^2=10\frac{\mathrm{d}u_i}{\mathrm{d}t}$$

8.2 滤波电路

滤波电路的功能是使特定频率范围内的信号通过，阻止其他频率的信号通过。有源滤波电路是被广泛应用的信号处理电路。

（1）电路组成。

相比无源元件 R、L、C 构成的无源滤波电路，集成运放构成的有源滤波电路除了不用电感、体积小等优点之外，集成运放的开环增益和输入阻抗很高，输出阻抗低，构成有源滤波电路后还具有一定的电压增益和缓冲作用。

因为输入与输出是各种频率的正弦稳态电压,需要进行正弦稳态分析。在集成运放构成的有源滤波电路中,集成运放工作在线性区。

(2) 分析方法。

采用"虚短路虚开路"法进行分析,假设集成运放的输入端"虚短路"和"虚开路",再结合节点 KCL 的相量形式。

(3) 电路分类。

滤波电路分为以下四类:

① 低通滤波电路:允许低于某一上限频率 f_H 以下的信号通过,阻止高于此频率的信号通过。

② 高通滤波电路:允许高于某一下限频率 f_L 以上的信号通过,阻止低于此频率的信号通过。

③ 带通滤波电路:允许通过的信号频率在某两个截止频率之间的一段范围内。

④ 带阻滤波电路:在某两个截止频率之间的一段范围内的信号不能通过。

1. 低通滤波电路

1) 一阶电路

低通滤波一阶电路如图 8.2.1 所示。

反相输入端的电流 $i_- = 0$,所以有以下关系成立:

$$\frac{\dot{U}_o - \dot{U}_-}{R_2} = \frac{\dot{U}_-}{R_1}$$

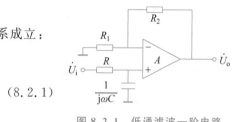

$$(8.2.1)$$

$$\dot{U}_- = \frac{R_1}{R_1 + R_2}\dot{U}_o$$

图 8.2.1 低通滤波一阶电路

同相输入端的电流 $i_+ = 0$,所以有以下关系成立:

$$\frac{\dot{U}_i - \dot{U}_+}{R} = j\omega C \dot{U}_+$$

$$(8.2.2)$$

$$\dot{U}_+ = \frac{\dot{U}_i}{1 + j\omega RC}$$

$$\frac{R_1}{R_1 + R_2}\dot{U}_o = \frac{\dot{U}_i}{1 + j\omega RC}$$

$$(8.2.3)$$

得到传递函数为

$$\dot{A}_u = \frac{\dot{U}_o}{\dot{U}_i} = \frac{1 + \dfrac{R_2}{R_1}}{1 + j\omega RC}$$

$$\dot{A}_u = \frac{1 + \dfrac{R_2}{R_1}}{1 + j\omega RC} = \frac{A_u}{1 + j\dfrac{f}{f_H}}$$

$$(8.2.4)$$

式中：$A_u = 1 + \dfrac{R_2}{R_1}$；$f_H = \dfrac{1}{2\pi RC}$。

幅频特性：

$$|\dot{A}_u| = \frac{A_u}{\sqrt{1 + \left(\dfrac{f}{f_H}\right)^2}}$$

$$20\lg|\dot{A}_u| = 20\lg A_u - 10\lg\left[1 + \left(\dfrac{f}{f_H}\right)^2\right] = \begin{cases} 20\lg A_u, & f \ll f_H \\ 20\lg A_u - 3, & f = f_H \\ 20\lg A_u - 20\lg\left(\dfrac{f}{f_H}\right), & f \gg f_H \end{cases}$$

一阶电路幅频特性如图 8.2.2 所示。

2）二阶电路

低通滤波二阶电路如图 8.2.3 所示。

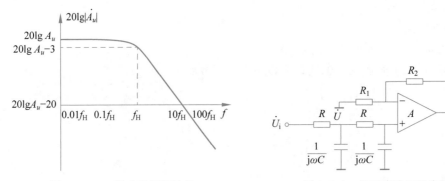

图 8.2.2　一阶电路幅频特性

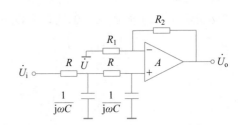

图 8.2.3　低通滤波二阶电路

反相输入端的电流 $i_- = 0$，所以有以下关系成立：

$$\frac{\dot{U}_o - \dot{U}_-}{R_2} = \frac{\dot{U}_-}{R_1}$$

$$\dot{U}_- = \frac{R_1}{R_1 + R_2}\dot{U}_o$$

(8.2.5)

同相输入端的电流 $i_+ = 0$，所以有以下关系成立：

$$\frac{\dot{U} - \dot{U}_+}{R} = j\omega C \dot{U}_+$$

$$\dot{U} = (1 + j\omega RC)\dot{U}_+$$

(8.2.6)

$$\frac{\dot{U}_i - \dot{U}}{R} - j\omega C \dot{U} = \frac{\dot{U} - \dot{U}_+}{R}$$

$$\dot{U} = \frac{\dot{U}_i + \dot{U}_+}{2 + j\omega RC}$$

$$\dot{U}_+ = \frac{\dot{U}_i}{1-(\omega RC)^2 + j3\omega RC} \tag{8.2.7}$$

得到传递函数为

$$\dot{A}_u = \frac{\dot{U}_o}{\dot{U}_i} = \frac{1+\dfrac{R_2}{R_1}}{1-(\omega RC)^2 + j3\omega RC} \tag{8.2.8}$$

得到电压放大倍数为

$$\dot{A}_u = \frac{1+\dfrac{R_2}{R_1}}{1-(\omega RC)^2 + 3j\omega RC} = \frac{A_u}{1-\left(\dfrac{f}{f_0}\right)^2 + j3\dfrac{f}{f_0}} \tag{8.2.9}$$

式中：$A_u = 1 + \dfrac{R_2}{R_1}$；$f_0 = \dfrac{1}{2\pi RC}$。

幅频特性：

$$|\dot{A}_u| = \frac{A_u}{\sqrt{\left[1-\left(\dfrac{f}{f_0}\right)^2\right]^2 + 9\left(\dfrac{f}{f_0}\right)^2}}$$

$$20\lg|\dot{A}_u| = 20\lg A_u - 10\lg\left\{\left[1-\left(\frac{f}{f_0}\right)^2\right]^2 + 9\left(\frac{f}{f_0}\right)^2\right\}$$

$$= \begin{cases} 20\lg A_u & f \ll f_0 \\ 20\lg A_u - 3, & f = f_H = 0.37f_0 \\ 20\lg A_u - 9.5, & f = f_0 \\ 20\lg A_u - 40\lg\left(\dfrac{f}{f_0}\right), & f \gg f_0 \end{cases}$$

当 $f = f_H$ 时,有

$$\left[1-\left(\frac{f_H}{f_0}\right)^2\right]^2 + 9\left(\frac{f_H}{f_0}\right)^2 = 2$$

$$\left(\frac{f_H}{f_0}\right)^4 + 7\left(\frac{f_H}{f_0}\right)^2 - 1 = 0$$

$$\left(\frac{f_H}{f_0}\right)^2 = 0.14$$

$$\frac{f_H}{f_0} = 0.37$$

二阶电路幅频特性如图 8.2.4 所示。

3）压控二阶电路

如图 8.2.5 所示,电容的接地端接到集成运放的输出端,就得到了压控电压源二阶低通滤波电路。

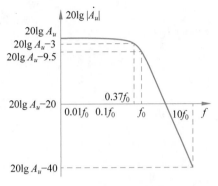

图 8.2.4 二阶电路幅频特性　　　　图 8.2.5 压控二阶电路

反相输入端的电流 $i_- = 0$，所以有以下关系成立：

$$\frac{\dot{U}_o - \dot{U}_-}{R_2} = \frac{\dot{U}_-}{R_1}$$

(8.2.10)

$$\dot{U}_- = \frac{R_1}{R_1 + R_2}\dot{U}_o$$

同相输入端的电流 $i_+ = 0$，所以有以下关系成立：

$$\frac{\dot{U} - \dot{U}_+}{R} = j\omega C \dot{U}_+$$

(8.2.11)

$$\dot{U} = (1 + j\omega RC)\dot{U}_+$$

$$\frac{\dot{U}_i - \dot{U}}{R} - j\omega C(\dot{U} - \dot{U}_o) = \frac{\dot{U} - \dot{U}_+}{R}$$

$$\dot{U} = \frac{\dot{U}_i + \dot{U}_+ + j\omega RC\dot{U}_o}{2 + j\omega RC}$$

$$\dot{U}_+ = \frac{\dot{U}_i + j\omega RC\dot{U}_o}{1 - (\omega RC)^2 + j3\omega RC}$$

得到电压传递函数为

$$\dot{A}_u = \frac{\dot{U}_o}{\dot{U}_i} = \frac{1 + \frac{R_2}{R_1}}{1 - (\omega RC)^2 + j\left(3 - 1 - \frac{R_2}{R_1}\right)\omega RC} = \frac{A_u}{1 - \left(\frac{f}{f_0}\right)^2 + j(3 - A_u)\left(\frac{f}{f_0}\right)}$$

(8.2.12)

式中：$A_u = 1 + \frac{R_2}{R_1}$；$f_0 = \frac{1}{2\pi RC}$。

幅频特性：

$$|\dot{A}_u| = \frac{A_u}{\sqrt{\left[1 - \left(\dfrac{f}{f_0}\right)^2\right]^2 + (3 - A_u)^2\left(\dfrac{f}{f_0}\right)^2}}$$

令 $Q = \dfrac{1}{3 - A_u}$，则有

$$|\dot{A}_u| = \frac{A_u}{\sqrt{\left[1 - \left(\dfrac{f}{f_0}\right)^2\right]^2 + \dfrac{1}{Q^2}\left(\dfrac{f}{f_0}\right)^2}}$$

当 $f = f_0$ 时，有

$$|\dot{A}_u| = QA_u$$

$$Q = \frac{|\dot{A}_u|\,\big|_{f=f_0}}{A_u}$$

当 $A_u < 2$，$Q < 1$ 时，$|\dot{A}_u|\big|_{f=f_0} < A_u$；当 $2 < A_u < 3$，$Q > 1$ 时，$|\dot{A}_u|\big|_{f=f_0} > A_u$。
压控二阶电路幅频特性如图 8.2.6 所示。

4）实用低通滤波电路

（1）贝塞尔滤波器（$Q = 0.56$）过渡特性最好，相频特性无峰值。

（2）巴特沃斯滤波器（$Q = 0.707$）幅频特性无峰值，在 $f = f_0$ 附近的幅频特性为单调减，切比雪夫滤波器（$Q = 1$）在 $f = f_0$ 附近的截止特性最好，曲线的衰减斜率是最陡的。

2. 高通滤波电路

高通滤波电路与低通滤波电路具有对偶性，将低通滤波器中电阻替换成电容，电容替换成电阻，便可以得到高通滤波电路。

压控二阶电路如图 8.2.7 所示。

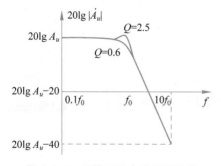

图 8.2.6　压控二阶电路幅频特性

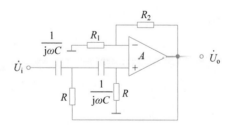

图 8.2.7　压控二阶电路

传递函数为

$$\dot{A}_u = \frac{-A_u\left(\dfrac{f}{f_0}\right)^2}{1 - \left(\dfrac{f}{f_0}\right)^2 + \mathrm{j}(3 - A_u)\dfrac{f}{f_0}} \tag{8.2.13}$$

式中：$A_u = 1 + \dfrac{R_2}{R_1}$；$f_0 = \dfrac{1}{2\pi RC}$。

幅频特性：

$$|\dot{A}_u| = \frac{A_u \left(\dfrac{f}{f_0}\right)^2}{\sqrt{\left[1 - \left(\dfrac{f}{f_0}\right)^2\right]^2 + (3 - A_u)^2 \left(\dfrac{f}{f_0}\right)^2}}$$

令 $Q = \dfrac{1}{3 - A_u}$，则有

$$|\dot{A}_u| = \frac{A_u \left(\dfrac{f}{f_0}\right)^2}{\sqrt{\left[1 - \left(\dfrac{f}{f_0}\right)^2\right]^2 + \dfrac{1}{Q^2}\left(\dfrac{f}{f_0}\right)^2}}$$

当 $f = f_0$ 时，有

$$|\dot{A}_u| = QA_u$$

$$Q = \frac{|\dot{A}_u|\,|_{f=f_0}}{A_u}$$

当 $A_u < 2$，$Q < 1$ 时，$|\dot{A}_u|\,|_{f=f_0} < A_u$；当 $2 < A_u < 3$，$Q > 1$ 时，$|\dot{A}_u|\,|_{f=f_0} > A_u$。

3. 带通滤波电路

将低通滤波电路和高通滤波电路串联就可以得到带通滤波器。在实际电路中，常用单个集成运放构成压控电压源二阶带通滤波电路，如图 8.2.8 所示。

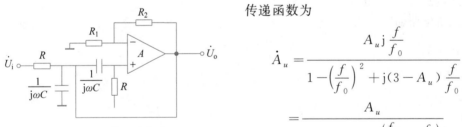

图 8.2.8　压控二阶电路

传递函数为

$$\dot{A}_u = \frac{A_u \mathrm{j}\dfrac{f}{f_0}}{1 - \left(\dfrac{f}{f_0}\right)^2 + \mathrm{j}(3 - A_u)\dfrac{f}{f_0}}$$

$$= \frac{A_u}{(3 - A_u) - \mathrm{j}\left(\dfrac{f_0}{f} - \dfrac{f}{f_0}\right)} \qquad (8.2.14)$$

式中：$A_u = 1 + \dfrac{R_2}{R_1}$；$f_0 = \dfrac{1}{2\pi RC}$。

幅频特性：

$$|\dot{A}_u| = \frac{\dfrac{A_u}{|3 - A_u|}}{\sqrt{1 + \left(\dfrac{1}{3 - A_u}\right)^2 \left(\dfrac{f_0}{f} - \dfrac{f}{f_0}\right)^2}}$$

令 $Q = \dfrac{1}{|3 - A_u|}$，则有

$$|\dot{A}_u| = \frac{QA_u}{\sqrt{1 + Q^2\left(\dfrac{f_0}{f} - \dfrac{f}{f_0}\right)^2}} \qquad (8.2.15)$$

当 $f = f_0$ 时，有

$$|\dot{A}_u| = QA_u$$

$$Q = \frac{|\dot{A}_u|\,|_{f=f_0}}{A_u}$$

当 $2 < A_u < 3, Q > 1$ 时，$|\dot{A}_u|\,|_{f=f_0} > A_u$。

$$Q^2\left(\frac{f_0}{f} - \frac{f}{f_0}\right)^2 = 1$$

$$\frac{f_0}{f} - \frac{f}{f_0} = \pm\frac{1}{Q}$$

$$\frac{f_0}{f_H} - \frac{f_H}{f_0} = -\frac{1}{Q}$$

$$f_H^2 - \frac{f_0}{Q}f_H - f_0^2 = 0$$

$$f_H = \frac{f_0}{2}\left(\frac{1}{Q} + \sqrt{\frac{1}{Q^2} + 4}\right)$$

$$\frac{f_0}{f_L} - \frac{f_L}{f_0} = \frac{1}{Q}$$

$$f_L^2 + \frac{f_0}{Q}f_L - f_0^2 = 0$$

$$f_L = \frac{f_0}{2}\left(-\frac{1}{Q} + \sqrt{\frac{1}{Q^2} + 4}\right)$$

$$f_{BW} = f_H - f_L = \frac{f_0}{Q}$$

4. 带阻滤波电路

将输入电压同时作用于低通滤波器和高通滤波器，再将两个电路输出电压求和，就可以得到带阻滤波器。

压控二阶电路如图 8.2.9 所示。

传递函数为

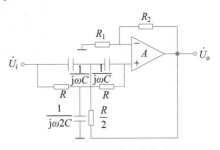

图 8.2.9 压控二阶电路

$$\dot{A}_u = \frac{A_u\left[1-\left(\frac{f}{f_0}\right)^2\right]}{1-\left(\frac{f}{f_0}\right)^2+j2(2-A_u)\frac{f}{f_0}} = \frac{A_u}{1+j2(2-A_u)\frac{f_0 f}{f_0^2-f^2}} \qquad (8.2.16)$$

式中：$A_u = 1 + \dfrac{R_2}{R_1}$；$f_0 = \dfrac{1}{2\pi RC}$。

幅频特性：

$$|\dot{A}_u| = \frac{A_u}{\sqrt{1+4(2-A_u)^2\left(\dfrac{f_0 f}{f_0^2-f^2}\right)^2}}$$

令 $Q = \dfrac{1}{2(2-A_u)}$，则有

$$|\dot{A}_u| = \frac{A_u}{\sqrt{1+\dfrac{1}{Q^2}\left(\dfrac{f_0 f}{f_0^2-f^2}\right)^2}}$$

当 $f = f_0$ 时，$|\dot{A}_u| = 0$。

$A_u < 1.5, Q < 1$；$1.5 < A_u < 2, Q > 1$。

$$\frac{1}{Q^2}\left(\frac{f_0 f}{f_0^2-f^2}\right)^2 = 1$$

$$\frac{f_0 f}{f_0^2-f^2} = \pm Q$$

$$\frac{f_0 f_H}{f_0^2-f_H^2} = -Q$$

$$f_H^2 - \frac{f_0}{Q}f_H - f_0^2 = 0$$

$$f_H = \frac{f_0}{2}\left(\frac{1}{Q}+\sqrt{\frac{1}{Q^2}+4}\right)$$

$$\frac{f_0 f_L}{f_0^2-f_L^2} = Q$$

$$f_L^2 + \frac{f_0}{Q}f_L - f_0^2 = 0$$

$$f_L = \frac{f_0}{2}\left(-\frac{1}{Q}+\sqrt{\frac{1}{Q^2}+4}\right)$$

$$f_{BW} = f_H - f_L = \frac{f_0}{Q}$$

8.3 集成运放应用仿真实验

8.3.1 运算电路仿真实验

1. 实验要求与目的

(1) 研究集成运放线性应用的主要电路(加法电路、减法电路、微分电路和积分电路等),掌握各电路结构形式和运算功能。

(2) 观察微分电路和积分电路波形的变换。

2. 实验原理

集成运放实质上是一个高增益多级直接耦合放大电路。它的应用主要分为两类:一类是线性应用,此时电路中大都引入了深度负反馈,运放两个输入端具有"虚短"或"虚断"的特点,主要是与不同的反馈网络构成加法、减法、微分、积分等运算电路;另一类是非线性应用,此时电路一般工作在开环或正反馈的情况下,输出电压不是正饱和电压就是负饱和电压,主要是构成各种比较电路和波形发生器等。本次实验主要研究集成运放的线性应用。

3. 实验电路

集成运放线性应用的加法电路、减法电路、积分电路和微分电路如图 8.3.1 所示。

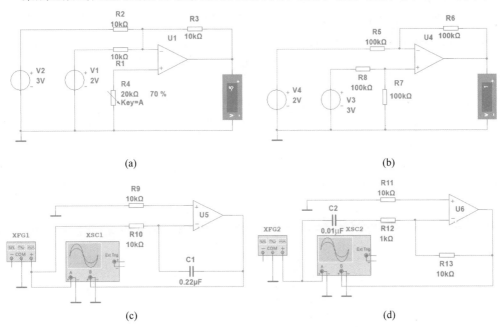

图 8.3.1 集成运放线性应用

4. 实验步骤

(1) 测量加法电路输入、输出关系。按图 8.3.1 连接电路,两输入信号 U_1 和 U_2 从集成运放的反相输入端输入,构成反相加法运算电路。设置 $U_1 = 2\text{V}, U_2 = 3\text{V}$,电压表选择"DC",打开仿真开关,测得输出电压 $U_O = -5\text{V}$。反相输入加法运算电路的输出电压、输入电压的关系式为

$$U_O = -\left(\frac{R_f}{R_1}U_1 + \frac{R_f}{R_2}U_2\right)$$

按图 8.3.1 中给定的各参数计算可得

$$U_O = -(U_1 + U_2) = -5(\text{V})$$

由此可说明电路的输出和输入是求和运算关系。

（2）测量减法电路输入、输出关系。按图 8.3.1 连接电路,U_1 从反相输入端输入,U_2 从同相输入端输入,设置 $U_1 = 2\text{V}, U_2 = 3\text{V}$,电压表选择"DC",打开仿真开关,测得输出电压 $U_O = 1\text{V}$。减法运算电路的输出电压和输入电压之间的关系式为

$$U_O = -\frac{R_f}{R_1}(U_1 - U_2)$$

按图 8.3.1 中给定的各参数计算可得

$$U_O = U_2 - U_1 = 1(\text{V})$$

由此可说明电路的输出与输入是减法运算关系。

（3）观察积分电路输入、输出波形。按图 8.3.1 连接电路,双击函数信号发生器,输入信号设置段频率为 100Hz,幅值为 5V 的方波信号。打开示波器,观察输入、输出彼形,如图 8.3.2 所示。输入信号是方波,输出信号是三角波,可见,积分电路具有波形变换的功能。积分电路的输出与输入之间的关系为

$$u_o = -\frac{1}{RC}\int u_i \, \mathrm{d}t$$

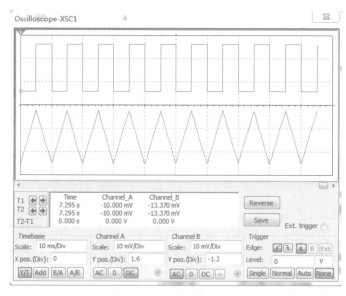

图 8.3.2　积分电路输入与输出

若输入是直流电压(常数),则输出电压、将随时间呈现线性变化(一次函数)。从波形可以看出,输出信号与输入信号之间符合积分运算的关系。

(4) 观察微分电路输入、输出波形。按图 8.3.1 连接电路,双击函数信号发生器,输入信号设置频率为 100Hz,幅值为 5V 的三角波信号。打开示波器,观察输入、输出波形,如图 8.3.3 所示。输入信号是三角波,输出信号是矩形波,可见,微分电路也具有波形变换的功能。微分电路的输出与输入之间的关系为

$$u_o = -RC \frac{\mathrm{d}u_i}{\mathrm{d}t}$$

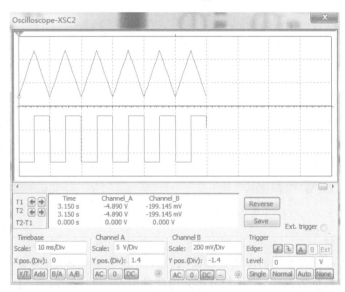

图 8.3.3 微分电路输入与输出

若输入是线性电压(一次函数),则输出将是直流电压(常数)。从波形可以看出,输出信号与输入信号之间符合微分运算的关系。

8.3.2 有源滤波电路仿真实验

1. 实验要求与目的

(1) 研究有源滤波器的主要电路(低通滤波器(LPF)、高通滤波器(IIPF)、带通滤波器(BPF)和带阻滤波器(BEF)等),掌握各电路结构形式和运算功能。

(2) 测量有源滤波器的幅频特性。

2. 实验原理

有源滤波电路的主要功能是使一定频率范围内的信号通过,抑制或急剧衰减此频率范围以外的信号,可用于信息处理、数据传输、抑制干扰等方面,但受运算放大器频带的抑制,这类滤波器主要用于低频范围。相对频率范围的选择不同,可分为低通滤波器、高通滤波器、带通滤波器和带阻滤波器。有源滤波电路主要由 RC 网络、放大器、反馈网络三部分组成。其中电路的 RC 网络起滤波的作用,滤掉不需要的信号,通常主要由电阻

和电容组成。一般而言,滤波器的幅频特性越好,其相频特性越差;反之亦然。

3. 实验电路

集成运放有源滤波电路如图 8.3.4 所示。

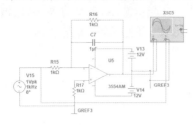

(a) 一阶低通滤波器

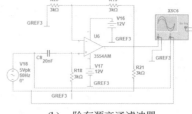

(b) 一阶有源高通滤波器

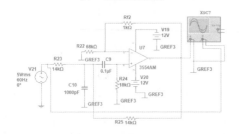

(c) 压控电压源二阶带通滤波器

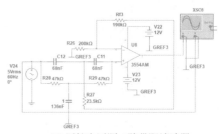

(d) 压控电压源二阶带阻滤波器

图 8.3.4　集成运放有源滤波电路

4. 实验步骤

(1) 测量低通滤波电路的幅频特性曲线。按图 8.3.4 连接电路,通带放大倍数取决于由电阻组成的负反馈网络,故在积分运算电路的电容上并联一个电阻。

令信号频率等于 0,可得通带放大倍数为

$$A_{up} = -\frac{R_2}{R_1}$$

通带截止频率为

$$f_p = f_0 = \frac{1}{2\pi R_2 C}$$

按图 8.3.4 中给定的各参数计算可得

$$A_{up} = -1, \quad f_p = 159\,\mathrm{Hz}$$

幅频特性曲线和相频特性曲线分别如图 8.3.5 所示。实验测定通带截止频率约为154Hz,与理论值大致符合。

(2) 测量高通滤波器电路的幅频特性。按图 8.3.4 连接电路,电压增益为

$$A_f = 1 + \frac{R_2}{R_3}$$

截止频率为

$$f_0 = \frac{1}{2\pi R_1 C_2}$$

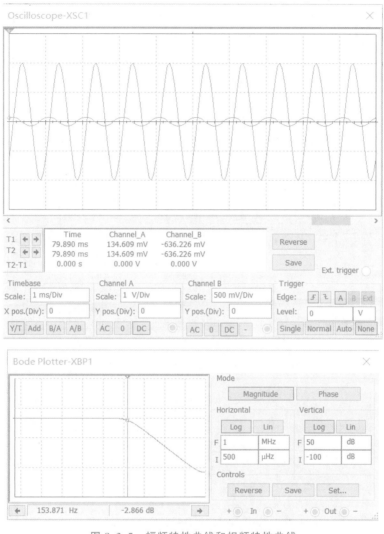

图 8.3.5　幅频特性曲线和相频特性曲线

按图 8.3.4 中给定的各参数计算可得

$$A_f = 2, \quad f_0 = 2.65 \text{kHz}$$

实验测得的幅频特性曲线和相频特性曲线如图 8.3.6 所示，$f_0 = 2.67 \text{kHz}$，与理论值大致相符。

（3）测量带通滤波电路的幅频特性曲线。将低通滤波器和高通滤波器串联，按图 8.3.4 连接电路，就可得到带通滤波器。本实验为同相比例运算电路的输入，比例系数为

$$A_{uf} = \frac{u_o}{u_p} = 1 + \frac{R_f}{R_1}$$

中心频率为

$$f_0 = \frac{1}{2\pi RC}$$

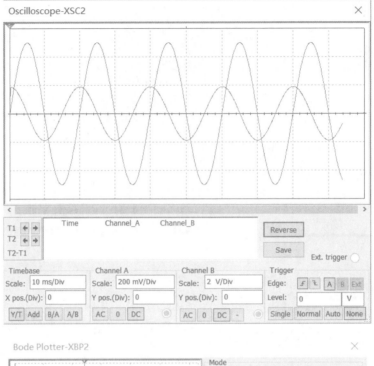

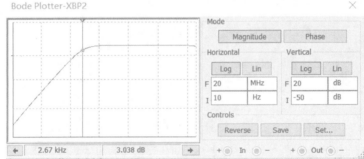

图 8.3.6　幅频特性曲线和相频特性曲线

通频带为

$$f_{BW} = f_{p2} - f_{p1} = |\, 3 - A_{uf} \,|\, f_0$$

实验测得的幅频特性曲线和相频特性曲线如图 8.3.7 所示，$f_{BW} = 21\text{kHz}$，与理论值基本一致。

（4）测量带阻滤波电路的幅频特性曲线。将输入电压同时作用于低通滤波器和高通滤波器，再将两个电路的输出电压求和，就可以得到带阻滤波器，按图 8.3.4 连接电路。

通带放大倍数为

$$A_{up} = 1 + \frac{R_f}{R_1}$$

中心频率为

$$f_0 = \frac{1}{2\pi RC}$$

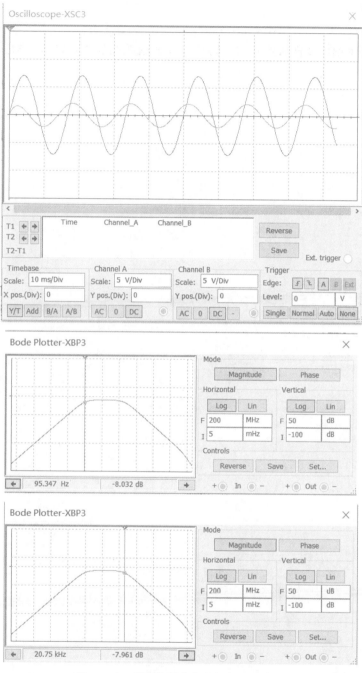

图 8.3.7 幅频特性曲线和相频特性曲线

通带截止频率为

$$f_{p1} = \left[\sqrt{((2-A_{up})^2+1)} - (2-A_{up})\right]f_0$$

$$f_{p2} = \left[\sqrt{((2-A_{up})^2+1)} + (2-A_{up})\right]f_0$$

阻带宽度为

$$\mathrm{BW} = f_{p2} - f_{p1} = 2 \mid 2 - A_{up} \mid f_0$$

实验测得的幅频特性曲线和相频特性曲线如图 8.3.8 所示,BW=5Hz 与理论值基本一致。

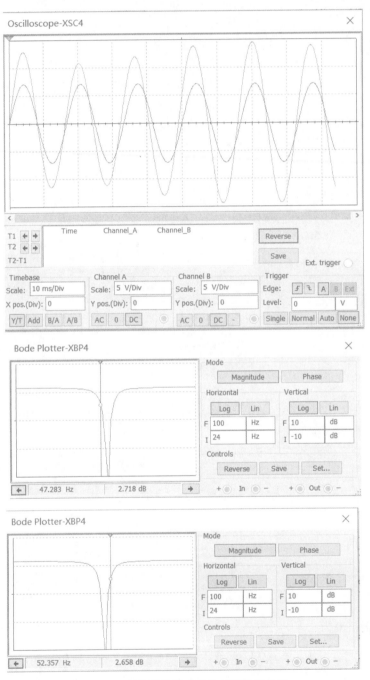

图 8.3.8 幅频特性曲线和相频特性曲线

习题

8.1 当图 P8.1 中的输出信号是 2V 时,输入信号是多少?

8.2 计算图 P8.2 中当 $R_f = 68\text{k}\Omega$ 时的输出电压。

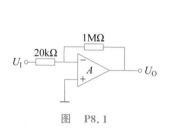

图 P8.1

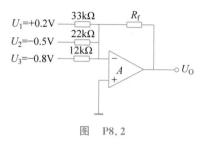

图 P8.2

8.3 求图 P8.3 所示的 U_O,其中 A 为理想运放。

8.4 求图 P8.4 所示的 U_O,其中 A 为理想运放。

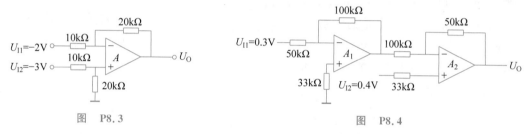

图 P8.3

图 P8.4

8.5 如图 P8.5,求 S 断开和接通时,$U_O = ?$ A 为理想运算放大器。

8.6 已知图 P8.6 中 $R_1 = R_2 = R_3 = 2\text{k}\Omega$,$R_f = 3\text{k}\Omega$,$U_{I1} = 2\text{V}$,$U_{I2} = -1\text{V}$,$U_{I3} = 3\text{V}$,求 U_O。

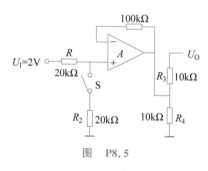

图 P8.5

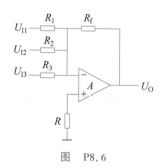

图 P8.6

8.7 如图 P8.7 所示,设所用器件均具有理想的特性,$u_{i1} > 0$。写出 u_o 和 u_{o1} 的表达式。

8.8 电路如图 P8.8 所示,A 为理想运放,电阻 $R_1 = R_2 = 5\text{k}\Omega$,$R_3 = R_4 = 10\text{k}\Omega$,试回答:

(1) u_o 与 u_{i1}、u_{i2} 有何种关系?

（2）若电阻 R_1 脱焊，求输出与输入的关系式。

（3）若电阻 R_2 脱焊，求输出与输入的关系式。

（4）若电阻 R_3 脱焊，求输出与输入的关系式。

（5）若电阻 R_1 和 R_3 脱焊，求输出与输入的关系式。

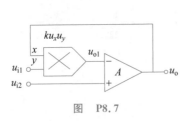

图 P8.7

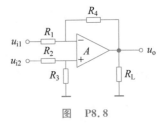

图 P8.8

8.9 图 P8.9 所示运放电路中，$R_1=6\text{k}\Omega$，$R_2=4\text{k}\Omega$，$R_3=R_4=R_5=6\text{k}\Omega$，$R_6=R_7=12\text{k}\Omega$，$R_8=6\text{k}\Omega$，$R_{f1}=24\text{k}\Omega$，$R_{f2}=4\text{k}\Omega$，$R_{f3}=6\text{k}\Omega$，$u_{i1}=5\text{mV}$，$u_{i2}=-5\text{mV}$，$u_{i3}=6\text{mV}$，$u_{i4}=-12\text{mV}$。

试求：（1）运放电路 A_1、A_2、A_3 的功能。（2）u_{o1}、u_{o2}、u_o。

8.10 如图 P8.10 所示的电路中，已知 $R_1=R_w=10\text{k}\Omega$，$R_f=20\text{k}\Omega$，$U_I=1\text{V}$，设 A 为理想运算放大器，且输出电压最大值为 12V，试分别求出当电位器 R_w 的滑动端移到最上端、中间位置和最下端时的输出电压 U_O 的值。

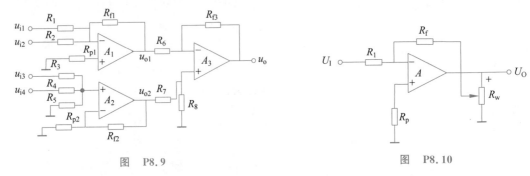

图 P8.9

图 P8.10

8.11 如图 P8.11 所示的两级反相放大器电路，根据电路图得到输出电压的表达式。

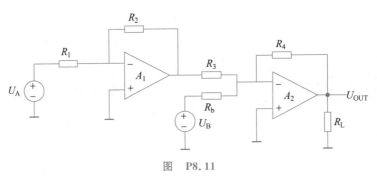

图 P8.11

8.12 根据图 P8.12 所示的差分放大器的电阻和输入电压求得输出电压的表达式。

8.13 图 P8.13 中输出电压的范围是多少?

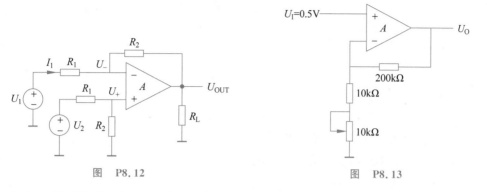

图 P8.12   图 P8.13

8.14 计算图 P8.14 中的输出电压 U_2 和 U_3。

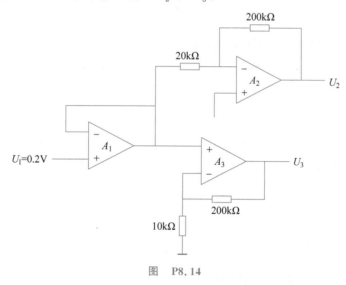

图 P8.14

8.15 计算图 P8.15 中的 U_O。

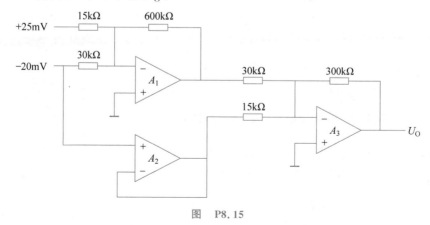

图 P8.15

8.16 计算图 P8.16 中的输出电压。

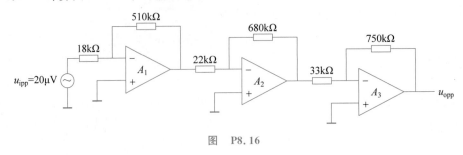

图　P8.16

8.17 计算图 P8.17 中的输出电压。

8.18 计算图 P8.18 中运算放大器电路的 U_O。

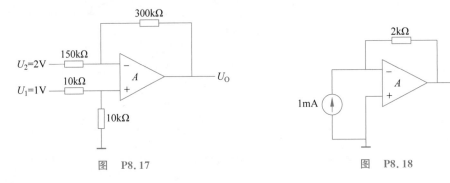

图　P8.17　　　　　　　图　P8.18

8.19 计算图 P8.19 中的增益 $\dfrac{u_o}{u_s}$。

8.20 计算电路图 P8.20 中的 U_O 和 I_O。

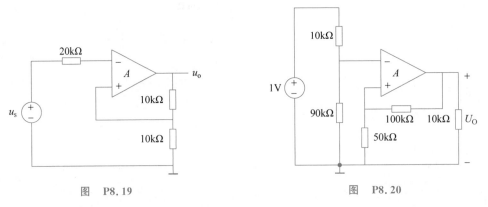

图　P8.19　　　　　　　图　P8.20

8.21 计算图 P8.21 所示电路中的输出电压 U_O。

8.22 确定在运算放大器电路图 P8.22 中的 $\dfrac{u_o}{i_s}$，其中 $R_1 = 20\text{k}\Omega, R_2 = 25\text{k}\Omega,$ $R_3 = 40\text{k}\Omega$。

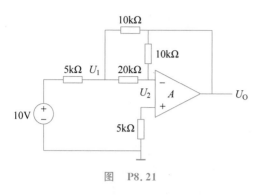

图 P8.21

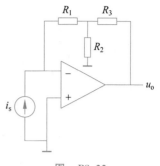

图 P8.22

8.23 图 P8.23 所示电路中 A 为理想运算放大器，$u_I > 0\text{V}$。

（1）证明输出电压 u_O 的表达式为 $u_O \approx 2.3 U_T \lg \dfrac{-u_I}{RI_S}$。

（2）若 $U_T \approx 26\text{mV}$，$I_S = 1 \times 10^{-2}\text{A}$，当输入电压 $u_I = -5\text{V}$ 时，$u_O \approx 0.221\text{V}$，求电阻 R。

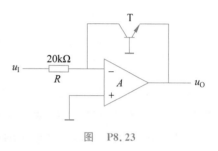

图 P8.23

8.24 如图 P8.24 所示，零时刻电容两端电压为 0，输入电压为方波，求输出电压波形。

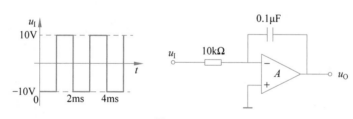

图 P8.24

8.25 图 P8.25 所示电路在零时刻时电容两端电压为 0，求输出电压。

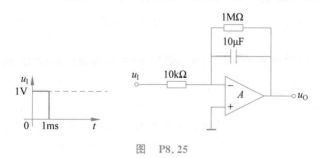

图 P8.25

8.26 图 P8.26 所示电路，当输入电压为方波，周期是 2ms，画出输出电压的波形图。

8.27 如图 P8.27 所示的积分放大电路，输入电压为三角波，求输出电压的波形。

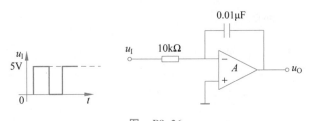

图　P8.26

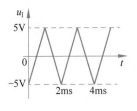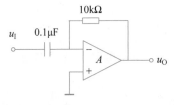

图　P8.27

8.28　有一个输入信号 u_i 振幅为 2V、频率为 200Hz，伴随着振幅为 0.4V、频率 5kHz 的信号，因此要设计一个截止频率为 1kHz 的单增益一阶低通滤波器。求图 P8.28 所示一阶低通滤波器的电容和电阻的值。

8.29　判断图 P8.29 是什么类型的滤波器，求传输函数和临界频率。

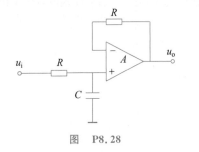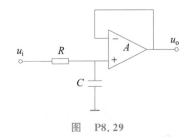

图　P8.28　　　　　　　　　　　　　　　图　P8.29

8.30　单极点高通滤波器有一个 $R=2.2\text{k}\Omega$，$C=0.0015\mu\text{F}$ 的频率选择电路，则滤波器的特征频率是多少？能确定带宽吗？

8.31　截止频率为 3.2kHz 和 3.9kHz 的带通滤波器的带宽是多少？这个滤波器的 Q 值是多少？

8.32　二阶滤波器的响应曲线如图 P8.32 所示。确定巴特沃斯、切比雪夫和贝塞尔滤波器分别对应哪个响应曲线？

8.33　确定图 P8.33 中的截止频率。

8.34　将图 P8.33 中的滤波器转换为具有相同临界频率和响应的高通滤波器特性。

8.35　对于图 P8.35 中的滤波器，(1) 如何增加截止频率？（2）如何增加通频带内的增益？

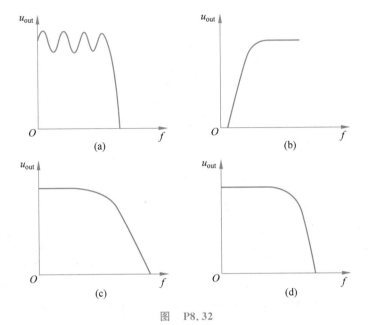

图 P8.32

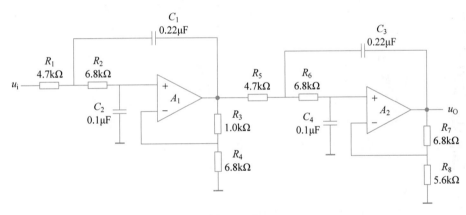

图 P8.33

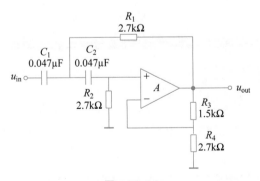

图 P8.35

第9章

波形发生电路与信号转换电路

9.1 正弦波发生电路

能自行产生正弦波输出的电路称为正弦波发生电路,也称为正弦波振荡电路或正弦振荡器。正弦波发生电路通常分为两类:RC 正弦波发生电路、LC 正弦波发生电路。

9.1.1 RC 正弦波发生电路

1. 概述

RC 正弦波发生电路有两个特点:一是集成运放工作在线性区;二是电路中既存在正反馈又存在负反馈。RC 正弦波发生电路,一般采用"虚短路、虚开路"和正弦稳态相量分析方法。

2. 基本电路

1) 电路组成

由比例运算电路和 RC 电路组成的文氏桥式正弦波振荡电路如图 9.1.1 所示,串联的 R 和 C、并联的 R 和 C 组成正反馈网络,电阻 R_1 和 R_f 构成负反馈网络。负反馈电路可以保证集成运放工作在线性放大区。

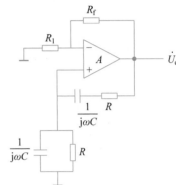

图 9.1.1 RC 文氏桥式正弦波振荡电路

2) 电路分析

由虚开路分析可知,反相端电流为零,所以

$$\frac{\dot{U}_o - \dot{U}_-}{R_f} = \frac{\dot{U}_-}{R_1} \tag{9.1.1}$$

$$\dot{U}_- = \frac{R_1}{R_1 + R_f}\dot{U}_o \tag{9.1.2}$$

同相端有

$$\frac{\dot{U}_o - \dot{U}_+}{R + \frac{1}{j\omega C}} = \frac{\dot{U}_+}{\dfrac{\frac{1}{j\omega C} \cdot R}{R + \frac{1}{j\omega C}}} = \frac{(1 + j\omega C)\dot{U}_+}{R} \tag{9.1.3}$$

整理可得

$$\dot{U}_o - \dot{U}_+ = \left(\frac{1 + j\omega C}{R}\right)\left(R + \frac{1}{j\omega C}\right)\dot{U}_+ \tag{9.1.4}$$

$$\dot{U}_+ = \frac{\dot{U}_o}{3 + j\left(\omega RC - \dfrac{1}{\omega RC}\right)} \tag{9.1.5}$$

3) 电路振荡条件

电路振荡时,输入信号为 0,即 $U_+ - U_- = 0$,$U_+ = U_-$。所以有

$$\frac{R_1 + R_f}{R_1} = 3 + j\left(\omega RC - \frac{1}{\omega RC}\right) \qquad (9.1.6)$$

要满足式(9.1.6)，首先虚数部分应等于零，即

$$\omega RC - \frac{1}{\omega RC} = 0$$

可得

$$\omega = \frac{1}{RC} \qquad (9.1.7)$$

得到振荡频率为

$$f = \frac{1}{2\pi RC} \qquad (9.1.8)$$

另外，实数部分相等，起振和幅值平衡的条件为 $\frac{R_1 + R_f}{R_1} = 3$，即满足

$$\frac{R_f}{R_1} = 2 \qquad (9.1.9)$$

改变文氏桥式振荡电路参数的 R、C，就可以改变振荡频率 f。不过，为保证电路能够起振，应使 R_f 略大于 $2R_1$。

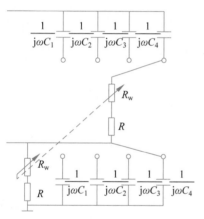

图 9.1.2　振荡频率可调电路

3. 振荡频率可调电路

为了使振荡频率可调，常用双层波段开关连接不同的电容作为振荡频率 f 的粗调，用同轴电位器实现振荡频率 f 的微调，如图 9.1.2 所示。

图 9.1.2 所示电路的振荡频率为

$$f = \frac{1}{2\pi(R + R_w)C_i}, \quad i = 1, 2, 3, 4 \qquad (9.1.10)$$

综上所述，RC 桥式正弦波振荡电路选用 RC 串并联为选频网络和正反馈网络，以电压串联负反馈放大电路为放大环节，具有频率振荡稳定、带载能力强、输出电压失真小等优点，因此获得广泛应用。

例 9.1　振荡频率可调 RC 正弦波振荡电路中，R_1、R_f 满足起振和幅值平衡条件，$C_1 = 0.01\mu F$，$C_2 = 0.1\mu F$，$C_3 = 1\mu F$，$C_4 = 10\mu F$，$R = 50\Omega$，$R_w = 10k\Omega$，求振荡频率 f 的调节范围。

解: 因为 $f_0 = \frac{1}{2\pi RC}$，所以 RC 最大时，f_0 最小，即

$$f_{\min} = \frac{1}{2\pi(R + R_{w\max})C_4} = \frac{1}{2\pi(50 + 10 \times 10^3) \times 10 \times 10^{-6}} = 1.58(Hz)$$

RC 最小时，f_0 最大，即

$$f_{\max} = \frac{1}{2\pi (R + R_{\text{wmin}}) C_1} = \frac{1}{2\pi \times 50 \times 0.01 \times 10^{-6}} = 318 (\text{kHz})$$

9.1.2　LC 正弦波发生电路

LC 正弦波发生电路多采用 LC 并联网络,如图 9.1.3 所示。

理想情况下,无损耗,谐振频率为

$$f_0 = \frac{1}{2\pi \sqrt{LC}} \tag{9.1.11}$$

实际 LC 并联电路会有损耗,将损耗等效成电阻 R,如图 9.1.4 所示。

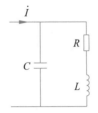

图 9.1.3　LC 并联网络　　　　图 9.1.4　LC 并联电路

电路的导纳为

$$Y = j\omega C + \frac{1}{R + j\omega L} = \frac{R}{R^2 + (\omega L)^2} + j\left[\omega L - \frac{\omega L}{R^2 + (\omega L)^2}\right] \tag{9.1.12}$$

令其中虚部等于零,就可以求出谐振角频率为

$$\omega_0 = \frac{1}{\sqrt{1 + \left(\dfrac{R}{\omega_0 L}\right)^2}} \frac{1}{\sqrt{LC}} = \frac{1}{\sqrt{1 + \dfrac{1}{Q^2}}} \frac{1}{\sqrt{LC}} \tag{9.1.13}$$

式中:Q 为品质因数,即

$$Q = \frac{\omega_0 L}{R} \tag{9.1.14}$$

当 $Q \gg 1$ 时,$\omega_0 \approx \dfrac{1}{\sqrt{LC}}$,所以谐振频率为

$$f_0 \approx \frac{1}{2\pi \sqrt{LC}} \tag{9.1.15}$$

上述条件下的品质因数为

$$Q \approx \frac{1}{R} \sqrt{\frac{L}{C}} \tag{9.1.16}$$

该式表明,电路损耗越小,谐振频率相同时,电容容量越小;电感数值越大,则品质因数越大,选频特性也越好。

当 $f = f_0$ 时,电抗为

$$Z_0 = \frac{1}{Y_0} = \frac{R^2 + (\omega_0 L)^2}{R} = R + Q^2 R \tag{9.1.17}$$

当 $Q\gg1$ 时，$Z_0\approx Q^2R$，将式(9.1.16)代入得

$$Z_0\approx QX_L\approx QX_C \tag{9.1.18}$$

式中：X_C、X_L 分别是电容和电感的电抗。因此当输入电流为 I_0 时，电容和电感的电流约为 QI_0。

适用频率从零到无穷大的 LC 并联网络电抗表达式：

$$Z=\frac{1}{Y} \tag{9.1.19}$$

Z 是频率的函数。其频率特性如图9.1.5和图9.1.6所示，Q 值越大，曲线越陡，选频特性越好。

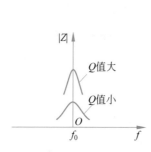

图9.1.5 Z 与频率的函数

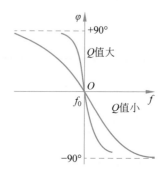

图9.1.6 φ 与频率的函数

若以 LC 并联网络作为共射极放大电路的集电极负载，如图9.1.7所示，则电路的电压放大倍数为

$$\dot{A}_u=-\beta\frac{Z}{r_{be}} \tag{9.1.20}$$

图9.1.7 为 LC 并联选频放大电路，当 $f=f_0$ 时，电压放大倍数最大，且无附加相移。对于其他频率的信号，电压放大倍数不仅减小，而且有附加相移。电路具有选频特性，因此这个电路称为选频放大电路。若在电路中引入正反馈，并能用反馈电压取代输入电压，则电路就能成为正弦波振荡电路。根据引入反馈的方式不同，LC 正弦波振荡电路分为变压器反馈式、电感反馈式和电容反馈式三种。采用的放大电路既可以是共射极电路，也可以是共基极电路。

图9.1.7 LC 并联选频放大电路

1. 变压器反馈式 LC 正弦振荡器

在图9.1.8所示电路中，断开P点，在断开处，给放大电路加 $f=f_0$ 的输入电压 $\dot{U}_i$，给定其极性对"地"为正，所以晶体管的基极动态电位对"地"为正。又因为采用的是共射极放大电路，所以集电极的动态电位对"地"为负。对于交流信号来说，电源相当于"接地"。所以线圈 N_1 上电压为上"正"下"负"，根据变压器同名端，N_2 的电压也是上"正"下"负"，也就说反馈电压对"地"为正，与输入电压假设极性相同，满足正弦波振荡的相位

258

条件。

图 9.1.8 所示变压器反馈式 LC 正弦振荡器的振荡频率由谐振回路参数决定,振荡频率为

$$f_0 = \frac{1}{2\pi\sqrt{L_1 C}} \tag{9.1.21}$$

变压器反馈式 LC 正弦振荡器只要线圈同名端连接正确,调节 N_2 便很容易起振。但由于变压器分布参数的限制,振荡频率不是很高。

2. 电感反馈式 LC 正弦振荡器

图 9.1.9 为电感反馈式 LC 正弦振荡器。先用瞬时极性法判断电路是否满足正弦波振荡的相位条件,断开反馈,加入频率为 f_0 的输入电压,给定它的对地极性;然后判断出从 N_2 上获得的反馈电压极性与输入电压相同。所以电路满足正弦波振荡的相位条件,从而知道该电路可以产生正弦波振荡。

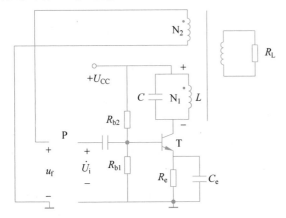

图 9.1.8　变压器反馈式 LC 正弦振荡器

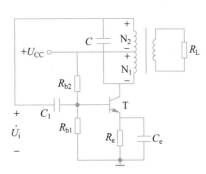

图 9.1.9　电感反馈式 LC 正弦振荡器

电路的振荡频率为

$$f_0 = \frac{1}{2\pi\sqrt{LC}} = \frac{1}{2\pi\sqrt{(L_1 + L_2 + 2M)C}} \tag{9.1.22}$$

电感反馈式 LC 正弦振荡电路器的特点是容易起振,可以通过改变中心抽头的位置改善其失真程度,但是这种电路的输出波形较差。

3. 电容反馈式 LC 正弦振荡器

图 9.1.10 为电容反馈式 LC 正弦振荡器。首先判断是否能够正常起振,断开反馈,加入频率为 f_0 的输入电压,给定它的对地极性;然后判断出从 C_2 上获得的反馈电压极性与输入电压相同。所以满足正弦波振荡的相位条件,只要电路中参数选择得当,电路就可以满足幅值条件,产生正弦波振荡。

电路的振荡频率为

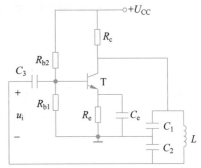

图 9.1.10　电容反馈式 LC 正弦振荡器

$$f_0 = \frac{1}{2\pi\sqrt{LC}} = \frac{1}{2\pi\sqrt{L\dfrac{C_1 C_2}{C_1+C_2}}} \tag{9.1.23}$$

电容反馈式 LC 正弦振荡器的特点是输出电压波形好,由于电容值可以取得较小,因而振荡频率高,一般可达 100MHz 以上。

9.2 非正弦波发生电路

非正弦波发生电路中的集成运放工作在非线性区,输入电压和输出电压不再是线性关系并且电路中只引入了正反馈;非正弦波发生电路的输出电压被限制了幅度。对于非正弦波发生电路,进行电路分析时一般假设集成运放为理想运放,则满足 $u_- > u_+$ 时,$u_o = -U_{om}$,$u_- < u_+$,$u_o = U_{om}$。还要对非正弦波发生电路进行波形分析。

9.2.1 比较电路

电压比较电路是对输入信号进行鉴幅与比较,是组成非正弦波发生电路的基本电路单元。

1. 单限比较电路

单限比较电路是指电路中只有一个阈值电压,单限比较电路有过零比较电路和过限比较电路。过零比较电路如图 9.2.1 所示,D_Z 由两个稳压值相等的二极管对接。

当输入电压 $u_i > 0$ 时,集成运放输出电压 $u_o' = -U_{om}$,上边稳压管工作在稳压状态 $u_o = -U_Z$。

当输入电压 $u_i < 0$ 时,集成运放输出电压 $u_o' = U_{om}$,下边稳压管工作在稳压状态 $u_o = U_Z$。

过零比较电路的输出波形如图 9.2.2 所示。

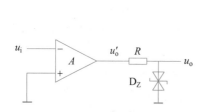
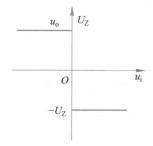

图 9.2.1 过零比较电路 　　图 9.2.2 过零比较电路的输出波形

过限比较电路如图 9.2.3 所示,其中 U_{REF} 为外加参考电压。

当输入电压 $u_i > U_{REF}$ 时,有输出电压 $u_o' = -U_{om}$,上边稳压管工作在稳压状态 $u_o = -U_Z$。

当输入电压 $u_i < U_{REF}$ 时,有输出电压 $u_o' = U_{om}$,下边稳压管工作在稳压状态 $u_o = U_Z$。

过限比较电路的输出波形如图 9.2.4 所示。

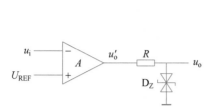

图 9.2.3 过限比较电路

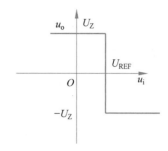

图 9.2.4 过限比较电路的输出波形

2. 滞回比较电路

单限比较电路中,输入电压在阈值电压附近任何微小变化都将引起输出电压的跃变,不管这种微小变化是源自输入信号还是外部干扰。因此虽然单限比较电路比较灵敏,可以完成电压的比较,但是抗干扰技术差。滞回比较电路在阈值电压附近具有滞回特性,因此就具有一定的抗干扰能力。基本滞回比较电路如图 9.2.5 所示。

当输出电压 $u_o = U_Z$ 时,同相端电压 $u_+ = \dfrac{R_1}{R_1 + R_2} U_Z$;当输出电压 $u_o = -U_Z$ 时,同相端电压 $u_+ = -\dfrac{R_1}{R_1 + R_2} U_Z$。当输出电压 $u_o = U_Z$ 时,如果输入电压 $u_i > \dfrac{R_1}{R_1 + R_2} U_Z$,则输出电压 $u_o = -U_Z$;当输出电压 $u_o = -U_Z$ 时,如果输入电压 $u_i < -\dfrac{R_1}{R_1 + R_2} U_Z$,则输出电压 $u_o = U_Z$。基本滞回比较电路的输出波形如图 9.2.6 所示。

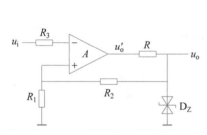

图 9.2.5 基本滞回比较电路

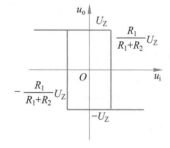

图 9.2.6 基本滞回比较电路的输出波形

为了使滞回比较电路的电压特性曲线能够向左向右平移,需要将两个阈值电压叠加相同的正电压和负电压。带参考电压的滞回比较电路结构如图 9.2.7 所示。

当输出电压 $u_o = U_Z$ 时,集成运放同相端电压为 $u_+ = \dfrac{R_2}{R_1 + R_2} U_{REF} + \dfrac{R_1}{R_1 + R_2} U_Z$;当输出电压为 $u_o = -U_Z$ 时,同相端电压为 $u_+ = \dfrac{R_2}{R_1 + R_2} U_{REF} - \dfrac{R_1}{R_1 + R_2} U_Z$。当输出电压 $u_o = U_Z$ 时,如果输入电压 $u_i > \dfrac{R_2}{R_1 + R_2} U_{REF} + \dfrac{R_1}{R_1 + R_2} U_Z$,则输出电压 $u_o = -U_Z$。

当输出电压 $u_o=-U_Z$ 时,如果输入电压 $u_i<\dfrac{R_2}{R_1+R_2}U_{REF}-\dfrac{R_1}{R_1+R_2}U_Z$,则输出电压为 $u_o=U_Z$。带参考电压的滞回比较电路输出波形如图 9.2.8 所示。

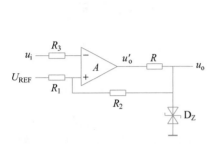

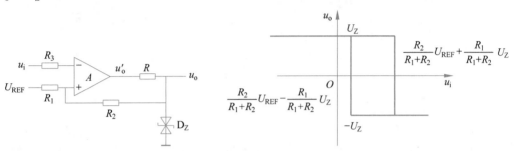

图 9.2.7　带参考电压的滞回比较电路　　　　图 9.2.8　带参考电压的滞回比较电路输出波形

9.2.2　矩形波发生电路

矩形波发生电路是其他非正弦波发生电路的基础,例如:若方波电压加在积分运算电路的输入端,则可以获得三角波电压;若改变积分电路的正向和反向积分时间常数,使某一方向的积分常数趋于零,则可以获得锯齿波。矩形波发生电路如图 9.2.9 所示,由反相输入的滞回比较器和 RC 电路组成。RC 回路不仅作为延迟环节,又作为反馈网络,通过对 RC 充放电实现输出状态的自动转换。

1. 矩形波发生电路概述

1) 波形分析

假设某一时刻 $u_o=U_Z$,$u_+=\dfrac{R_1}{R_1+R_2}U_Z$,$u_o$ 通过 R_3 对电容 C 正向充电,u_C 逐渐升高;一旦 $u_C>u_+=\dfrac{R_1}{R_1+R_2}U_Z$,$u_o=-U_Z$;与此同时 $u_o=-U_Z$,$u_+=-\dfrac{R_1}{R_1+R_2}U_Z$,$C$ 通过 R_3 对 u_o 放电,u_C 逐渐降低,一旦 $u_C<u_+=-\dfrac{R_1}{R_1+R_2}U_Z$,$u_o=U_Z$。对电容充放电电路如图 9.2.10 所示。

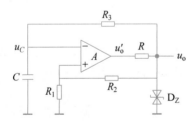

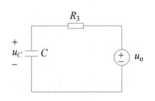

图 9.2.9　矩形波发生电路　　　　　图 9.2.10　对电容充放电电路

对电容充放电的波形分析如下:

电容充电时,有

$$R_3 C \frac{\mathrm{d}u_C}{\mathrm{d}t} + u_C = u_o = U_Z \qquad (9.2.1)$$

$$u_C(0) = -\frac{R_1}{R_1 + R_2} U_Z \qquad (9.2.2)$$

通过解微分方程得到

$$u_C = -\frac{2R_1 + R_2}{R_1 + R_2} U_Z \mathrm{e}^{-\frac{t}{R_3 C}} + U_Z, \quad t \geqslant 0 \qquad (9.2.3)$$

电容放电时,有

$$R_3 C \frac{\mathrm{d}u_C}{\mathrm{d}t} + u_C = u_o = -U_Z \qquad (9.2.4)$$

$$u_C(0) = \frac{R_1}{R_1 + R_2} U_Z \qquad (9.2.5)$$

$$u_C = \frac{2R_1 + R_2}{R_1 + R_2} U_Z \mathrm{e}^{-\frac{t}{R_3 C}} - U_Z, \quad t \geqslant 0 \qquad (9.2.6)$$

根据以上公式可得到输出波形如图 9.2.11 所示。

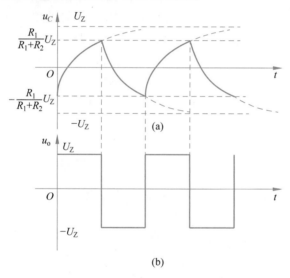

图 9.2.11 矩形波发生器输出波形

2) 主要参数

矩形波发生电路的输出电压幅值 $u_o = \pm U_Z$,振荡频率为

$$f = \frac{1}{T} = \frac{1}{2R_3 C \ln\left(1 + \dfrac{2R_1}{R_2}\right)}$$

占空比* 为

---

* 对于矩形波而言,高电平在一个波形周期 T 内占有的时间(T_1)与周期 T 的比值称为占空比。

$$q = \frac{T_1}{T} = 0.5$$

当 $t = T_1 = \frac{T}{2}$ 时，有

$$\frac{R_1}{R_1 + R_2} U_Z = -\frac{2R_1 + R_2}{R_1 + R_2} U_Z e^{-\frac{\frac{T}{2}}{R_3 C}} + U_Z \qquad (9.2.7)$$

$$e^{-\frac{\frac{T}{2}}{R_3 C}} = \frac{R_2}{2R_1 + R_2} \qquad (9.2.8)$$

$$T = 2R_3 C \ln\left(1 + \frac{2R_1}{R_2}\right) \qquad (9.2.9)$$

2. 占空比可调的矩形波发生电路

通过分析方波发生电路，可知，如果想改变输出电压的占空比，就必须使电容正向和反向充电的时间常数不同，也就是两个充电回路的参数不同。利用二极管的单向导电性可以引导电流流经不同的通路，得到如图 9.2.12 所示的占空比可调的电路。

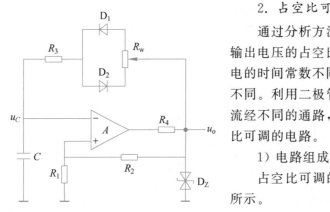

图 9.2.12　占空比可调的矩形波发生电路

1）电路组成

占空比可调的矩形波发生电路如图 9.2.12 所示。

2）波形分析

电容充电时，有

$$(R_3 + R_{w1})C \frac{du_C}{dt} + u_C = u_o = U_Z \qquad (9.2.10)$$

$$u_C(0) = -\frac{R_1}{R_1 + R_2} U_Z \qquad (9.2.11)$$

$$u_C = -\frac{2R_1 + R_2}{R_1 + R_2} U_Z e^{-\frac{t}{(R_3 + R_{w1})C}} + U_Z, \quad t \geqslant 0 \qquad (9.2.12)$$

电容放电时，有

$$(R_3 + R_{w2})C \frac{du_C}{dt} + u_C = u_o = -U_Z \qquad (9.2.13)$$

$$u_C(0) = \frac{R_1}{R_1 + R_2} U_Z \qquad (9.2.14)$$

$$u_C = \frac{2R_1 + R_2}{R_1 + R_2} U_Z e^{-\frac{t}{(R_3 + R_{w2})C}} - U_Z, \quad t \geqslant 0 \qquad (9.2.15)$$

占空比可调的矩形波发生电路的输出波形如图 9.2.13 所示。

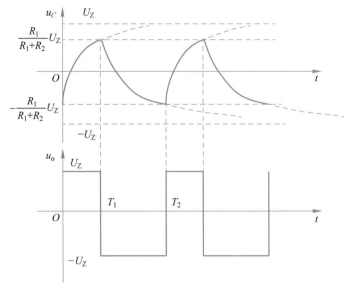

图 9.2.13　占空比可调的矩形波发生电路的输出波形

当 $t = T_1$ 时,有

$$\frac{R_1}{R_1 + R_2} U_Z = -\frac{2R_1 + R_2}{R_1 + R_2} U_Z e^{-\frac{T_1}{(R_3 + R_{w1})C}} + U_Z$$

$$e^{-\frac{T_1}{(R_3 + R_{w1})C}} = \frac{R_2}{2R_1 + R_2}$$

$$T_1 = (R_3 + R_{w1}) C \ln\left(1 + \frac{2R_1}{R_2}\right)$$

当 $t = T_2$ 时,有

$$-\frac{R_1}{R_1 + R_2} U_Z = \frac{2R_1 + R_2}{R_1 + R_2} U_Z e^{-\frac{T_2}{(R_3 + R_{w2})C}} + U_Z$$

$$e^{-\frac{T_2}{(R_3 + R_{w2})C}} = \frac{R_2}{2R_1 + R_2}$$

$$T_2 = (R_3 + R_{w2}) C \ln\left(1 + \frac{2R_1}{R_2}\right)$$

矩形波周期为

$$T = T_1 + T_2 = (R_3 + R_{w1}) C \ln\left(1 + \frac{2R_1}{R_2}\right) + (R_3 + R_{w2}) C \ln\left(1 + \frac{2R_1}{R_2}\right)$$

$$= (2R_3 + R_w) C \ln\left(1 + \frac{2R_1}{R_2}\right) \tag{9.2.16}$$

矩形波频率为

$$f = \frac{1}{T} = \frac{1}{(2R_3 + R_w) C \ln\left(1 + \frac{2R_1}{R_2}\right)} \tag{9.2.17}$$

占空比为

$$q = \frac{T_1}{T} = \frac{R_3 + R_{w1}}{2R_3 + R_w} \tag{9.2.18}$$

例 9.2 占空比可调的矩形波发生电路如图 9.2.14 所示,$U_Z = 8\text{V}$,求输出电压幅值 u_o、振荡频率 f 和占空比 q 的调节范围。

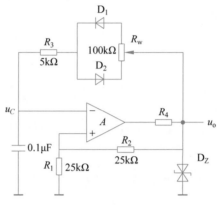

图 9.2.14 例 9.2 电路

解: 由图 9.2.14 可知

$$u_o = \pm U_Z = \pm 8\text{V}$$

$$f = \frac{1}{T} = \frac{1}{(2R_3 + R_w)C\ln\left(1 + \frac{2R_1}{R_2}\right)}$$

$$= \frac{1}{(2 \times 5 + 100) \times 10^3 \times 0.1 \times 10^{-6} \ln\left(1 + \frac{2 \times 25 \times 10^3}{25 \times 10^3}\right)} = 83(\text{Hz})$$

所以有

$$q_{\min} = \frac{T_{1\min}}{T} = \frac{R_3 + R_{w1\min}}{2R_3 + R_w} = \frac{5}{2 \times 5 + 100} = 0.045$$

$$q_{\max} = \frac{T_{1\max}}{T} = \frac{R_3 + R_{w1\max}}{2R_3 + R_w} = \frac{5 + 100}{2 \times 5 + 100} = 0.955$$

9.2.3 三角波发生电路

1. 三角波发生电路概述

1) 电路组成

方波发生电路中,当滞回比较器的阈值电压比较小时,可以将电容两端的电压近似看成三角波。但是,一方面该三角波的线性度比较差,另一方面带负载后将使电路的性能产生变化。实际上,只需将方波电压作为积分运算电压的输入,在其输出就可以得到三角波电压。三角波发生电路如图 9.2.15 所示。

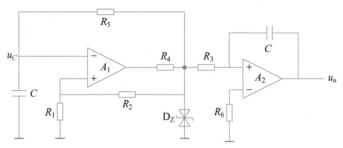

图 9.2.15 三角波发生电路

在图 9.2.15 中存在 RC 电路和积分电路两个延迟环节,而在实际电路中会去掉方波发生电路中 RC 回路,使积分电路作为延迟环节,同时又作为方波变三角波电路,滞回比较器和积分运算的输出互为另一个电路的输入,如图 9.2.16 所示。

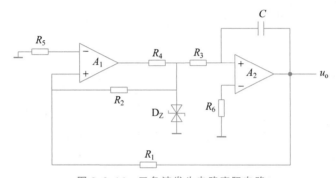

图 9.2.16 三角波发生电路实际电路

2) 波形分析

设某一时间滞回比较电路的输出 u_{o1} 为 $-U_Z$,一旦

$$u_+ = \frac{R_2}{R_1 + R_2} u_o(0) - \frac{R_1}{R_1 + R_2} U_Z \geqslant 0$$

u_{o1} 翻转为 U_Z。此时有

$$u_o(0) = \frac{R_1}{R_2} U_Z$$

$$u_o = u_o(0) - \frac{1}{R_3 C} \int_0^t U_Z \mathrm{d}t = \frac{R_1}{R_2} U_Z - \frac{1}{R_3 C} U_Z t$$

u_o 逐渐降低直到 $u_o = -\dfrac{R_1}{R_2} U_Z$。随后滞回比较电路的输出 u_{o1} 为 U_Z,一旦

$$u_+ = \frac{R_2}{R_1 + R_2} u_o(0) + \frac{R_1}{R_1 + R_2} U_Z \geqslant 0$$

u_{o1} 翻转为 $-U_Z$。此时有

$$u_o(0) = -\frac{R_1}{R_2} U_Z$$

$$u_o = u_o(0) - \frac{1}{R_3 C} \int_0^t (-U_Z) \mathrm{d}t = -\frac{R_1}{R_2} U_Z + \frac{1}{R_3 C} U_Z t$$

u_o 逐渐升高直到 $u_o = \dfrac{R_1}{R_2}U_Z$。

三角波发生电路的输出波形如图 9.2.17 所示。

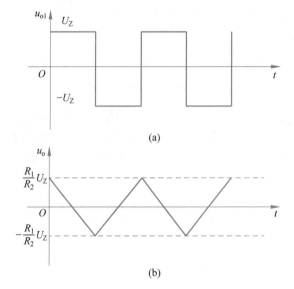

(a)

(b)

图 9.2.17　三角波发生电路的输出波形

3) 主要参数

从工作原理可知，输出电压幅值为

$$|u_o| \leqslant \frac{R_1}{R_2}U_Z$$

振荡频率为

$$f = \frac{1}{T} = \frac{R_2}{4R_1R_3C} \tag{9.2.19}$$

占空比为

$$q = \frac{T_1}{T} = 0.5$$

当 $t = T_1 = \dfrac{T}{2}$ 时，有

$$-\frac{R_1}{R_2}U_Z = \frac{R_1}{R_2}U_Z - \frac{1}{R_3C}U_Z\frac{T}{2}$$

得到

$$T = \frac{4R_1R_3C}{R_2} \tag{9.2.20}$$

2. 锯齿波发生电路——占空比可调三角波发生电路

1) 电路组成

在三角波发生电路中的积分电路正向积分的时间常数远大于反向积分的时间常数，

或反向积分的时间常数远大于正向积分的时间常数,则得到的波形上升和下降频率时间相差较大,由此得到锯齿波。再次利用二极管的单向导电性使积分电路的两个方向的积分通路不同,就可以得到锯齿波发生电路,如图 9.2.18 所示,其中 $R_3 \ll R_w$。

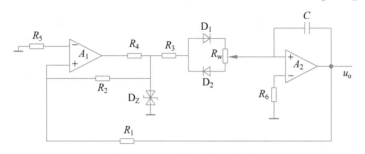

图 9.2.18　锯齿波发生电路

2. 波形分析

设某一时间滞回比较电路的输出 u_{o1} 为 $-U_Z$,一旦

$$u_+ = \frac{R_2}{R_1 + R_2} u_o(0) - \frac{R_1}{R_1 + R_2} U_Z \geqslant 0$$

u_{o1} 翻转为 U_Z,D_1 导通,D_2 截止。此时有

$$u_o(0) = \frac{R_1}{R_2} U_Z$$

$$u_o = u_o(0) - \frac{1}{(R_3 + R_{w1})C} \int_0^t U_Z \mathrm{d}t = \frac{R_1}{R_2} U_Z - \frac{1}{(R_3 + R_{w1})C} U_Z t$$

u_o 逐渐降低直到 $u_o = -\dfrac{R_1}{R_2} U_Z$。随后滞回比较电路的输出 u_{o1} 为 U_Z,一旦

$$u_+ = \frac{R_2}{R_1 + R_2} u_o(0) + \frac{R_1}{R_1 + R_2} U_Z \geqslant 0$$

u_{o1} 翻转为 $-U_Z$,D_1 截止,D_2 导通。此时有

$$u_o(0) = -\frac{R_1}{R_2} U_Z$$

$$u_o = u_o(0) - \frac{1}{(R_3 + R_{w2})C} \int_0^t -U_Z \mathrm{d}t = -\frac{R_1}{R_2} U_Z + \frac{1}{(R_3 + R_{w2})C} U_Z t$$

u_o 逐渐升高直到 $u_o = \dfrac{R_1}{R_2} U_Z$。锯齿波发生电路的输出波形如图 9.2.19 所示。

当 $t = T_1$ 时,有

$$-\frac{R_1}{R_2} U_Z = \frac{R_1}{R_2} U_Z - \frac{1}{(R_3 + R_{w1})C} U_Z T_1$$

$$T_1 = \frac{2R_1(R_3 + R_{w1})C}{R_2}$$

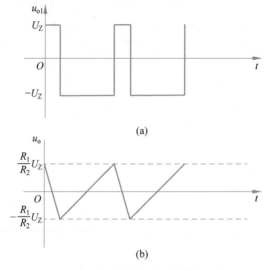

图 9.2.19 锯齿波发生电路的输出波形

当 $t = T_2$ 时,有

$$\frac{R_1}{R_2}U_Z = -\frac{R_1}{R_2}U_Z + \frac{1}{(R_3 + R_{w2})C}U_Z T_2$$

$$T_2 = \frac{2R_1(R_3 + R_{w2})C}{R_2}$$

$$T = T_1 + T_2 = \frac{2R_1(R_3 + R_{w1})C}{R_2} + \frac{2R_1(R_3 + R_{w2})C}{R_2} = \frac{2R_1(2R_3 + R_w)C}{R_2}$$

$$(9.2.21)$$

$$f = \frac{1}{T} = \frac{R_2}{2R_1(2R_3 + R_w)C} \qquad (9.2.22)$$

$$q = \frac{T_1}{T} = \frac{R_3 + R_{w1}}{2R_3 + R_w} \qquad (9.2.23)$$

例 9.3 锯齿波发生电路如图 9.2.20 所示,$U_Z = 8\text{V}$,求振荡频率 f 和占空比 q 的调节范围。

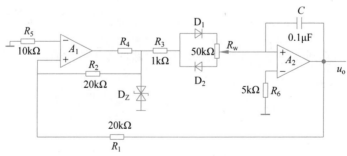

图 9.2.20 例 9.3 电路

解:

$$f = \frac{1}{T} = \frac{R_2}{2R_1(2R_3 + R_w)C} = \frac{20 \times 10^3}{2 \times 20 \times 10^3(2 \times 1 + 50) \times 10^3 \times 0.1 \times 10^{-6}} = 96(\text{Hz})$$

$$q_{min} = \frac{T_{1min}}{T} = \frac{R_3 + R_{w1min}}{2R_3 + R_w} = \frac{1}{2 \times 1 + 50} = 0.019$$

$$q_{max} = \frac{T_{1max}}{T} = \frac{R_3 + R_{w1max}}{2R_3 + R_w} = \frac{1 + 50}{2 \times 1 + 50} = 0.981$$

9.2.4 波形变换电路——三角波正弦波变换电路

1. 原理方法

1) 滤波法

在三角波电压为固定频率或者频率范围很小的情况下,采用滤波法将三角波变换成正弦波,也就是说三角波发生电路加低通滤波电路就可以实现三角波变换成正弦波。三角波按照傅里叶级数展开:

$$u_i = \frac{8U_{im}}{\pi^2}\left[\sin(\omega t) - \frac{1}{9}\sin(3\omega t) + \frac{1}{25}\sin(5\omega t) - \cdots\right]$$

得到低通滤波器的截止频率为 $\frac{\omega}{2\pi} < f_H < \frac{3\omega}{2\pi}$,得到的正弦波波形为

$$u_o = \frac{8A_uU_{im}}{\pi^2}\sin(\omega t) \tag{9.2.24}$$

2) 折线法

折线法是用多段直线逼近正弦波的一种方法。其基本思路是将三角波分成若干段,分别按不同比例衰减,所获得的波形就近似为正弦波。图 9.2.21 中画出了波形的 1/4 周期($0 < \omega t < \frac{\pi}{2} \approx 1.57$ 为 1/4 周期),用四段折线逼近正弦波的情况。

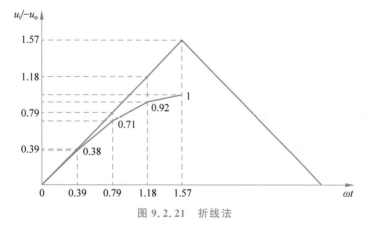

图 9.2.21 折线法

在 1/4 周期内,即 $0 < \omega t < \frac{\pi}{2} \approx 1.57$, $u_i = \omega t$

当 $0 < \omega t < \frac{\pi}{8} \approx 0.39$ 时, $k = -1$, $u_o = ku_i = -u_i$

当 $\dfrac{\pi}{8}<\omega t<\dfrac{\pi}{4}\approx 0.79$ 时，$k=-0.9$，$u_o=ku_i=-0.9u_i$

当 $\dfrac{\pi}{4}<\omega t<\dfrac{3\pi}{8}\approx 1.18$ 时，$k=-0.78$，$u_o=ku_i=-0.78u_i$

当 $\dfrac{3\pi}{8}<\omega t<\dfrac{\pi}{2}\approx 1.57$ 时，$k=-0.64$，$u_o=ku_i=-0.64u_i$

2. 折线法电路组成

这里采用比例系数可以自动调节的运算电路。利用了二极管和电阻构成的反馈通路，可以随着输入电压的不同而改变电路的比例系数，如图 9.2.22 所示。由于存在反馈电阻 R_f，即使所有二极管都截止，仍然存在电路的负反馈。

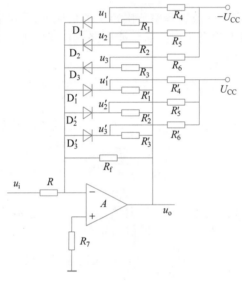

图 9.2.22　折线法电路

3. 折线法电路分析

当 $0\leqslant u_i<0.39\text{V}$ 时，有

$$u'_1=\frac{R'_1}{R'_1+R'_4}U_{CC}+\frac{R'_4}{R'_1+R'_4}u_o>0.39\text{V}(\text{D}'_1\text{截止})$$

$$u'_2=\frac{R'_2}{R'_2+R'_5}U_{CC}+\frac{R'_5}{R'_2+R'_5}u_o>0.79\text{V}(\text{D}'_2\text{截止})$$

$$u'_3=\frac{R'_3}{R'_3+R'_6}U_{CC}+\frac{R'_6}{R'_3+R'_6}u_o>1.18\text{V}(\text{D}'_3\text{截止})$$

$$u_1=-\frac{R_1}{R_1+R_4}U_{CC}+\frac{R_4}{R_1+R_4}u_o<0(\text{D}_1\text{ 截止})$$

$$u_2=-\frac{R_2}{R_2+R_5}U_{CC}+\frac{R_5}{R_2+R_5}u_o<0(\text{D}_2\text{ 截止})$$

$$u_3 = -\frac{R_3}{R_3 + R_6}U_{CC} + \frac{R_6}{R_3 + R_6}u_o < 0(\text{D}_3 \text{ 截止})$$

折线法电路实现分析一如图 9.2.23 所示。

$$u_o = ku_i = -\frac{R}{R}u_i = -u_i \tag{9.2.25}$$

当 $0.39\text{V} \leqslant u_i < 0.79\text{V}$ 时,有

$$u'_1 = \frac{R'_1}{R'_1 + R'_4}U_{CC} + \frac{R'_4}{R'_1 + R'_4}u_o < 0.39\text{V}(\text{D}'_1 \text{导通})$$

$$u'_2 = \frac{R'_2}{R'_2 + R'_5}U_{CC} + \frac{R'_5}{R'_2 + R'_5}u_o > 0.79\text{V}(\text{D}'_2 \text{截止})$$

$$u'_3 = \frac{R'_3}{R'_3 + R'_6}U_{CC} + \frac{R'_6}{R'_3 + R'_6}u_o > 1.18\text{V}(\text{D}'_3 \text{截止})$$

$$u_1 = -\frac{R_1}{R_1 + R_4}U_{CC} + \frac{R_4}{R_1 + R_4}u_o < 0(\text{D}_1 \text{ 截止})$$

$$u_2 = -\frac{R_2}{R_2 + R_5}U_{CC} + \frac{R_5}{R_2 + R_5}u_o < 0(\text{D}_2 \text{ 截止})$$

$$u_3 = -\frac{R_3}{R_3 + R_6}U_{CC} + \frac{R_6}{R_3 + R_6}u_o < 0(\text{D}_3 \text{ 截止})$$

折线法电路实现分析二如图 9.2.24 所示。

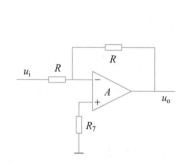

图 9.2.23 折线法电路实现分析一

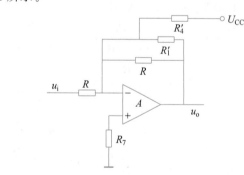

图 9.2.24 折线法电路实现分析二

$$-\frac{u_o}{R} - \frac{u_o}{R'_1} = \frac{u_i}{R} + \frac{U_{CC}}{R'_4}$$

设 $-\dfrac{u_o}{R} = \dfrac{U_{CC}}{R'_4}$,则有

$$u_o = ku_i = -\frac{R'_1}{R}u_i = -0.9u_i \tag{9.2.26}$$

当 $0.79\text{V} \leqslant u_i < 1.18\text{V}$ 时,有

$$u'_1 = \frac{R'_1}{R'_1 + R'_4}U_{CC} + \frac{R'_4}{R'_1 + R'_4}u_o < 0.39\text{V}(\text{D}'_1 \text{导通})$$

$$u'_2 = \frac{R'_2}{R'_2 + R'_5}U_{CC} + \frac{R'_5}{R'_2 + R'_5}u_o < 0.79V(D'_2\text{导通})$$

$$u'_3 = \frac{R'_3}{R'_3 + R'_6}U_{CC} + \frac{R'_6}{R'_3 + R'_6}u_o > 1.18V(D'_3\text{截止})$$

$$u_1 = -\frac{R_1}{R_1 + R_4}U_{CC} + \frac{R_4}{R_1 + R_4}u_o < 0(D_1\text{ 截止})$$

$$u_2 = -\frac{R_2}{R_2 + R_5}U_{CC} + \frac{R_5}{R_2 + R_5}u_o < 0(D_2\text{ 截止})$$

$$u_3 = -\frac{R_3}{R_3 + R_6}U_{CC} + \frac{R_6}{R_3 + R_6}u_o < 0(D_3\text{ 截止})$$

折线法电路实现分析三如图 9.2.25 所示。

$$-\frac{u_o}{R} - \frac{u_o}{R'_1} - \frac{u_o}{R'_2} = \frac{u_i}{R} + \frac{U_{CC}}{R'_4} + \frac{U_{CC}}{R'_5}$$

设

$$-\frac{u_o}{R} = \frac{U_{CC}}{R'_4} + \frac{U_{CC}}{R'_5}$$

则有

$$u_o = ku_i = -\frac{R'_1 /\!/ R'_2}{R}u_i = -0.78u_i \qquad (9.2.27)$$

当 1.18V$\leqslant u_i <$1.57V 时,有

$$u'_1 = \frac{R'_1}{R'_1 + R'_4}U_{CC} + \frac{R'_4}{R'_1 + R'_4}u_o < 0.39V(D'_1\text{导通})$$

$$u'_2 = \frac{R'_2}{R'_2 + R'_5}U_{CC} + \frac{R'_5}{R'_2 + R'_5}u_o < 0.79V(D'_2\text{导通})$$

$$u'_3 = \frac{R'_3}{R'_3 + R'_6}U_{CC} + \frac{R'_6}{R'_3 + R'_6}u_o < 1.18V(D'_3\text{导通})$$

$$u_1 = -\frac{R_1}{R_1 + R_4}U_{CC} + \frac{R_4}{R_1 + R_4}u_o < 0(D_1\text{ 截止})$$

$$u_2 = -\frac{R_2}{R_2 + R_5}U_{CC} + \frac{R_5}{R_2 + R_5}u_o < 0(D_2\text{ 截止})$$

$$u_3 = -\frac{R_3}{R_3 + R_6}U_{CC} + \frac{R_6}{R_3 + R_6}u_o < 0(D_3\text{ 截止})$$

折线法电路实现分析四如图 9.2.26 所示。

$$-\frac{u_o}{R} - \frac{u_o}{R'_1} - \frac{u_o}{R'_2} - \frac{u_o}{R'_3} = \frac{u_i}{R} + \frac{U_{CC}}{R'_4} + \frac{U_{CC}}{R'_5} + \frac{U_{CC}}{R'_6}$$

设

$$-\frac{u_o}{R} = \frac{U_{CC}}{R'_4} + \frac{U_{CC}}{R'_5} + \frac{U_{CC}}{R'_6}$$

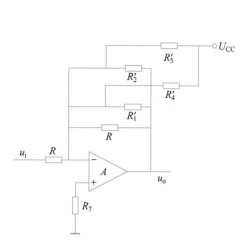

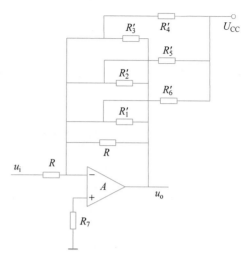

图 9.2.25　折线法电路实现分析三　　　　图 9.2.26　折线法电路实现分析四

则有

$$u_o = k u_i = -\frac{R_1' \mathbin{/\mkern-5mu/} R_2' \mathbin{/\mkern-5mu/} R_3'}{R} u_i = -0.64 u_i \tag{9.2.28}$$

为了使输出电压更加接近需要的正弦波,应当在三角波的四分之一区域分成更多的线段,尤其是在三角波和正弦波差别明显的地方,再按照正弦波的规律控制比例系数,逐段衰减。

折现法的优点是不受到输入电压的范围限制,便于集成化;缺点是反馈网络中的电阻匹配比较困难。

9.2.5　函数发生器

函数发生器可同时产生锯齿波、三角波和正弦波(须外接电容等元器件)。同时,调节外接电位器,还可以得到占空比可调的矩形波和锯齿波。

1. 电路结构

ICL8038 的电路结构如图 9.2.27 所示。两个电流源的电流大小分别为 I、$2I$;两个电压比较器的阈值电压分别为 $\frac{2}{3}U_{CC}$、$\frac{1}{3}U_{CC}$,它们的输入电压是电容 C 两端的电压,它们的输出电压分别控制 RS 触发器的 S 端和 $\bar{R}$ 端;RS 触发器的输出端 Q 和 $\bar{Q}$ 用来控制开关 S,实现对电容的充放电;两个缓冲放大器用于隔离波形发生电路和负载,三角波和矩形波输出端的输出电阻足够低,来增强带负载能力,三角波变正弦波电路用于获取正弦波波形。

RS 触发器:Q 和 $\bar{Q}$ 是一对互补状态的输出端;S 端和 $\bar{R}$ 端是两个输入端,当 S 端和 $\bar{R}$ 端都是低电平时,Q 为低电平,$\bar{Q}$ 为高电平;反之,当 S 端和 $\bar{R}$ 端都是高电平时,Q 为高电平,$\bar{Q}$ 为低电平;S 端为低电平而 $\bar{R}$ 端是高电平时,Q 和 $\bar{Q}$ 保持原状态不变,也就是存储了 S 端和 $\bar{R}$ 端变化前的状态。

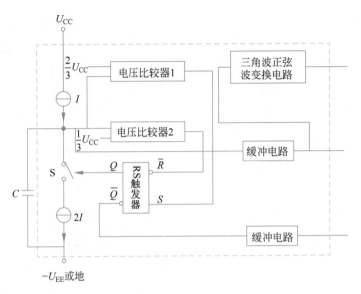

图 9.2.27 函数发生器

2. 引脚与性能

1）引脚

ICL8038 引脚如图 9.2.28 所示,其中:2、3、9 引脚为输出引脚,分别输出正弦波、三角波,矩形波;4、5 引脚为调节占空比和振荡频率的引脚;1、12 引脚是正弦波失真度调

图 9.2.28 ICL8038 引脚

整引脚;6 引脚接直流电源 U_{CC},11 引脚接 U_{EE} 或地;10 引脚外接振荡电容;7 引脚接调频偏置电压;8 引脚接调频输入电压;13、14 引脚是空脚。

2）性能

输出电压幅值:$|u_o| \leqslant \pm \frac{1}{3} U_{CC} = \pm(3.3 \sim 10)V$。

振荡频率:$f = 0.001Hz \sim 300kHz$。

占空比:$0.02 \sim 0.98$。

矩形波上升和下降时间:上升时间,180ns;下降时间,40ns。

三角波非线性:小于 0.05%。

正弦波失真度:小于 1%。

3）常用接法

基本电路的常用接法如图 9.2.29 和图 9.2.30 所示。

输出信号的占空比为

$$q = \frac{T_1}{T} = \frac{2R_a - R_b}{2R_a} \tag{9.2.29}$$

频率可调电路的常用接法如图 9.2.31 所示。

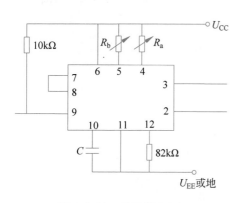

图 9.2.29 常用接法(1)

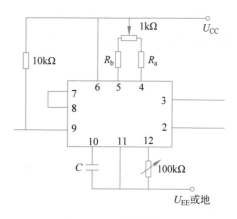

图 9.2.30 常用接法(2)

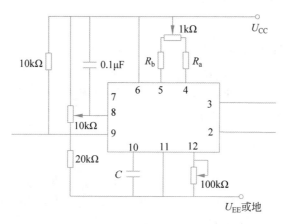

图 9.2.31 常用接法(3)

9.3 电压-频率转换电路(压控振荡电路)

电压-频率转换电路是将输入直流电压转换成频率与其数值成正比的输出电压,也称为压控振荡电路。

9.3.1 概述

1. 电路特点

该功能实现电路具有三大特点:一是此时集成运放工作在非线性区;二是电路引入正反馈;三是输出电压限幅。

2. 分析方法

首先,同样假设集成运放是理想运放,有 $u_- > u_+$,$u_o = -U_{om}$,$u_- < u_+$,$u_o = U_{om}$;然后通过波形分析方法来分析。

3. 电路组成

在锯齿波发生电路中,若将电位器滑动到最上端,且积分电路正向积分取决于输入电压,则构成压控振荡电路。在实际电路中,将 D_2 省略,将 R_w 换成固定电阻,如图 9.3.1 所示(其中 $R_3 \ll R_w$)。

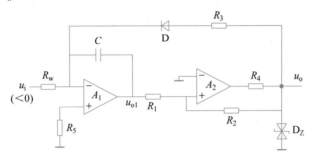

图 9.3.1 压控振荡电路

9.3.2 波形分析

设某一时刻滞回比较电路的输出 u_o 为 $-U_Z$,一旦

$$u_+ = \frac{R_2}{R_1 + R_2} u_{o1}(0) - \frac{R_1}{R_1 + R_2} U_Z \geqslant 0$$

u_o 翻转为 U_Z,D 导通。此时有

$$u_{o1}(0) = \frac{R_1}{R_2} U_Z$$

$$u_{o1} = u_{o1}(0) - \frac{1}{R_3 C} \int_0^t U_Z \mathrm{d}t - \frac{1}{R_w C} \int_0^t u_i \mathrm{d}t \approx \frac{R_1}{R_2} U_Z - \frac{1}{R_3 C} U_Z t$$

u_{o1} 逐渐降低直到 $u_{o1} = -\frac{R_1}{R_2} U_Z$。随后滞回比较电路的输出 u_o 为 U_Z,一旦

$$u_+ = \frac{R_2}{R_1 + R_2} u_{o1}(0) + \frac{R_1}{R_1 + R_2} U_Z \geqslant 0$$

u_o 翻转为 $-U_Z$,D 截止。此时有

$$u_{o1}(0) = -\frac{R_1}{R_2} U_Z$$

$$u_{o1} = u_{o1}(0) - \frac{1}{R_w C} \int_0^t u_i \mathrm{d}t$$

$$= -\frac{R_1}{R_2} U_Z + \frac{1}{R_w C} |u_i| t$$

u_{o1} 逐渐升高直到 $u_{o1} = \frac{R_1}{R_2} U_Z$。压控振荡电路输出波形如图 9.3.2 所示。

振荡频率为

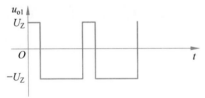

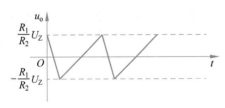

图 9.3.2 压控振荡电路输出波形

$$f = \frac{R_2}{2R_1 R_w C U_Z} \mid u_i \mid \tag{9.3.1}$$

当 $t = T_2$ 时,有

$$\frac{R_1}{R_2}U_Z = -\frac{R_1}{R_2}U_Z + \frac{1}{R_w C} \mid u_i \mid T_2$$

$$T_2 = \frac{2R_1 R_w C U_Z}{R_2 \mid u_i \mid} \tag{9.3.2}$$

$$f = \frac{1}{T} \approx \frac{1}{T_2} = \frac{R_2}{2R_1 R_w C U_Z} \mid u_i \mid \tag{9.3.3}$$

例 9.4 压控振荡电路如图 9.3.3 所示,已知 $U_Z = 8V$,分别求输入电压 u_i 为 $-1V$、$-2V$、$-3V$ 时的振荡频率 f。

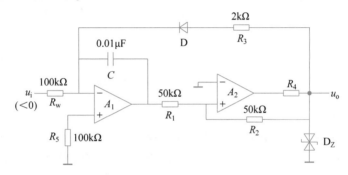

图 9.3.3 例 9.4 电路

解: 此电路为压控振荡电路,则有

$$f = \frac{R_2}{2R_1 R_w C U_Z} \mid u_i \mid = \frac{50 \times 10^3}{2 \times 50 \times 10^3 \times 100 \times 10^3 \times 0.01 \times 10^{-6} \times 8} = 62.5 \mid u_i \mid$$

所以当 $u_i = -1V$ 时,有

$$f = 62.5 \mid u_i \mid = 62.5 \times 1 = 62.5 (\text{Hz})$$

当 $u_i = -2V$ 时,有

$$f = 62.5 \mid u_i \mid = 62.5 \times 2 = 125 (\text{Hz})$$

当 $u_i = -3V$ 时,有

$$f = 62.5 \mid u_i \mid = 62.5 \times 3 = 187.5 (\text{Hz})$$

9.4 仿真实验

9.4.1 实验要求与目的

(1) 构建正弦波振荡电路,分析正弦波振荡电路性能。

(2) 构建矩形波发生电路,分析矩形波振荡电路性能。

(3) 构建三角波发生电路,分析三角波振荡电路性能。

9.4.2 正弦波振荡电路仿真实验

1. 实验电路

文氏桥式正弦波振荡仿真电路如图 9.4.1 所示。

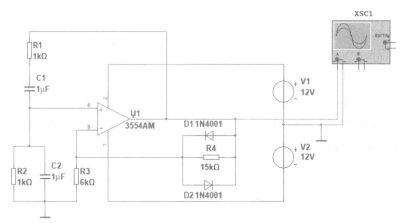

图 9.4.1 文氏桥式正弦波振荡仿真电路

2. 实验原理

正弦波振荡电路是一种具有选频网络和正反馈网络的放大电路。振荡的条件是环路增益为 1,即 $AF=1$,其中 A 为放大电路的放大倍数,F 为反馈系数。为了使电路能够起振,应使环路的增益 AF 略大于 1。

根据选频网络的不同,可以把正弦波振荡电路分为 RC 振荡电路和 LC 振荡电路。RC 振荡电路主要用来产生小于 1MHz 的低频信号,LC 振荡电路主要用来产生大于 1MHz 的高频信号。

文氏桥式振荡电路如图 9.4.1 所示,属于 RC 振荡电路,R_1、C_1、R_2、C_2 组成的正反馈选频网络,通常取 $R_1=R_2$,$C_1=C_2$,R_3、R_4 和运算放大器构成一个同相比例放大电路。D_1 和 D_2 具有自动稳定作用。

文氏桥式正弦波振荡电路在振荡工作时,正反馈网络的反馈系数 $F=\dfrac{1}{3}$,放大电路的放大倍数 $A=3$。要使电路能够起振,放大电路的放大倍数必须略大于 3。在图 9.4.1 中,放大电路是一个同相比例电路,它的放大倍数 $A=\dfrac{1}{R_4+R_3}$,要使 A 略大于 3,只要取 R_4 略大于 $2R_3$ 即可,如电路中 $R_3=6\mathrm{k}\Omega$,$R_4=15\mathrm{k}\Omega$,电路的振荡频率 $f=\dfrac{1}{2\pi RC}$。

自动稳幅原理:当输出信号幅值较小时,D_1 和 D_2 接近于开路,r_d 为二极管 D_1、D_2 的动态等效电阻,由于 R_4 阻值较小,由 D_1、D_2 和 R_4 组成的并联支路的等效电阻近似为 R_4 的阻值,可得

$$A = \frac{1}{\dfrac{r_{\mathrm{d}} \mathbin{/\mkern-5mu/} R_4}{R_3}} = 1 + \frac{R_4}{R_3}$$

但是随着输出电压的增加，D_1 和 D_2 的等效电阻将逐渐减小，负反馈逐渐增强，放大电路的电压增益也随之降低，直至降为 3，振荡器输出幅度一定的稳定正弦波。如果没有稳幅环节，当输出电压增大到过高时，运算放大电路工作到非线性区，这时振荡电路就输出失真的波形。

3．实验步骤

（1）构建如图 9.4.1 所示的文氏桥式正弦波振荡电路。

（2）打开仿真开关，用示波器观察文氏桥式正弦波振荡电路的起振及振荡过程。测得输出波形如图 9.4.2 所示。注意：要将屏幕下方的滑动块拖至最左端观察起振过程。

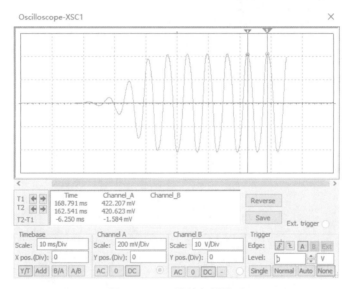

图 9.4.2　正弦波起振波形

（3）移动数据指针，可测得振荡周期 $T = 6.3\mathrm{ms}$，则振荡频率 $f = \dfrac{1}{T} = \dfrac{1}{6.3\mathrm{ms}} = 158\mathrm{kHz}$，与理论计算值基本一致。起振时间约为 114ms。

（4）R_4 分别取 $10\mathrm{k}\Omega$ 和 $30\mathrm{k}\Omega$，观察输出波形。当 $R_4 = 10\mathrm{k}\Omega$ 时，没有输出信号，因为电路的放大倍数 $A = \dfrac{R_3}{R_4} < 3$，$AF < 1$，电路不能起振；当 $R_4 = 30\mathrm{k}\Omega$ 时，示波器波形如图 9.4.3 所示。比较图 9.4.2 和图 9.4.3 可以看出，随着 R_4 的增大，起振速度加快，起振时间约为 12ms，但振荡频率没有改变。

（5）将 R_1 和 R_2 的阻值都改为 $2\mathrm{k}\Omega$。打开仿真开关，从示波器观察输出波形，如图 9.4.4 所示。比较图 9.4.4 和图 9.4.2 可知，当振荡频率减小为原来的一半时，起振速度同时也减慢了，起振时间约为 233ms。

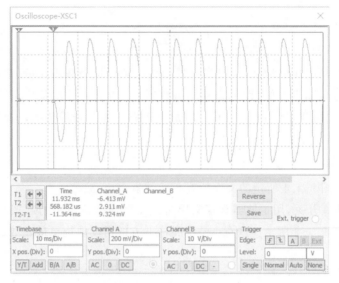

图 9.4.3 $R_4 = 30\text{k}\Omega$ 时,正弦波起振波形

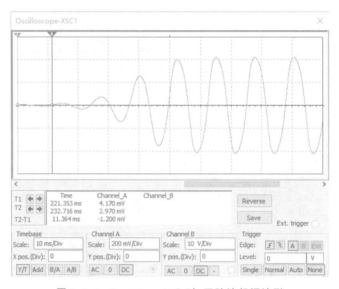

图 9.4.4 $R_1 = R_2 = 2\text{k}\Omega$ 时,正弦波起振波形

4. 结论

(1) 在起振时,电路的环路增益必须大于1。

(2) 电路中要有自动稳幅电路,以使稳幅振荡以后,环路的增益等于1。

(3) 通过改变选频网络的参数,可以改变振荡信号的频率。

9.4.3 矩形波发生电路仿真实验

1. 实验电路

产生矩形波的仿真电路如图9.4.5所示。

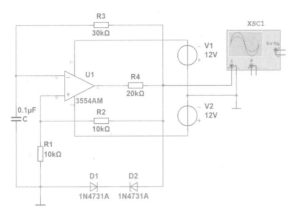

图 9.4.5 产生矩形波的仿真电路

2. 实验原理

矩形波发生电路的占空比为 0.5，产生方波。已知 $R_1=10\text{k}\Omega, R_2=10\text{k}\Omega, R_3=30\text{k}\Omega$，所以预计矩形波周期为

$$T=2R_3C\ln\left(1+\frac{2R_1}{R_2}\right)=2\times30\text{k}\Omega\times0.1\mu\text{F}\times\ln\left(1+\frac{2\times10}{10}\right)=6.6(\text{ms})$$

可以查看二极管 1N4731A 的内部模型参数，得到二极管的正向导通电压为 0.75V，稳压电压为 4.296V，所以，预计矩形波的幅值为 $U_m=U_Z+U_{on}=4.296+0.75=5.046(\text{V})$。

3. 实验步骤与结果

(1) 构建图 9.4.5 所示的矩形波振荡电路。

(2) 打开仿真开关，用示波器观察矩形波振荡电路的起振及振荡过程。测得输出波形如图 9.4.6 所示。

(3) 移动数据指针，测得振幅 $U_m=5.2\text{V}$，振荡周期 $T=6.9\text{ms}$，与理论计算值基本一致。另外，若取起振时达到最大振幅的 10% 作为起振时间，则约为 107ms。

9.4.4 三角波发生电路仿真实验

1. 实验电路

产生三角波的仿真电路如图 9.4.7 所示。

2. 实验原理

三角波发生电路是由方波发生电路产生方波，并将方波发生电路的输出作为积分运算电路的输入，经积分运算电路输出三角波。该电路中，已知 $R_1=10\text{k}\Omega, R_2=5\text{k}\Omega$，$R_3=20\text{k}\Omega, C=0.15\mu\text{F}$，所以预计三角波的周期

$$T=\frac{4R_1R_3C}{R_2}=\frac{4\times10\text{k}\Omega\times20\text{k}\Omega\times0.15\mu\text{F}}{5\text{k}\Omega}=24\text{ms}$$

由于 $U_Z=4.296$，所以预计最大振幅

$$|U_m|\leqslant\frac{R_1}{R_2}(U_Z+U_{on})=\frac{10}{5}\times(4.296+0.75)\text{V}=10.1\text{V}$$

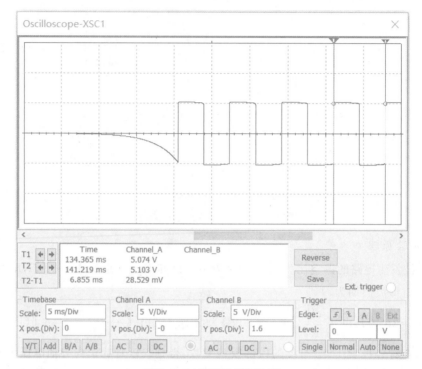

图 9.4.6　矩形波起振波形

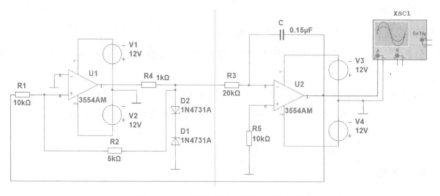

图 9.4.7　产生三角波的仿真电路

3. 实验步骤与结果

（1）构建图 9.4.7 所示的矩形波振荡电路。

（2）打开仿真开关，用示波器观察三角波振荡电路的起振及振荡过程。测得输出波形如图 9.4.8 所示。

（3）移动数据指针，可测得振荡周期 $T=21\text{ms}$，起振振幅约为 10.1MS，与理论基本吻合。另外，起振时间约为 210ms。

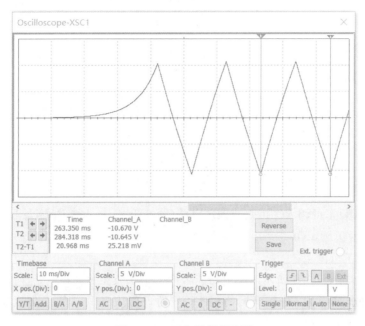

图 9.4.8　三角波起振波形

习题

9.1　在一个振荡电路中,选频网络出现了 20dB 的损耗,并在 ω_0 出现了 $180°$ 的相移,试求最小增益以及使振荡开始的相移条件。

9.2　如图 P9.2 所示的文氏桥式振荡器,试求极点对应的频率 ω_0 和中心频率电压放大倍数。

9.3　如图 P9.3 所示的电路,其中每个二极管可看作由 $0.65\mathrm{V}$ 的电池和 100Ω 的电阻串联组成,试求电路的起振条件、振荡频率。

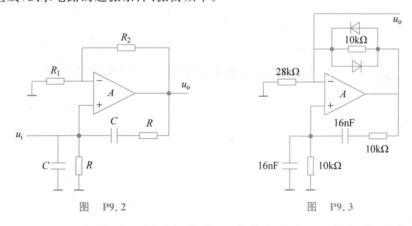

图　P9.2　　　　　　　　　　图　P9.3

9.4　如图 P9.4 所示的文氏桥式振荡器,要使其表现出 0.1 的相移,试求使该情况发生的频率 ω_0。

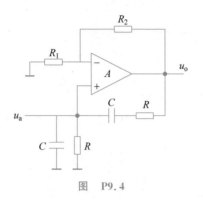

图 P9.4

9.5 振荡频率可调 RC 正弦波振荡电路(图 9.1.2)中，R_1、R_f 满足起振和幅值平衡条件,已知 $C_1=0.01\mu F$,$C_2=0.1\mu F$,$C_3=1\mu F$,$C_4=10\mu F$,$R=50\Omega$,$R_w=10k\Omega$,试求振荡频率 f 的调节范围。

9.6 试判断图 P9.6 所示两个电路能否产生正弦波振荡:若不能,简述理由;若能,说明属于哪种类型电路,并写出振荡频率 f_0 的近似表达式。假设集成运放均为理想运放。

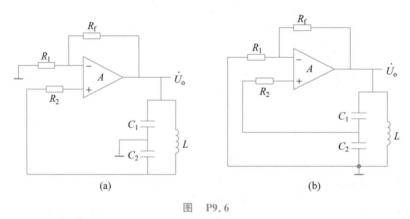

(a)   (b)

图 P9.6

9.7 电路如图 P9.7 所示,集成运放为理想运放,试画出电路的电压传输特性。

9.8 电路如图 P9.8 所示,集成运放为理想运放,稳压管和二极管的正向导通电压均为 0.7V,试画出该电路的电压传输特性。

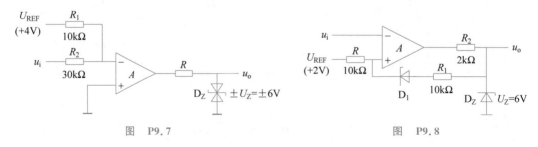

图 P9.7   图 P9.8

9.9 波形变换电路如图 P9.9(a)所示（$RC \ll T$, $R \ll R_1$），集成运放为理想运放,二极管的伏安特性如图 P9.9(b)所示；输入信号 u_i 为图 P9.9(c)所示正弦波,其周期为 T。试画出 u_{o1}、u_{o2}、u_o 的波形,并标出幅值。

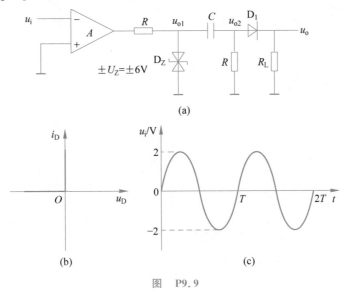

图 P9.9

9.10 在图 P9.10 所示方波发生器中,已知集成运放为理想运放,其输出电压的最大值为 $\pm 12\text{V}$。要求：

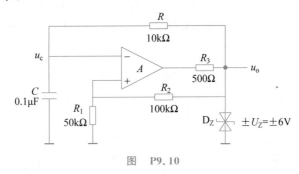

图 P9.10

(1) 画出输出电压 u_o 和电容两端电压 u_c 的波形。

(2) 推导振荡周期 T 的表达式,并计算。

9.11 如图 P9.11 所示,在占空比可调矩形波发生电路中,$R_1 = 30\text{k}\Omega$, $R_2 = 50\text{k}\Omega$, $R_3 = 1\text{k}\Omega$, $C = 0.01\mu\text{F}$, R_w 最大等于 $100\text{k}\Omega$, $U_Z = 6\text{V}$,求输出电压幅值 u_o、振荡频率 f、占空比 q 的调节范围。

9.12 某学生所接占空比可调的矩形波发生电路如图 P9.12 所示,改正图中三处错误,使之能够正常工作。

9.13 在如图 P9.13 所示的锯齿波发生电路中,$U_Z = 6\text{V}$,试求占空比 q 的调节范围。

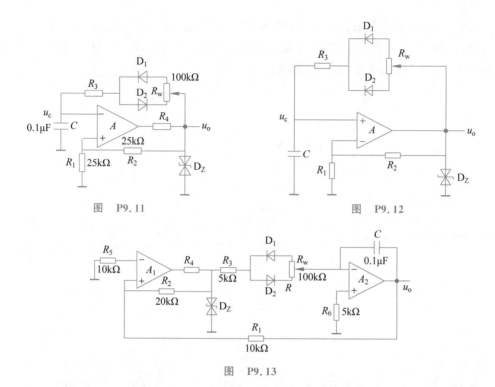

图　P9.11   图　P9.12

图　P9.13

9.14 函数发生器的电路接法如图 P9.14 所示，若 $R_a = R_b$，2、3、9 引脚分别产生什么波形，求此时矩形波的占空比；若 $R_a \neq R_b$，则 2、3、9 引脚输出的波形会有什么变化？

9.15 在如图 P9.15 所示压控振荡电路中，$U_Z = 6V$，试求输入电压 u_i 分别为 $-1V$、$-2V$、$-3V$ 时的振荡频率 f。

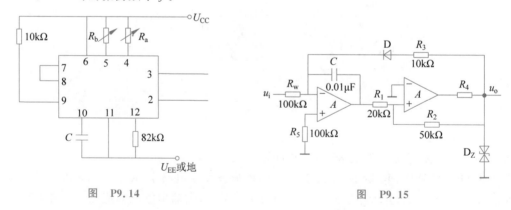

图　P9.14   图　P9.15

第 10 章

AC/DC 电源

10.1 概述

在所有的电子设备中都需要稳定的直流电源供电,在多数情况下利用电网提供的交流电压经过转换得到直流电源。AC/DC 电源实现了信号的传输与处理以及能量的传输与转换。

10.1.1 AC/DC 电源的性能指标

AD/DC 电源有以下性能指标参数:

(1) 输出电压平均值 $U_{O(AV)}$:负载电阻上的电压平均值。

(2) 输出电压脉动系数 S:输出电压基波峰值 $U_{O(1m)}$ 与输出电压平均值 $U_{O(AV)}$ 之比。

(3) 输出电阻 R_o。

(4) 稳压系数 S_r:负载不变时输出电压相对变化量与输入电压相对变化量之比。

10.1.2 AC/DC 电源的组成

单相交流电经过变压电路、整流电路、滤波电路和稳压电路后,被转换成稳定的直流电压。

(1) 变压电路:将来自电网的有效值为 220V 的交流电压转换为符合整流需要的有效值较低的交流电压。

(2) 整流电路:把交流电压转换成直流电压,也就是利用具有单向导电性能的整流元件将正弦波电压转换成单一方向的脉动电压。

(3) 滤波电路:为了减小电压的脉动,利用电容、电感元件的频率特性将直流脉动电压中的谐波成分滤除,使得输出电压变得平稳。

(4) 稳压电路:经过了整流滤波后变为交流分量较小的直流电压,但是当电网电压波动或者负载发生变化时,平均值会发生变化。稳压电路功能就是使输出直流电压不受电网波动以及负载电阻变化所影响。

图 10.1.1 为简单的直流稳压电源,图 10.1.1(a)所示的稳压电路采用的是稳压二极管,图 10.1.1(b)所示的稳压电路采用的是可调式三端稳压器(由 W117 组成)。

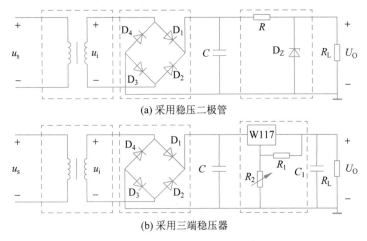

(a) 采用稳压二极管

(b) 采用三端稳压器

图 10.1.1 AC/DC 电源各部分组成

10.2　整流电路与滤波电路

10.2.1　整流电路

1. 半波整流电路

首先分析 AC/DC 电源中的第一级,即整流电路。单相半波整流电路如图 10.2.1 所示。

假定负载为纯阻性,将二极管抽象为理想开关:当二极管两侧电压 $u_i > 0$ 时,二极管 D 导通,正向电压降为零,负载电压 R_L 上的电压 $u_o = u_i$;当两侧电压 $u_i < 0$ 时,二极管 D 截止,负载电压 R_L 上的电压 $u_o = 0$。如图 10.2.2 所示,当 u_i 处于正半周期时,二极管两侧电压为正,二极管导通。因为二极管两侧电压降为零,所以 $u_o = u_i$。当 u_i 处于负半周期时,二极管两侧电压为负,二极管截止,$u_o = 0$。

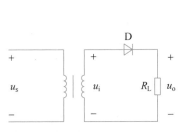

图 10.2.1　单相半波整流电路

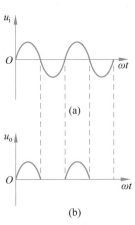

图 10.2.2　半波整流波形

2. 桥式整流电路

从上述半波整流电路的分析中可以看出,半波整流电路只会在一半的输入周期允许单向电流流过负载电阻。使用桥式整流电路(图 10.2.3)可以克服单相半波整流电路的缺点。

1) 电路分析

假定负载为纯阻性,将二极管抽象为理想开关:当 $u_i > 0$ 时,电流流过 D_1、R_L、D_3,负载电阻 R_L 上的电压为变压器二次侧电压,即 $u_o = u_i$。D_2 和 D_4 截止,它们承受 $-u_i$ 的反向电压;当 $u_i < 0$ 时,电流流过 D_2、R_L、D_4,负载电阻 R_L 上的电压为 $-u_i$,即 $u_o = -u_i$。D_1 和 D_3 截止,它们承受的反向电压为 u_i。D_1、D_3 和 D_2、D_4 这两对二极管交替导通,使得流过负载电阻 R_L 的电流在整个周期内方向不变,如图 10.2.4 所示。

2) 主要性能指标

设变压器的二次侧电压有效值为 U_i,则瞬时值为 $u_i = \sqrt{2}U_i\sin\omega t$。半波整流电路负载上的电压波形如图 10.2.5 所示。当 $\omega t = 0 \sim \pi$ 时,$u_o = \sqrt{2}U_i\sin\omega t$;当 $\omega t = \pi \sim 2\pi$ 时,$u_o = 0$。负载电阻上电压的平均值就是输出电压平均值 $U_{O(AV)}$。

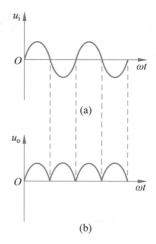

(a)

(b)

图 10.2.4　桥式整流波形

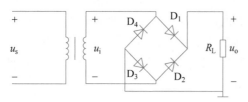

图 10.2.3　桥式整流电路

将 $0 \sim \pi$ 内的电压在 $0 \sim 2\pi$ 内平均,就能得到输出电压平均值。所以有

$$U_{O(AV)} = \frac{1}{2\pi}\int_0^\pi \sqrt{2}U_i \sin(\omega t)\,\mathrm{d}(\omega t) = \frac{\sqrt{2}\,U_i}{\pi} \qquad (10.2.1)$$

半波整流电路输出电压用傅里叶级数展开,得到

$$u_o = \frac{\sqrt{2}\,U_i}{\pi} + \frac{\sqrt{2}\,U_i}{2}\sin\omega t - \frac{2\sqrt{2}\,U_i}{3\pi}\cos2\omega t - \frac{2\sqrt{2}\,U_i}{15\pi}\cos4\omega t - \cdots$$

所以输出电压基波峰值为

$$U_{o1m} = \frac{U_i}{\sqrt{2}} \qquad (10.2.2)$$

脉动系数为

$$S = \frac{U_{o1m}}{U_{O(AV)}} = \frac{U_i}{\sqrt{2}} \bigg/ \frac{\sqrt{2}\,U_i}{\pi} = \frac{\pi}{2} \approx 1.57 \qquad (10.2.3)$$

脉动系数越大,脉动就越大。

桥式整流电路负载上的电压波形如图 10.2.6 所示。

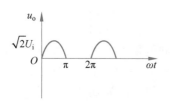

图 10.2.5　半波整流电路负载上的电压波形

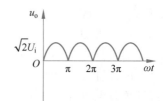

图 10.2.6　桥式整流电路负载上的电压波形

用同样的方法,可以得到输出电压平均值为

$$U_{O(AV)} = \frac{1}{\pi}\int_0^\pi \sqrt{2}U_i \sin(\omega t)\,\mathrm{d}(\omega t) = \frac{2\sqrt{2}\,U_i}{\pi} \qquad (10.2.4)$$

可以看出,桥式整流电路将 u_i 的负半周期也充分利用,输出电压平均值刚好是半波整流电路的 2 倍。

同样,将输出电压用傅里叶级数展开:

$$u_o = \frac{2\sqrt{2}U_i}{\pi} - \frac{4\sqrt{2}U_i}{3\pi}\cos 2\omega t - \frac{4\sqrt{2}U_i}{15\pi}\cos 4\omega t - \cdots$$

得到输出电压基波峰值为

$$U_{o1m} = \frac{4\sqrt{2}U_i}{3\pi} \tag{10.2.5}$$

脉动系数为

$$S = \frac{U_{o1m}}{U_{O(AV)}} = \frac{4\sqrt{2}U_i}{3\pi} \bigg/ \frac{2\sqrt{2}U_i}{\pi} = \frac{2}{3} \approx 0.67 \tag{10.2.6}$$

与半波整流电路相比,输出电压脉动减小了很多。

10.2.2　滤波电路

1. 电路组成

整流后的输出电压中仍然含有较大的交流成分,不能满足多数电子电路的需求,所以需要滤波电路滤除直流脉动电压中的谐波成分,使得输出电压变得平稳。

图 10.2.7 为桥式整流电容滤波电路。电容滤波电路利用电容的频率特性,使输出电压变得平滑。

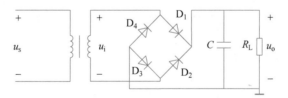

图 10.2.7　桥式整流电容滤波电路

当 u_i 处于正半周期,电压上升到峰值之前,且数值大于电容两端电压 u_c 时,D_1、D_3 导通,D_2、D_4 截止,u_i 通过 D_1、D_3 对电容 C 充电(快速);当 u_i 处于负半周期,电压上升到峰值之前,且 $-u_i > u_c$ 时,D_2、D_4 导通,D_1、D_3 截止,u_i 通过 D_2、D_4 对 C 充电(快速);电压上升到峰值之后开始下降,因为电容的指数放电特点,u_i 下降到一定程度后,电容两端的电压 $u_c > u_i$,此时 D_1、D_2、D_3、D_4 均截止,C 通过 R_L 放电(慢速),输出电压波形 u_o 如图 10.2.8 所示。

2. 主要性能指标

将图 10.2.8 滤波电路输出电压用锯齿波近似,如图 10.2.9 所示,图中 T 为电网电压的周期。电容每次充电达到峰值 $\sqrt{2}U_i$ 后,按 $R_L C$ 放电的起始斜率直线下降,经过 $R_L C$ 交于横轴。

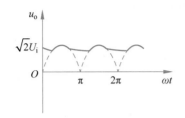

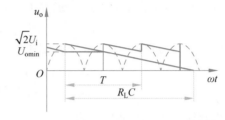

图 10.2.8　桥式整流电容滤波波形　　　图 10.2.9　桥式整流电容滤波波形用锯齿波近似

按相似三角形关系可得

$$\frac{\sqrt{2}U_i - U_{omin}}{\sqrt{2}U_i} = 1 - \frac{U_{omin}}{\sqrt{2}U_i} = \frac{T/2}{R_L C} = \frac{T}{2R_L C}$$

$$U_{omin} = \left(1 - \frac{T}{2R_L C}\right)\sqrt{2}U_i \qquad (10.2.7)$$

输出电压平均值为

$$U_{O(AV)} = \frac{\sqrt{2}U_i + U_{omin}}{2} = \left(1 - \frac{T}{4R_L C}\right)\sqrt{2}U_i \qquad (10.2.8)$$

输出电压基波峰值为

$$U_{o1m} = \frac{\sqrt{2}U_i - U_{omin}}{2} = \frac{T}{4R_L C}\sqrt{2}U_i \qquad (10.2.9)$$

脉动系数为

$$S = \frac{U_{o1m}}{U_{O(AV)}} = \frac{T}{4R_L C}\sqrt{2}U_i \left/ \left(1 - \frac{T}{4R_L C}\right)\sqrt{2}U_i \right. = \frac{T}{4R_L C - T} \qquad (10.2.10)$$

当 $R_L C = (3\sim5)\dfrac{T}{2}$ 时,有

$$U_{O(AV)} = (0.83 \sim 0.9)\sqrt{2}U_i \qquad (10.2.11)$$

$$S = 0.2 \sim 0.11 \qquad (10.2.12)$$

10.3　稳压管稳压电路

　　虽然经过整流滤波后可以得到只剩下直流分量的电压,但是一方面,由于输出电压的平均值取决于变压器二次侧电压有效值,所以当电网电压波动时,输出电压平均值也会产生相应的波动;另一方面,由于整流滤波电路输出电阻存在,输出电压会随负载的变化而变化。所以,为了获得稳定性好的直流电压,还必须采取稳压措施。

　　由稳压二极管 D_Z 和限流电阻 R 所组成的稳压电路是一种最简单的直流稳压电源,如图 10.3.1 所示。

　　将变压电路、整流电路和滤波电路的输出等效为稳压管稳压电路的输入。考虑到电网电压的波动,如图 10.3.2 所示选取一阶谐波等效为对稳压管电路输入的影响,可得

$$U_I = U_{O(AV)} \qquad (10.3.1)$$

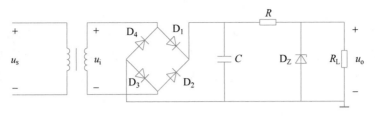

图 10.3.1 稳压电路

$$u_i = U_{olm}\sin(\omega t) \qquad (10.3.2)$$

U_I 单独作用,稳压管抽象为电压源,等效电路如图 10.3.3 所示,可得输出电压为

$$U_O = U_Z \qquad (10.3.3)$$

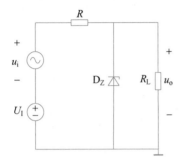

图 10.3.2 稳压分析电路

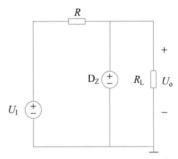

图 10.3.3 U_I 单独作用下的稳压电路

u_i 单独作用,稳压管抽象为动态电阻,如图 10.3.4 所示。可以看出,输出电压远小于输入电压,说明稳压电路对输出电压波动具有抑制作用。负载 R_L 的输出电压为

$$u_o = \frac{r_z /\!/ R_L}{R + (r_z /\!/ R_L)}u_i \approx \frac{r_z /\!/ R_L}{R}u_i \ll u_i$$

$$(10.3.4)$$

可用稳压系数和输出电阻来描述任何稳压电路的稳定性能。稳压系数定义为负载一定时,稳压电路的输出电路的相对变化量与输入电路的相对变化量之比,即

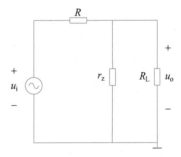

图 10.3.4 u_i 单独作用下的
稳压电路分析

$$S_r = \frac{u_o/U_O}{u_i/U_I}\bigg|_{R_L} \approx \frac{r_z /\!/ R_L}{R}\frac{U_I}{U_Z} \qquad (10.3.5)$$

其表示电网电压波动的影响,其值越小,电网电压变化时,输出电压的变化越小。

输出电阻是稳压电路输入电压一定时,输出电压变化量与输出电流变化量之比,等效为交流输出电压与交流输出电流之比,即

$$R_o = \frac{u_o}{i_o}\bigg|_{u_i=0} = R /\!/ r_z \approx r_z \qquad (10.3.6)$$

设计一个稳压电路,需要合理地选择元件的相关参数。在选择参数时,应首先知道负载所要求的输出电压 U_o、动态电阻 r_z 以及最大稳定电流 I_{Zmax}。其中最大稳定电流满

足 $I_{Zmax} \geqslant i_{Lmax} + I_{Zmin}$。

可以根据稳定电压 $U_Z = U_O$ 选择合适的稳压管；动态电阻 r_z 越小，输出电压越稳定，输出电阻越小，因此稳压效果越好。稳压管流过的最大电流应小于最大稳定电流。为保证稳压管工作在稳压状态且安全的条件下，需要满足 $I_{Zmin} \leqslant i_Z \leqslant I_{Zmax}$，即

$$i_{Zmin} = i_{Rmin} - i_{Lmax} = \frac{u_{Imin} - U_Z}{R} - \frac{U_Z}{R_{Lmin}} \geqslant I_{Zmin}$$

$$R \leqslant \frac{u_{Imin} - U_Z}{I_{Zmin} + \dfrac{U_Z}{R_{Lmin}}} \tag{10.3.7}$$

$$i_{Zmax} = i_{Rmax} - i_{Lmin} = \frac{u_{Imax} - U_Z}{R} - \frac{U_Z}{R_{Lmax}} \leqslant I_{Zmax}$$

$$R \geqslant \frac{u_{Imax} - U_Z}{I_{Zmax} + \dfrac{U_Z}{R_{Lmax}}} \tag{10.3.8}$$

10.4 串联型稳压电路与三端稳压器

10.4.1 基本串联型稳压电路

1. 电路组成

基本串联型稳压电路如图 10.4.1 所示，该电路引入电压负反馈，稳定输出电压。

2. 电路分析

不管什么原因引起 u_O 变化，都将通过 u_{CE} 的调节使 u_O 稳定，故称晶体管为调整管。现在假设调整管处于放大状态。

U_I 单独作用时的基本串联型稳压电路如图 10.4.2 所示。

负载 R_L 的输出电压为

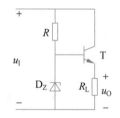

图 10.4.1　基本串联型
稳压电路

$$U_O = U_Z - U_{on} \tag{10.4.1}$$

u_i 单独作用时的基本串联型稳压电路如图 10.4.3 所示。

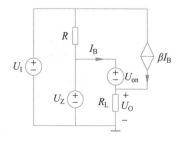

图 10.4.2　U_I 单独作用时的基本
串联型稳压电路

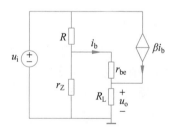

图 10.4.3　u_i 单独作用时的基本
串联型稳压电路

负载 R_L 的输出电压为

$$u_o = \frac{(1+\beta)R_L}{r_{be}+(1+\beta)R_L} \frac{r_z /\!/ [r_{be}+(1+\beta)R_L]}{R + \{r_z /\!/ [r_{be}+(1+\beta)R_L]\}} u_i \approx \frac{r_z}{R} u_i \ll u_i$$

(10.4.2)

稳压系数为

$$S_r = \left.\frac{u_o/U_O}{u_i/U_I}\right|_{R_L} \approx \frac{r_z}{R}\frac{U_I}{U_Z}$$

(10.4.3)

若要提高电路的稳压性能,则应加深电路的负反馈,即提高放大电路的放大倍数。

3. 稳压管参数选择

(1) 稳定电压 $U_Z = U_O + U_{on}$。

(2) 动态电阻 r_z。

(3) 最大稳定电流 $I_{Zmax} \geq \dfrac{i_{Lmax}}{1+\beta} + I_{Zmin}$。

10.4.2　具有放大环节的串联型稳压电路

1. 电路组成

具有放大环节的串联型稳压电路如图 10.4.4 所示。

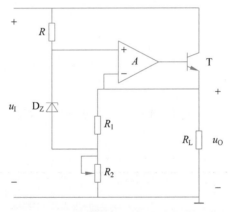

图 10.4.4　具有放大环节的串联型稳压电路

2. 电路分析

假设调整管处于放大状态,集成运放工作在线性区。U_I 单独作用时,有

$$U_Z = \frac{R_1}{R_1+R_2}U_O$$

$$U_O = \left(1+\frac{R_2}{R_1}\right)U_Z$$

(10.4.4)

u_i 单独作用时,有

$$u_o = \left(1 + \frac{R_2}{R_1}\right)\frac{r_z}{R + r_z}u_i \approx \left(1 + \frac{R_2}{R_1}\right)\frac{r_z}{R}u_i \ll \left(1 + \frac{R_2}{R_1}\right)u_i \qquad (10.4.5)$$

稳压系数为

$$S_r = \frac{u_o/U_O}{u_i/U_I}\bigg|_{R_L} \approx \frac{r_z}{R}\frac{U_I}{U_Z} \qquad (10.4.6)$$

10.4.3 集成三端稳压器

1. 电路组成

集成三端稳压器电路如图 10.4.5 所示。

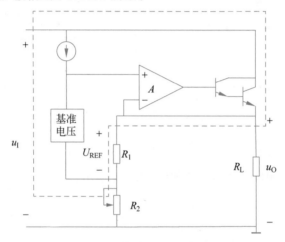

图 10.4.5 集成三端稳压器电路

2. 主要参数

主要参数有输出电压 U_O、电压调整率 S_U、基准电压 U_R 和最小输出电流 I_{Omin}，见表 10.4.1 所列。

表 10.4.1 集成三端稳压器主要参数

参　　数	W117	W217	W317
输出电压/V	1.2～37	1.2～37	1.2～37
电压调整率	0.01～0.03	0.01～0.03	0.01～0.05
基准电压/V	1.25	1.25	1.25
最小输出电流/mA	3.5～5	3.5～5	3.5～10

3. 基本应用电路

基本应用电路如图 10.4.6 所示。

例 10.1 在如图 10.4.7 所示的稳压电路中,三端稳压器 W317 的参考电压 $U_R = 1.25\text{V}$,输出电流 $I_O = 10\text{mA} \sim 1.5\text{A}$。试求:

(1) 电阻 R_1 的上限值;

(2) 当 $R_1 = 100\Omega$,$U_O = 15\text{V}$ 时的电阻 R_2。

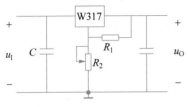

图 10.4.6　基本应用电路

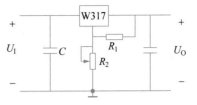

图 10.4.7　例 10.1 稳压电路

解：

$$R_{1\max} = \frac{U_R}{I_{O\min}} = \frac{1.25}{10 \times 10^{-3}} = 125(\Omega)$$

$$U_O = \frac{R_1 + R_2}{R_1} U_R = \frac{100 + R_2}{100} \times 1.25 = 15(V)$$

$$R_2 = 1100\Omega = 1.1k\Omega$$

10.5　单相整流滤波电路仿真实验

1. 实验要求与目的

(1) 连接单相桥式整流滤波稳压电路,掌握电路的结构形式。

(2) 测量电路中各阶段电压波形,掌握整流滤波电路的工作原理。

2. 实验原理

(1) 利用二极管的单向导电性,将正负变化的交流电变成单一方向的脉动电。常见的电路形式有半波整流、全波整流和桥式整流。

(2) 利用电容"通交隔直"的特性,将整流后脉动电压中的交流成分滤除,得到较平滑的电压波形。

(3) 利用稳压管稳压区的特性,进一步使输出电压稳定平整。

3. 实验电路

单向整流滤波实验电路如图 10.5.1 所示。T1 是变压电路；D1 是整流电路；C1 是滤波电路；R2 和 D2 构成稳压电路；RL 为负载。

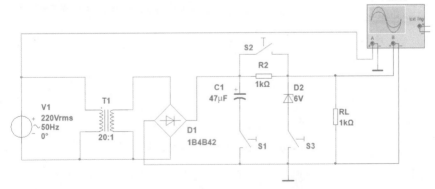

图 10.5.1　单向整流滤波实验电路

4. 实验步骤

（1）测量变压器的输出波形。将 S1 打开，S2 闭合，S3 打开，用示波器测量变压器的输入、输出波形，输出波形与输入波形完全相同，只是幅度不同，如图 10.5.2 所示。

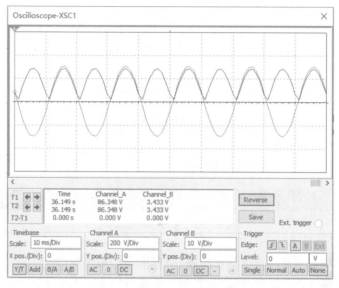

图 10.5.2　变压器的输出波形

（2）测量滤波后的输出波形。将 S1 闭合，S2 闭合，S3 打开，用示波器同时观察输入波形和桥式整流输出波形，波形如图 10.5.3 所示。

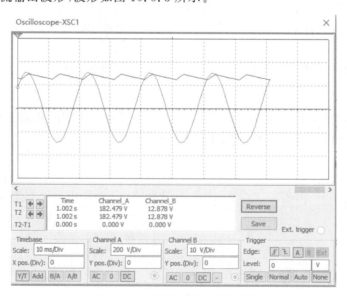

图 10.5.3　滤波后的输出波形

（3）测量整流后的输出波形。将 S1 闭合，S2 打开，S3 闭合，用示波器再次同时观察输入波形和整流滤波后的输出波形，波形如图 10.5.4 所示。

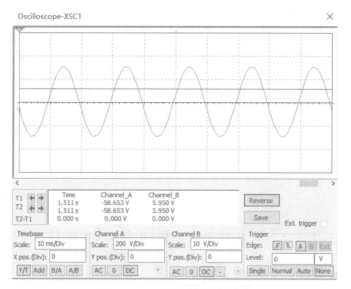

图 10.5.4　整流后的输出波形

5. 实验结果分析

观察图 10.5.2～图 10.5.4 所示波形可知,变压器只改变一次侧和二次侧电压幅度,不改变其波形;经桥式整流后,变压器将正、负变化的交流电压变换成了单一方向的全波脉动电压;再经过电容滤波,把脉动电压中的交流成分滤掉,输出较平滑的电压波形,经过稳压电路后,输出电压变成一条平整的直线。

习题

10.1 下列关于直流电源的说法正确的是(　　　)。

A. 一种波形变换电路,将正弦波信号变成直流信号

B. 一种能量转换电路,将交流能量变成直流能量

C. 一种负反馈放大电路,使输出电压稳定

D. 一种正反馈放大电路,是输出电压稳定

10.2 桥式整流和单相半波整流相比,在变压器副边电压相同的条件下,_____电路的输出电压平均值高了 1 倍;若输出电流相同,对每个整流二极管而言,则_____电路的整流管平均电流大了 1 倍,采用_____电路,脉动系数可以下降很多。

10.3 通常_____滤波电路由集成运放和电阻/电容组成。若电路有用信号的频率为 1kHz 基本不变,应选用_____滤波电路。

10.4 在下面几种情况下,应选:a.电容滤波,b.电感滤波,c.RC-π 型三种滤波电路中的哪一种。

(1) $R_L = 1$kΩ,输出电流为 10mA,要求 $S = 0.1\%$,应选_____。

(2) $R_L = 1$kΩ,输出电流为 10mA,要求 $S = 0.01\%$,应选_____。

(3) $R_L = 1$Ω,输出电流为 10A,要求 $S = 10\%$,应选_____。

10.5 一个完整的串联型稳压电路由_____、_____、_____、_____四部分组成。采用开关稳压电源的目的是_____。

10.6 桥式整流电路中,若四个二极管有一个极性接反,电路会_____。稳压电路采用滤波电路的目的是_____、_____。

10.7 改正如图 P10.7 所示稳压电路中的错误,使其能正常输出正极性直流 U_O。

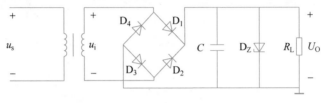

图　P10.7

10.8 电路如图 P10.8 所示,已知稳压管 D_Z 的稳定电压 $U_2=6V$,$U_1=18V$,$C=1000\mu F$,$R=R_L=1k\Omega$。

(1) 电路中稳压管接反或限流电阻 R 短路,会出现什么现象?

(2) 求变压器一次侧电压的有效值 U_2 及输出电压 U_O 的值。

(3) 稳压管 D_Z 的动态电阻 $r_z=20\Omega$,求稳压电路的内阻 R_O 及 $\dfrac{\Delta U_O}{\Delta U_I}$ 的值。

(4) 若电容器 C 断开,试画出 u_1、u_O 及电阻 R 两端电压 U_R 的波形。

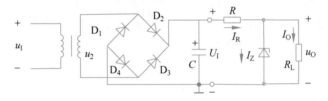

图　P10.8

10.9 由固定三端稳压器组成的输出电压扩展电路如图 P10.9 所示,设 $U_{32}=U_2$,试证明:

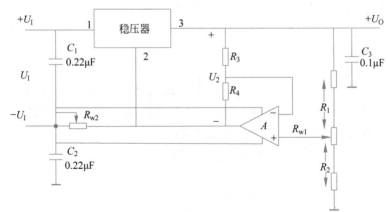

图　P10.9

$$U_O = \frac{R_3}{R_3 + R_4}\left(1 + \frac{R_2}{R_1}\right)U_2$$

10.10 由 W317 组成的正输出电压可调稳压电路如图 P10.10 所示。已知 $U_{ab} =$ 1.2V,$R_1 = 240\Omega$,为获得 1.2~37V 的输出电压,试求 R_2 的最大值。

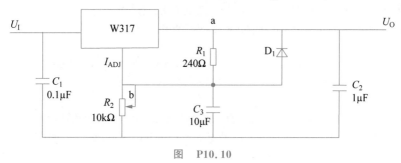

图　P10.10

参 考 文 献

［1］ 华成英,童诗白.模拟电子技术基础[M].4 版.北京:高等教育出版社,2006.

［2］ 张晓林,张凤言.电子线路基础[M].北京:高等教育出版社,2012.

［3］ Karris S T. Electronic devices and amplifier circuits:With MATLAB[M]. 3rd ed. Fremont:Orchard Publications,2012.

［4］ Floyd T L,Buchla D. Fundamentals of analog circuits[M]. New Jersey:Prentice Hall,2002.

［5］ Neamen D A. Electronic circuit analysis and design[M]. New York:McGraw-Hill Higher Education, 1996.

［6］ 华成英.模拟电子技术基础(第四版)习题解答[M].北京:高等教育出版社,2007.

［7］ Anant A,Jeffrey H L. Foundations of analog and digital electronic circuits[M]. Amsterdam: Elsevier,2005.

［8］ Anant A,Jeffrey H L.模拟和数字电子电路基础[M].于歆杰,朱桂萍,刘秀成,译.北京:清华大学出版社,2008.

［9］ Sedra A S,Smith K C. Microelectronic circuits[M]. Oxford:Oxford University Press,2014.

［10］ Alexander C K,Sadiku M N O. Fundamentals of electric circuits[M]. New York:McGraw-Hill Higher Education,2007.

［11］ Boylestad R L. Introductory circuit analysis[M]. Bengalura:Pearson Education India,2003.

［12］ Jaeger R C,Blalock T N,Blalock B J. Microelectronic circuit design[M]. New York:McGraw-Hill Higher Education,1997.

［13］ 邱关源,罗先觉.电路[M].4 版.北京:高等教育出版社,1999.

［14］ 胡翔骏.电路分析[M].4 版.北京:高等教育出版社,2014.